地学信息感知原理

王 华 编著

电子工业出版社
Publishing House of Electronics Industry
北京·BEIJING

内 容 简 介

本书是为电子信息大类专业（地球信息科学与技术）课程编写的教材，从数据科学的角度出发，着眼于电子信息技术在获取勘探地球物理数据方面的应用，让学生感受到传统勘探地球物理对电子信息技术的需求，以及交叉学科的魅力和应用前景。本书主要内容包括重力探测和磁法探测的相关知识及应用；电磁学，以及电阻率、自然电位、激发极化、电磁感应等探测方法的相关知识及应用；地震学基础、天然地震、微地震、勘探地震、井中地震、井筒声波探测等方面的知识，以及相关的仪器设计、信号处理方法；放射性物理的相关知识、岩石的自然放射性、伽马射线与物质的相互作用和探测、中子与地层物质和岩石的相互作用，放射性探测仪器的设计思路、数据处理方法；油气藏动态开发中的监测方法、储集层流体物性等；分布式光纤感测技术的原理及应用，包括井筒流体剖面监测、垂直地震剖面数据采集、其他应用领域等；大数据与人工智能基础及应用实例，包括大数据的特征、机器学习与地球科学的融合、机器学习与人工智能等的概念、岩性识别和岩相分类等。

本书适合"电子信息+地球科学"的交叉复合型专业人才阅读和使用，也可作为地球探测与信息技术方向本科生和研究生的参考书。

未经许可，不得以任何方式复制或抄袭本书之部分或全部内容。
版权所有，侵权必究。

图书在版编目（CIP）数据

地学信息感知原理 / 王华编著. -- 北京 : 电子工业出版社, 2025. 3. -- ISBN 978-7-121-49922-7

Ⅰ. P208

中国国家版本馆 CIP 数据核字第 2025UC7934 号

责任编辑：杜　军
印　　刷：河北虎彩印刷有限公司
装　　订：河北虎彩印刷有限公司
出版发行：电子工业出版社
　　　　　北京市海淀区万寿路 173 信箱　　邮编：100036
开　　本：787×1092　1/16　印张：15.25　字数：400 千字
版　　次：2025 年 3 月第 1 版
印　　次：2025 年 6 月第 2 次印刷
定　　价：49.00 元

凡所购买电子工业出版社图书有缺损问题，请向购买书店调换。若书店售缺，请与本社发行部联系，联系及邮购电话：（010）88254888，88258888。
质量投诉请发邮件至 zlts@phei.com.cn，盗版侵权举报请发邮件至 dbqq@phei.com.cn。
本书咨询联系方式：dujun@phei.com.cn。

前　言

随着电子信息技术的飞速发展，人们逐渐认识到电子信息学科将从应用学科转变为基础学科，并深入社会发展的各个领域。为此，电子科技大学设立了"电子信息+地球科学"深度交叉融合的拔尖创新人才培养专业。我有幸作为地球信息科学与技术专业的首批专业课教师之一，参与了该专业人才培养方案的制定、修订，以及专业核心课程的讲授。

2019 年春，我刚从海外归国，于电子科技大学任教，便接到了为首批地球信息科学与技术专业学生讲授"勘查技术工程学"（现更名为"地学信息感知原理"）课程的任务。作为一个新设立的交叉专业，如何设定课程内容、选择教材，以及在有限的课时内让学生理解地球物理对电子信息的需求，感受到交叉学科的魅力和应用前景，都是摆在我面前的难题。

当时，我对电子信息领域的理解还不够深入，通过与电子信息专业教师的沟通和与学生的交流，我了解了学生的兴趣和需求。为让学生感受到交叉学科的魅力，我在一年内调研了美国麻省理工学院、哈佛大学、斯坦福大学、英国帝国理工学院等国际著名院校地球科学系的课程设置，咨询了国际上的石油公司和阿里云工业大脑团队，从数据科学的角度出发，着眼于电子信息技术在获取勘探地球物理数据方面的应用，编写了涵盖物理学、电子仪器及信息智能获取处理等多方面的讲义。目前，这门课程已连续开设了 5 年，累计 342 个课时。

本书旨在培养学生的跨学科思维，帮助其掌握电子信息技术与地球科学交叉领域的基础知识和前沿技术。通过对本书内容的学习，学生不仅能够深入了解电子信息技术在地球科学中的应用，还能体会到交叉学科的独特魅力和广阔的应用前景，无论是初学者还是有一定基础的学习者，都可以从中受益。

读者可以按照章节顺序进行系统的学习，也可以根据自己的兴趣和需求选学相关章节。

尽管本课程教材已经初步成型，但在后续的教学和科研过程中，仍有许多问题需要进一步深化和完善。特别是随着电子信息技术与勘探地球物理科研的不断发展，如何将这些科研成果和经验融入本科生教学是一个重大挑战。我们需要让本科生理解电子信息如何服务于地球科学，认识到地球科学的应用也能促进电子信息技术的发展，从而推动整个领域进步。

本书的出版得到了电子工业出版社—电子科技大学产教融合合作"金课建设"项目的支持，感谢出版社和学校的支持。在本书的编写过程中，我的研究生周殷泽、吴毓琼、毕启智、王复轩承担了部分图片和文字修订工作，宗晶晶老师编写了 8.4.3 节，长江大学张泉滢老师参与了第 6 章部分内容的编写，感谢所有为本书的编写付出努力的教师、学生和专业人士。

希望本书能够成为读者学习和研究的有力工具，助力其在电子信息技术与地球科学交叉领域取得更大的成就。

由于编著者水平有限，书中难免存在不足之处，敬请读者批评指正。

王　华
2025 年 1 月

目 录

第1章 绪论 ·· 1
  1.1 电子信息与地学信息感知 ··· 1
    1.1.1 人类感知世界的方式 ··· 1
    1.1.2 电子信息在地学感知中的应用 ······································ 1
  1.2 地学信息感知原理简介与发展 ··· 2
    1.2.1 简介 ·· 2
    1.2.2 发展 ·· 3
  1.3 地球的内部结构与地下资源的赋存形式 ·································· 4
    1.3.1 地球的内部结构 ·· 4
    1.3.2 地下资源的赋存形式 ··· 5
  1.4 地下岩石的物理性质参数 ··· 5
    1.4.1 孔隙度 ·· 6
    1.4.2 含油饱和度 ·· 7
    1.4.3 渗透率 ·· 8
  1.5 岩石的物理性质及其对应的感知技术 ····································· 9

第2章 重力探测和磁法探测 ··· 10
  2.1 重力探测相关知识 ·· 10
    2.1.1 重力学相关概念 ··· 11
    2.1.2 重力的数学表达式 ··· 11
    2.1.3 重力等势面 ··· 12
  2.2 重力探测方法及其应用 ·· 13
    2.2.1 重力探测方法 ·· 13
    2.2.2 重力探测应用实例 ··· 16
    2.2.3 建议扩展文献阅读 ··· 18
  2.3 磁法探测相关知识 ·· 18
    2.3.1 岩(矿)石的磁性 ··· 18
    2.3.2 岩(矿)石的剩余磁性 ·· 19
    2.3.3 地球磁场 ·· 19
  2.4 磁法探测方法及其应用 ·· 21
    2.4.1 古地磁学 ·· 21
    2.4.2 核磁共振成像 ·· 22
    2.4.3 磁法探测的应用 ·· 22

第3章 电法探测 ·· 23
3.1 引言 ·· 23
3.2 电法探测基础知识 ··· 24
3.2.1 电法探测的定义 ··· 24
3.2.2 电法探测的分类 ··· 25
3.2.3 岩石的电学性质 ··· 25
3.3 电阻率探测法的基本原理和方法 ·· 31
3.3.1 稳定电流场基本定律 ··· 31
3.3.2 均匀介质中的稳定电流场 ··· 32
3.4 电磁感应探测基础理论 ·· 33
3.4.1 交变电磁场在导电介质中的传播特点及规律 ·························· 34
3.4.2 平面谐变电磁波在均匀介质中的传播 ··································· 36

第4章 电法探测方法及其应用 ·· 38
4.1 电阻率探测方法 ·· 38
4.1.1 地面电阻率探测：半空间介质中的点电源电场及电阻率测量 ······ 38
4.1.2 电阻率公式与视电阻率 ·· 40
4.1.3 井中电阻率探测 ·· 42
4.2 自然电场法的基本原理和方法 ·· 47
4.2.1 充电法 ·· 47
4.2.2 自然电场法 ·· 47
4.3 激发极化法的基本原理和方法 ·· 50
4.3.1 岩、矿石的激发极化机理 ··· 51
4.3.2 激发极化法的工作方法 ·· 52
4.4 电磁感应法的基本原理和方法 ·· 54
4.4.1 导电地质体的电磁感应 ·· 54
4.4.2 频率域电磁剖面法 ··· 55
4.4.3 大地电磁法 ·· 55
4.4.4 人工源频率域测深法 ··· 57
4.4.5 瞬变电磁法 ·· 58

第5章 弹性波探测原理与应用 ·· 59
5.1 弹性波与弹性波探测的基本知识 ·· 59
5.1.1 弹性介质 ·· 60
5.1.2 弹性波 ·· 61
5.1.3 弹性波在介质界面上的传播特性 ··· 63
5.1.4 重要参量 ·· 63
5.1.5 混合波 ·· 64
5.2 天然地震 ·· 66
5.2.1 地震与地震波 ·· 66

         5.2.2　地震定位 ·· 68
         5.2.3　地震震级 ·· 69
         5.2.4　天然地震数据的获取和使用 ·· 70
   5.3　地震探测 ·· 72
         5.3.1　勘探环节 ·· 73
         5.3.2　地震探测的发展历程 ··· 73
         5.3.3　地震探测的分类 ·· 75
   5.4　地震资料采集方法与技术 ·· 81
         5.4.1　陆地施工简介 ··· 81
         5.4.2　海上施工简介 ··· 84
         5.4.3　野外观测系统 ··· 87
         5.4.4　地震波的激发和接收 ··· 89
         5.4.5　低速带测定与静校正 ··· 93
   5.5　井中声波 ·· 97
         5.5.1　井筒声学测量的基本概念与发展趋势 ·································· 97
         5.5.2　井筒声场的特征 ·· 99
         5.5.3　声速测井 ··· 102
         5.5.4　声幅测井 ··· 105
         5.5.5　超声波测井 ··· 110
         5.5.6　噪声测井 ··· 111
         5.5.7　阵列声波全波测井 ··· 112

第 6 章　放射性探测 ·· 119
   6.1　伽马测井核物理基础 ·· 119
         6.1.1　放射性核素和核衰变 ·· 119
         6.1.2　伽马射线与物质的相互作用 ·· 120
         6.1.3　伽马射线的探测 ··· 121
   6.2　自然伽马测井和自然伽马能谱测井 ··· 123
         6.2.1　岩石的天然放射性 ··· 123
         6.2.2　自然伽马测井 ·· 125
         6.2.3　自然伽马能谱测井 ··· 127
   6.3　密度测井 ··· 131
         6.3.1　矿物的康普顿散射线性衰减系数与电子密度 ························· 132
         6.3.2　矿物和岩石的光电吸收系数及光电吸收指数 ························· 133
         6.3.3　补偿密度测井仪器的结构和散射伽马能谱 ···························· 134
         6.3.4　密度和岩性指数基本公式 ·· 137
         6.3.5　补偿密度测井原理 ··· 138
         6.3.6　补偿密度测井应用 ··· 140
   6.4　中子物理基础 ·· 142
         6.4.1　中子与地层物质的相互作用 ·· 142

	6.4.2 中子与岩石的相互作用	145
	6.4.3 中子扩散理论	147
6.5	中子源和中子测井	148
	6.5.1 中子孔隙度测井	149
	6.5.2 热中子寿命测井	156
	6.5.3 碳氧比伽马能谱测井	161
	6.5.4 元素测井	166

第 7 章 油气藏开发井动态监测基础 … 172

- 7.1 石油开发测井概况 … 172
- 7.2 储集层流体的物理性质 … 173
  - 7.2.1 流体的物理属性 … 173
  - 7.2.2 烃类流体的相特性 … 177
  - 7.2.3 流体的物理性质参数 … 178
- 7.3 生产层动态 … 178
- 7.4 管流力学基础及研究 … 181
  - 7.4.1 流体运动的描述 … 181
  - 7.4.2 单相管流 … 182
  - 7.4.3 多相管流 … 186
  - 7.4.4 油井内多相管流特性的计算方法 … 192
- 7.5 应用：流动剖面测井资料定性分析方法 … 193

第 8 章 分布式光纤感测技术 … 194

- 8.1 绪论 … 194
- 8.2 分布式光纤发展脉络与研究现状 … 195
- 8.3 分布式光纤感测原理 … 197
  - 8.3.1 OTDR 技术 … 198
  - 8.3.2 背向散射光光谱 … 198
  - 8.3.3 分布式光纤的部署 … 201
- 8.4 分布式光纤感测技术在油气领域的应用 … 202
  - 8.4.1 流体剖面解释与生产监测 … 202
  - 8.4.2 DAS 与井下事件甄别 … 204
  - 8.4.3 垂直地震剖面分析 … 208
- 8.5 分布式光纤感测技术在其他领域的应用 … 212
  - 8.5.1 分布式光纤温度感测在其他领域的应用 … 212
  - 8.5.2 分布式光纤应变感测在其他领域的应用 … 214

第 9 章 大数据与人工智能在地学信息感知中的应用 … 217

- 9.1 大数据的定义 … 217
- 9.2 机器学习与地球科学的融合现状 … 217

9.3 机器学习 ··· 219
　　9.3.1 传统机器学习 ·· 221
　　9.3.2 集成学习 ·· 223
　　9.3.3 深度学习 ·· 224
　　9.3.4 神经网络 ·· 226
　　9.3.5 卷积神经网络 ·· 227
　　9.3.6 大型预训练模型 ·· 229
9.4 应用 ··· 230
　　9.4.1 岩性识别/岩相分类 ··· 231
　　9.4.2 裂缝和孔洞识别 ·· 233
　　9.4.3 参数反演与资料重建 ·· 234

参考文献 ··· 236

第 1 章　绪论

1.1　电子信息与地学信息感知

1.1.1　人类感知世界的方式

如何尽可能地深入感知世界是人类一直以来的追求。人类区别于动物的重要特征就是可以制造并使用各种简单和复杂的工具。在不依靠外界工具的帮助下，人类探究世界、感知世界主要依靠 5 种感官。眼睛、耳朵、鼻子、皮肤、舌头就是我们身体的五大"传感器"，负责收集各种信息并汇报给大脑进行处理与输出。其中，80%的信息记忆来自视觉，90%的沟通以声音的方式进行，鼻子能够记忆 1000 多种气味。但是，人类感知世界也有一定的局限性。例如，人类的耳朵能听到的声音频率为 20Hz～20kHz；人类的眼睛能看到的距离有限，而且对光线的要求较高。因此，人类长期以来对世界的探知一直是力求看得更远、听得更远、更清等。因此，人类除利用自身的感官感知世界外，还会借助一些传感器，通过对外界状况的信息进行采集、处理和解释（见图 1.1）后，可以突破人类对世界的感知局限。例如，在古代，我国就有人借助罗盘等工具，通过总结大量的地质、地貌知识，形成了对浅地表空间的一些认识。到了 20 世纪 50 年代左右，人类第一次可以像借助机械实现对体力的延伸一样，通过计算机实现对脑力和感知能力的延伸。现在，随着技术的发展，特别是电子信息技术的不断发展，曾经只能在神话故事里听说的"千里眼"和"顺风耳"几乎成为人们的生活日常，很容易实现。现在，人类实现了"上九天揽月""下五洋捉鳖"等曾经的梦想，如探月/登月计划、深海/深地探测等。

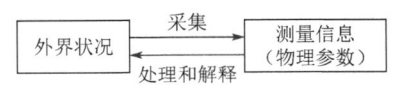

图 1.1　信息感知流程图

1.1.2　电子信息在地学感知中的应用

人类在不断地发展自己的感知方式，电子信息技术作为一种重要的手段得到广泛应用。通过传感器或探测工具（采集系统）采集数据，将数据反馈给处理中心（超算中心、GPU）进行处理，处理结果实时反馈给采集端。如果处理结果存在问题，则需要对采集系统进行改良。数据处理完成后，需要对数据进行解释，如果解释结果存在问题，则需要反馈回处理中心，对数据进行重新处理，进一步改善数据处理方法。数据解释完成后，需要对数据进行可视化。最终做决断，判断探测仪器的性能好坏，以及采集方案是否合理。人们对地球科学（如地质）的认识也是这样，即采集地质信息（工程状况）得到测量信息，对测量信息进行处理和解释后反馈地质信息。

图 1.2 显式地展示了上述过程。针对地学信息感知领域，首先需要针对观测对象，理解相

应的物理、化学机理，掌握相应探测手段的响应机理；然后有针对性地设计相关感知设备（图1.2中展示的为井下仪器，实际工作中涉及地面和井下多种仪器）。将获取的数据传输到处理中心，此过程会根据具体的探测目标和数据特点设计合适的数据处理方法，处理结果也会反过来促进数据感知装备的采集模式的设计和仪器的更新。这里的数据处理除了常规的基于已有知识的数据处理方法，还有大量的基于机器学习的方法。处理结果会进一步传递到地质解释人员端。同样，地质解释人员也会借助计算机软件、机器学习等多种手段准确地评估地质特征，如构造和断层的特点、固体矿产（金属矿、煤等）含量、油气水含量等。在解释过程中，地质解释人员对存疑的地方要求做精细化的数据处理，这会促进新的数据处理方法的诞生。三维可视化是人们借助计算机和数据科学的手段将人类大脑中的想象尽可能地具象化的过程。三维可视化的结果可以直接呈现给最终用户，同时能促使地质解释人员综合更多的信息优化解释结果。

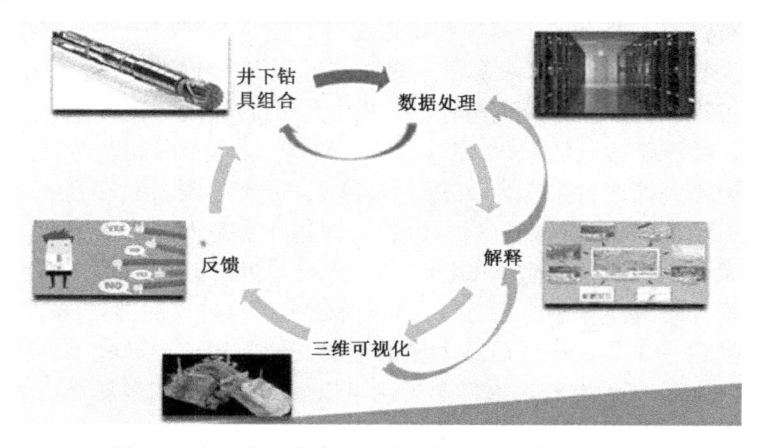

图1.2　电子化、信息化对地球探测技术发展的推动

整体而言，现代的地学信息感知技术与电子信息技术是紧密结合的，包含了多种电子信息的元素。通过设计合适的电子仪器，在特定环境（深海、深地、深空等极端温度、压力、几何空间环境）测量相应的物理参数和物理响应，利用高新信息处理技术，从测量信号中提取对探测目标敏感的特征，通过与地质专家的经验相结合（或通过人工智能技术）来对探测目标实现精准探测。电子信息在地学感知中的应用是探测技术和信息技术的交叉结合，属于高新技术领域。

1.2　地学信息感知原理简介与发展

1.2.1　简介

本书主要讲述地学信息感知中的物理技术方法，是为包括探测地球物质的组成、形态、结构和变化规律，以及地质调查、矿场资源勘查、岩土工程、地质环境保护与地质灾害防治、考古与遗迹保护、军事及刑侦工程等多种目的服务的应用科学技术。

地学信息感知原理是利用物理学的理论和方法研究地球的科学，主要为应用地球物理学。地球物理学通常分为理论地球物理学和应用地球物理学。理论地球物理学主要研究地球运动的动力学机制和各种地球物理现象产生的原因，如地球磁场、地球重力场、天然地震等产生的原因。应用地球物理学着重研究各种地球物理场对地质勘查的应用，注重经济效益，且研究范围多局限于地壳或地壳的近地表部分。应用地球物理学分类如图1.3所示。

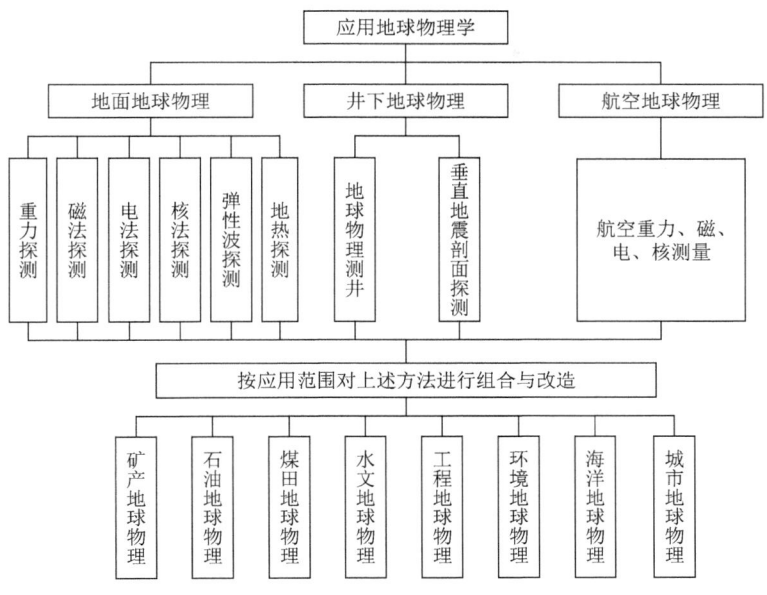

图1.3 应用地球物理学分类

地球物理测井简称测井，是指在勘探和开发石油、煤及金属矿的过程中，利用各种仪器测量井下岩层的物理参数及井的技术状况，分析所记录的资料，进行地质和工程方面的研究。按测井方法的物理基础分类，测井主要有电法测井、放射性测井、声学测井及地层倾角测井等。在油气田测井中，测井资料主要用于地层对比，划分油、气、水层；确定储集层的孔隙度、含油饱和度、渗透率等重要参数；在油气田的开发过程中，研究油、气、水的动态及井的状况，为制定开发方案提供依据；使用测井和地质、物探、开发资料进行区域地质的综合研究及油气藏描述。

1.2.2 发展

在古代，人类可以借助的工具有限，对地球的认知主要以定性为主。例如，我国战国时期已能利用地球的磁场分布特征，通过天然磁铁磨制的指南针进行导航，西方国家引进该技术后进入了大航海时代；我国东汉时期的张衡发明的候风地动仪利用惯性原理，使其中的倒立摆向着地震波传播方向摆动，引发该方向龙嘴中的小球被吐出，从而定性地告诉人们震源方位。

1881年，匈牙利物理学家厄缶为测定物质的引力质量发展了扭秤，1915年，开始将其用于重力探测。1912年，泰坦尼克号沉船事件发生后，美国人费森登立即着手水下冰山的探测研究，发明了水下声波探测法。现代勘查技术以20世纪80年代为界分为两个时期。第一时期为20世纪40年代—20世纪80年代，是勘查技术发展和成熟的时期，这一时期以找矿为中心，勘查技术主要分为油气勘查技术和固体矿产勘查技术。在美国，比较典型的例子是美国麻省理工学院早期为了培养找矿工程师而开设，宾夕法尼亚大学早期主要是为了培养石油工程师而设立的。第二时期为20世纪80年代至今，是应用领域不断变化和扩大的时期，其主要特点是以新一代电子信息技术的高速发展为牵引，使得人类对深海、深地、深空的探测能力不断增强，探测维度不断加深。

1.3　地球的内部结构与地下资源的赋存形式

地学信息感知技术，从高维度来看，它涉及地球的结构感知与探测；从中维度来看，它涉及与人类生存和活动息息相关的能源与资源的探测；从低维度来看，它涉及智慧城市的建设，如城市地下空间的合理建设和利用等。

1.3.1　地球的内部结构

地球是由不同物质、不同状态的圈层组成的近似球体，从地心到地表依次分为地核（Core）、地幔（Mantle）、地壳（Crust）3 个圈层。这 3 个圈层又可各自分为两层。地幔与地壳的密度差约为 $0.3g/cm^3$，称为**莫霍洛维契奇界面**，简称莫霍面。

地壳是地球表面以下、莫霍面以上的固体外壳，其厚度不均匀，平均厚度约 17km，陆地厚，海洋薄。它的物质组成主要是硅、铝、镁等，根据含量的不同，它分为两层：上层为花岗岩层或硅铝层，密度较小，为 $2.7g/cm^3$；下层由富含硅、镁的玄武岩组成，密度为 $3.1g/cm^3$。花岗岩和玄武岩间存在 $0.4g/cm^3$ 的密度差，为**康拉德界面**，简称康氏面。地球物理探测所研究的多在沉积岩区域。

地幔是中间层，介于地壳和地核之间，其厚度将近 2900km。它主要由致密的造岩物质构成，是地球内部体积最大、质量最大的一层。它的物质组成具有过渡性，靠近地壳部分，主要是硅酸盐类的物质；靠近地核部分，与地核的组成物质比较接近，主要是铁、镍等金属氧化物。地幔又可分成上地幔和下地幔两层。上地幔主要为基性和超基性岩，下地幔主要为铁、镍等金属氧化物。地幔的密度为 $3.4\sim5.0g/cm^3$。一般认为上地幔顶部存在一个软流层，这是放射性物质集中的地方，由于放射性物质分裂的结果，整个地幔的温度都很高，在 1000℃ 到 2000℃ 或 3000℃ 之间，这样高的温度足以使岩石熔化，因此它也是岩浆的发源地。

地核又称铁镍核心，其物质组成以铁、镍为主，分为内核和外核。内核的顶界面距地表约 5100km，约占地核直径的 1/3，其可能是固态的，密度为 $10.5\sim15.5g/cm^3$。外核的顶界面距地表 2900km，其可能是液态的，密度为 $9\sim11g/cm^3$。通常认为内核比外核旋转得更快。

地球圈层结构剖面示意图如图 1.4 所示。

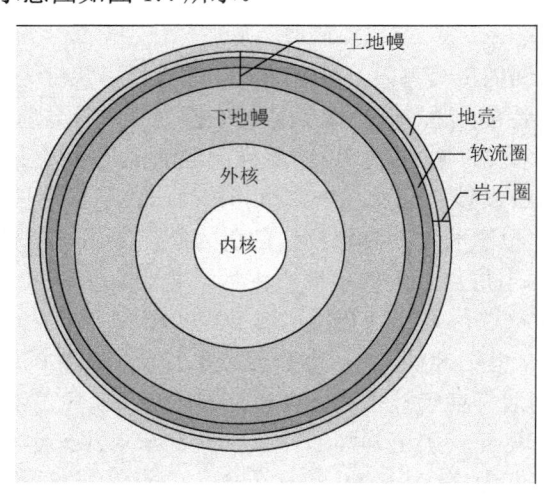

图 1.4　地球圈层结构剖面示意图

对于地表 1000km 以下的空间，人类暂时还处于各种猜想中。对于地表 40km 以下的空间，人类主要对通过天然地震、火山等事件产生的信号进行解译，从而达到透视地球深度的目的。对地表 10km 以下的空间，人类社会有万米深井科学钻探计划。目前的研究表明，在万米井筒深处能够找到深部油气资源。其中，4～6km 的空间主要涉及地热资源的探测，4km 以下的空间的主要涉及各种油气资源的探测与开发。在地表 3km 左右的空间涉及各种战略性金属矿产资源的探测。地表以下 1km 属于含水层范畴，涉及各种地下水资源的探测和可持续利用。地表以下 500m 属于人类目前可以有效利用的地下空间。

1.3.2 地下资源的赋存形式

地下资源指赋存于地表以下的各种自然资源，包括各种金属和非金属矿产、地下水、地热、核能、油、气等。除地热和浅层地下水外，绝大多数地下资源都是不可再生的。地球的能量来源主要包括太阳辐射能、潮汐能、地球内部的能量 3 种。太阳辐射能包括太阳光照，如煤、石油、天然气等；潮汐能主要通过太阳、月球对地球海水的引力变化而形成。地球内部的能量包括地热、核能等，其中，只有地热和核能来自地球本身，其他形式的能源都直接或间接来自太阳。

地热是地球内部蕴藏的巨大的热能。随着深度的增加，地球内部的温度是不断升高的，正常的地温梯度是深度每增加 100m，温度升高 3℃。同时，由于特殊的地质因素的控制，地下某些区域还会出现温度异常的情况，会以热蒸汽、热水、干热岩等形式向地壳内某一范围聚集。如果达到可开发利用的条件，便成了具有开发意义的地热资源。地热资源按温度分为高温地热（温度高于 150℃ 的地热以蒸汽形式存在）、中温地热（90～150℃ 的地热以水和蒸汽的混合形式存在）、低温地热（25～90℃ 的地热以水的形式存在）。高温地热一般存在于地质活动性强的全球板块边界，即火山、地震、岩浆侵入多发地。

矿产资源是指由地质作用形成的，具有利用价值的，呈固态、液态、气态的自然资源，包括煤、石油、天然气、金刚石、铁、铜、核能等。我国已发现的矿产资源分为能源矿产、金属矿产、非金属矿产和水气矿产四大类。固体矿物主要以金属氧化物、硫化物及硅酸盐晶体的形式存在，它们一般为离子晶体。

地下水是指赋存于地面以下岩石孔隙中的水，狭义上是指地下水面以下饱和含水层中的水。地下水有气态、液态和固态 3 种形式。根据水在岩石孔隙中的物理状态，以及水与岩石颗粒的相互作用等特征，可将地下水存在的形式分为 5 种，如表 1.1 所示。

表 1.1 地下水存在的形式

类别	定义
结合水	受颗粒表面电场作用力吸引而包围在颗粒四周，不传递静水压力，不能任意流动的水
自由水	不受颗粒表面电场作用力作用的孔隙水
毛细水	由于土体孔隙的毛细作用升至自由水面以上的水，承受表面张力和重力作用
重力水	自由水面以下的孔隙自由水，在重力作用下，可在土中自由流动
气态水	存在于孔隙空气中的水

1.4 地下岩石的物理性质参数

地下的固体介质主要是岩石，还有赋存其中的流体介质。以油气资源这样特殊的流体资源为例，在油气田开发过程中，由于岩石结构的变化，所有的岩石物性都会出现一些变化，即它们都是动态参数。在地球物理探测过程中，离不开对岩石物性的必要了解。

储集层是指具有连通的孔隙、裂缝或孔洞,既能存储油、气、水,又能让油、气、水在这些连通的孔隙中流动的岩层。岩石根据岩性可以分为碎屑岩、碳酸盐岩、其他岩,根据孔隙类型可以分为孔隙型和缝洞型。评价储集层的基本参数通常有岩性和物性。

岩性包括岩石骨架、黏土矿物和泥质。岩石骨架是指岩石中除泥质以外的其他造岩矿物组成的固体成分,如石英(SiO_2)、方解石($CaCO_3$)、白云石($MgCaCO_3$)等。高岭石、蒙脱石、伊利石、绿泥石这类都是黏土矿物。泥质是细粉砂和湿黏土的混合物。泥质含量是泥质体积占岩石总体积的百分数。黏土矿物含量是黏土矿物体积占岩石总体积的百分数。下面着重介绍岩石的孔隙度、饱和度、渗透率等物性参数。

各类岩石及岩石的结构大致组成如图 1.5 所示,微米分辨率 CT 扫描成像的 4 种砂岩样品及其物性参数如图 1.6 所示。

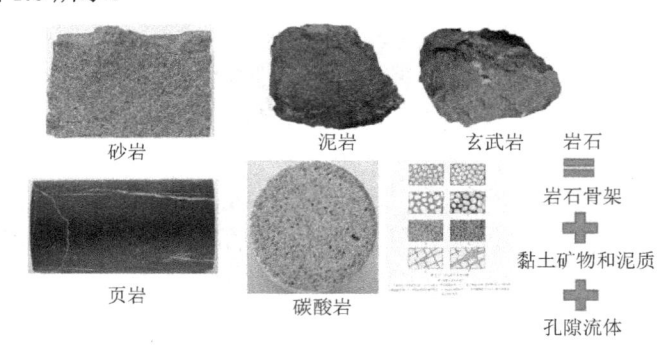

图 1.5　各类岩石及岩石的结构大致组成

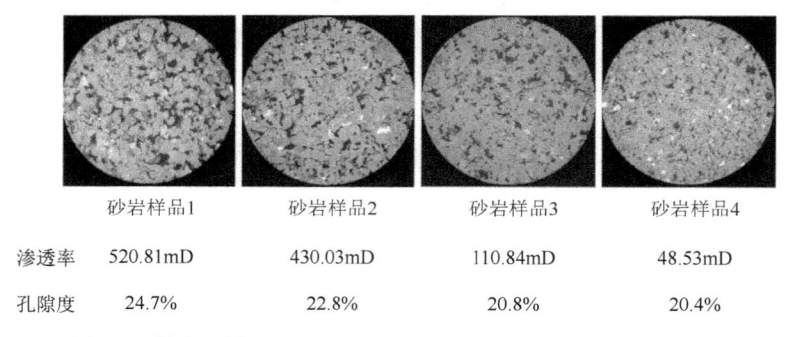

	砂岩样品1	砂岩样品2	砂岩样品3	砂岩样品4
渗透率	520.81mD	430.03mD	110.84mD	48.53mD
孔隙度	24.7%	22.8%	20.8%	20.4%

图 1.6　微米分辨率 CT 扫描成像的 4 种砂岩样品及其物性参数

1.4.1　孔隙度

储集层的孔隙空间不但与油、气的运移、积聚关系密切,而且在开发过程中对油、气的渗流,以及它们在岩石孔隙中的分布与再分布均有十分重要的影响。为了衡量储集层岩石孔隙性的好坏和定量表征岩石中孔隙体积的大小,提出了孔隙度的概念,定义为岩石的孔隙体积与岩石体积的比值:

$$\phi = \frac{V_\phi}{V} = \frac{V_\phi}{V_\phi + V_G} \tag{1.1}$$

式中,ϕ 是孔隙度,小数;V_ϕ 是岩石的孔隙体积,cm^3;V_G 是岩石的颗粒体积,cm^3;V 是岩石体积,cm^3。

对于实际的储集层,并不是所有的孔隙都是连通的。只有那些相互连通的孔隙才具有储集油气的能力。因此，通常又将孔隙度划分为总孔隙度和有效孔隙度。前者定义为总孔隙体积与岩石体积的比值，后者定义为连通孔隙体积与岩石体积的比值。

按照油田开发工程的观点，相互连通的孔隙未必都能参与渗流。有些孔隙，由于其喉道半径极小，在通常的开发压差下难以使流体渗过。此外，亲水的岩石孔壁表面常存在着水膜，也相应地缩小了孔隙通道。因此，从油田开发实践出发，又将同含油岩石中流动着的流体体积相等的孔隙体积与岩石体积的比值定义为流动孔隙度。显然，流动孔隙度随地层中的压力梯度和流体的物理-化学性质而变化，在数值上是不确定的。综上所述，不难理解总孔隙度>连通孔隙度>流动孔隙度。

岩石的孔隙度受上覆岩石压实作用的影响，特别是疏松或非胶结性砂岩。在开发过程中，如果油气藏压力降低，则孔隙度也将降低。这种情况在异常高压油气藏的开发中，常采用消耗方式进行。在注水开发的油气藏中，由于保持了油气藏压力，因此这种情况的影响很小，但是经过注入水的冲洗，一部分胶结物可能被冲走，从而使岩石的孔隙结构和渗透性发生变化。

目前，研究岩石的孔隙度的方法可以划分为两类：一类是以实验室测量为基础的直接方法，另一类是以各种测井方法为基础的间接方法。补偿中子、补偿密度或岩性密度、长源距声波等测井方法不但在裸眼井内，而且在有利条件下的套管井内，都能比较准确地确定储集层岩石的孔隙度。

1.4.2 含油饱和度

理论分析和实际工作都证明：在油气藏形成的过程中，并不是全部地层水都被油气替出去，而总会有一部分水与油气一起留在储集层岩石的孔隙空间，这种水称为共存水。当这种水的水量低到一定程度而不能在正常生产中流动时，称之为束缚水。在储集层岩石的孔隙中，被某种流体充满的程度称为该流体的饱和度，如含水饱和度 S_w、含油饱和度 S_o、含气饱和度 S_g 等，它们通常以该流体占据孔隙空间的百分数表示，并有如下关系：

$$S_w + S_o + S_g = 1 \tag{1.2}$$

油气藏投入开发前，所测出的岩石的含油饱和度称为原始含油饱和度，如用探井测井资料求出的 S_o 即原始含油饱和度。油层的原始含水饱和度一般是束缚水饱和度，为20%~50%。油气藏投入开发后，随着油层能力的衰减，油、气饱和度的数值与分布也在变化。对于注水开发的油田，从低含水期进入中含水期或高含水期，其综合含水率的提高本身就表征油层含水饱和度的增大。这种含水饱和度就是人们通常所说的自由水或可动水饱和度，它在不同的开发时期具有不同的数值。

剩余油饱和度指油层能力衰减或注水开发后，剩余在油层岩石孔隙内的含油饱和度。剩余油可能是连通性不好的孔隙中的残余油，也可能是注入水绕流留在大孔道中心部位的剩余油。当剩余油在油层内变为不可能流动或完全处于被俘获的状态时，岩石孔隙内的含油饱和度称为残余油饱和度。显然，残余油饱和度只是一个广义的概念。

油层流体饱和度的变化是油田动态和开发分析的主要依据之一。研究油、气、水饱和度的方法除了常规的实验室方法与特殊的岩心分析方法，地球物理测井方法已成为一种广泛应用的重要方法。在油田勘探初期，主要用电阻率测井方法求地层的含油饱和度。油田开发以后，在开发井、调整井、加密井内，除电阻率测井方法外，还用脉冲中子、核磁共振等测井方法求含油饱和度，特别是注水开发的油田，必须有水淹层测井系列。在已下套管的生产井内，主要采用脉冲中子测井和过套管电阻率测井方法确定地层目前的含油饱和度或残余油饱和度。

1.4.3 渗透率

在压力作用下，岩石允许流体通过的性质称为岩石的渗透性，用以衡量流体渗过岩石能力的高低就是通常所说的岩石的渗透率。渗透率是流体流过孔隙空间的难易程度的度量，单位为达西（D）或毫达西（mD）。

法国工程师达西于1856年利用水通过铁管砂子滤器，进行了稳定实验研究。他的研究成果的总结和归纳为达西定律，即水平流动（见图1.7中的x方向）流量和压力的关系为

$$Q = \frac{KA\Delta P}{\mu \Delta L} \tag{1.3}$$

式中，Q是流体通过岩心的稳定流量，m^3/s；A是岩石的截面积，m^2；μ是流体的黏度，$Pa·s$；$\Delta P/\Delta L$是压力梯度，Pa/m；K是岩石的渗透率，μm^2（或达西）。

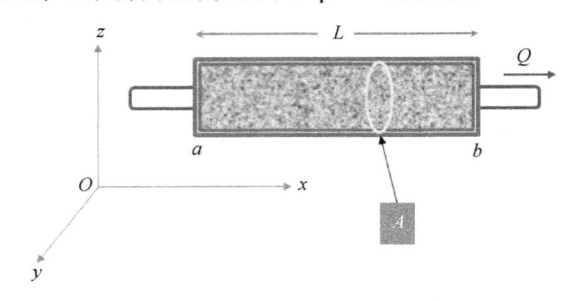

图1.7 达西实验示意图

达西定律的前提是假定是单相流，流体与岩石之间不发生物理-化学反应，流动保持恒温稳定的层状流动。

实际油层大多是油、水，甚至是油、气、水三相共存于孔隙中。对于注水开发的油田，油、水不仅共存，还同时流动。倘若地层压力低于饱和压力，那么油层中也可能出现油、气、水三相共存与同时流动的情况。为了研究多相流体在岩石中的渗透能力与性质，有必要引出有效渗透率和相对渗透率的概念。有效渗透率是在多相同时流动的条件下，多孔介质对某一相的渗透率，有时也称为相渗透率，其单位常用pm表示。相对渗透率定义为有效渗透率与绝对渗透率的比值，常以百分数或小数表示。以油、水两相渗流为例，若以K表示岩石的绝对渗透率，K_o、K_w分别表示油、水的有效渗透率，则油的相对渗透率$K_{ro} = K_o / K$，水的相对渗透率$K_{rw} = K_w / K$。

岩石的渗透率是一个张量，一般来说，储油岩石不是均质的各向同性的，这一点碳酸盐岩储集层特别突出。就算是砂岩储集层，除了水平和垂直方向的渗透率有差别，在平面上，各方向的渗透率也往往是有差别的。只有当这种差别不大时，才可以近似将其看作各向同性的。岩石中存在裂缝时（碳酸盐岩由于有脆性，因此其中的裂缝发育程度更高），沿裂缝方向与逆裂缝方向的渗透率依照裂缝的张开度可能有几个数量级的差别，沿裂缝方向将是主渗透率的分布方向。

岩石压实作用对渗透率的影响比对孔隙度的影响明显得多。如果在油田开发过程中，油气藏压力下降，则在上覆岩石压力的作用下，岩石的渗透率会变低，从而降低油井的产能。这一现象在异常高压储集层或裂缝性储集层中更为明显。注水开发的油田由于保持了地层压

力，因此岩石压实作用的影响不存在，但经长注水冲刷后，岩石粒间充填的黏土矿物有的被水冲零散，有的被冲走，岩石孔隙的喉道半径发生变化，渗透率升高。此外，利用测井资料估算渗透率也是一种有用的间接方法。目前广泛应用以孔隙度和束缚水饱和度 S_{wi} 为基础的统计方法计算孔隙性地层的渗透率，其一般形式如下：

$$K = (C\phi^X / S_{wi})Y \tag{1.4}$$

式中，C、X、Y 为经验系数，与地层的孔隙度 ϕ、胶结情况及油气性质有关，一般情况下可取 $C=100$，$X=2.25$，$Y=2.0$。

1.5 岩石的物理性质及其对应的感知技术

岩石的物理性质是指地球物理探测中涉及的各类岩石和矿物的物理性质，包括岩石的密度、弹性波速度、磁化率、电阻率、热导率、放射性等。

岩石中的弹性波速度取决于其矿物成分和孔隙充填物的弹性。岩浆岩和变质岩的弹性波速度与岩石的密度的关系接近**线性**关系。沉积岩中的弹性波速度受孔隙度的影响很大。利用岩石中的弹性波速度差异进行探测的方法对应地球物理探测中的地震探测。

岩石的密度取决于它的矿物成分、结构构造、孔隙度和它所处的外部条件。孔隙度较大的岩石即使矿物成分相同，由于其孔隙中所含物质的成分不同，密度也可以相差很大。利用岩石的密度差异进行探测的方法对应地球物理探测中的重力探测。

勘探中常用的岩石的电性参数有电阻率、电容率和极化率。岩石的电阻率随温度及压力的变化规律与其**矿物成分和结构构造**有关。极化率是**激发极化法**的电性参数。利用岩石的电性参数进行探测的方法对应地球物理探测中的电法探测。

常用的岩石的磁性参数是磁化率、磁化强度、剩余磁化强度矢量，以及剩余磁化强度同感应磁化强度的比值。岩石的磁性主要取决于组成岩石的矿物成分的磁性，并受岩后地质作用过程的影响。利用岩石的磁性参数差异进行探测的方法对应地球物理探测中的磁法探测。

岩石中的放射性元素成分及其含量的差别对应地球物理探测中的放射性探测，分为天然放射性探测和人工放射性探测两种。**天然放射性探测**方法依据的是岩石和岩石中放射性元素成分及其含量的差别。**人工放射性探测**方法中最重要的参数是元素的热中子俘获截面。

地球物理探测简称物探，是根据地质学和物理学的原理，利用各种物理仪器，在地面或水面观测地壳中的各种物理参数，从而了解和推断地下的地质构造和地层分布特点的**间接的**勘探方法。

第 2 章　重力探测和磁法探测

2.1　重力探测相关知识

在中学的物理知识里,我们知道了重力加速度 g 的概念,其值一般为 9.8m/s^2。事实上,地球不同地点的重力加速度是不同的,它会受到多种因素的影响。也正是由于这种不同,使得人们能够利用这种差异寻找地下资源和特定的目标体。精确测量地球重力场涉及多个领域的研究。例如,在大地测量学中,利用重力等势面作为高度参考,以描述大陆和海洋地形;在地球物理学中,重力数据提供了关于地下质量分布及变化的信息,用于研究地质构造、反映火山和地震运动、监测冰川融化和水体变化、勘探石油矿藏等,如墨西哥湾油田的发现就归功于重力探测。此外,海水之下是否有潜水艇等目标,也可以用类似的技术进行探测。在惯性导航中,高精度的导航算法也依赖精确的重力场模型。

重力探测是利用组成地壳的各种岩(矿)体的密度差异引起的重力变化而进行探测的方法,其物理理论基础是牛顿的万有引力定律。探测目标为剩余质量,埋藏深度小,地形起伏影响较小,可用精密重力仪器测出重力异常。结合工区地质资料,对重力异常进行定性或定量解释,便可推断覆盖层以下密度不同的岩(矿)体与岩层埋藏情况,确定岩(矿)体存在的位置和地质构造。图 2.1 所示为利用重力探测方法探测地下盐丘的示意图。其中,探测的重力剖面在-100~100mGal 之间变化,在盐丘部分,重力剖面明显降低。可以看出,能够利用重力剖面的变化勾画出地下盐丘的几何特征。

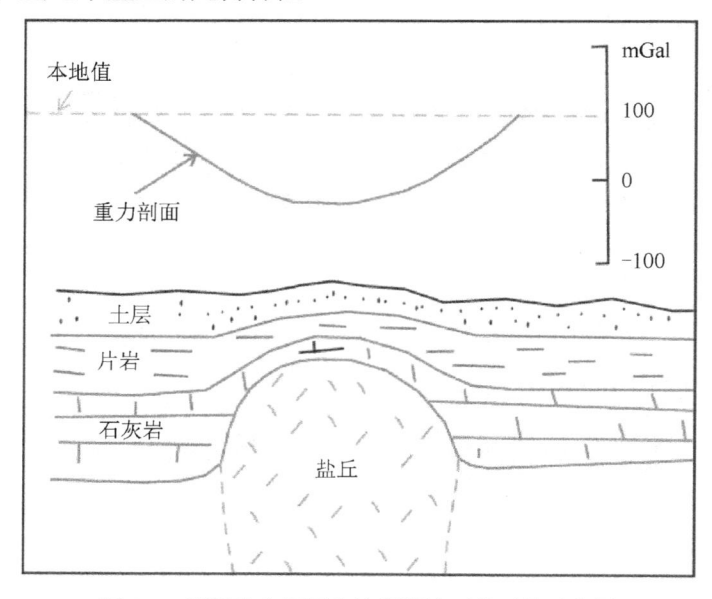

图 2.1　利用重力探测方法探测地下盐丘的示意图

2.1.1 重力学相关概念

在地球附近的空间，一切物体都要受到被近似地拉向地心的力，这个力就是**重力**。有重力作用的空间称为**重力场**。图 2.2 展示了地表物体的受力情况。

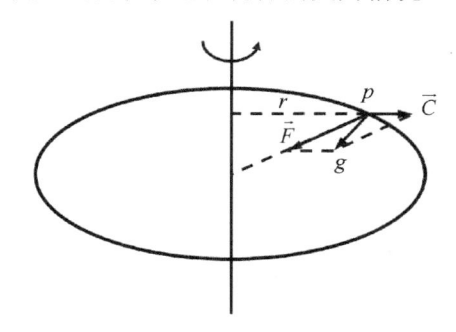

图 2.2 地球重力场示意图

万有引力：任何物体相互之间都有吸引力，吸引力的大小与两物体的质量乘积成正比，与两物体之间距离的平方成反比：

$$\vec{F} = G\frac{m_1 m_2}{R^2} \cdot \vec{R_0} \tag{2.1}$$

式中，m_1、m_2 分别为任意两物体的质量；R 为两物体之间的距离；G 为引力常数，其值在 CGS 制中为 $6.67\times 10^{-8} \mathrm{cm^3/g \cdot s^2}$；$\vec{R_0}$ 为从 m_1 指向 m_2 的单位矢量。

惯性离心力：地球在不停地自转，地球表面的任何物体（质量为 m）都具有一个离心力：

$$\vec{C} = mr\omega^2 \tag{2.2}$$

式中，r 为物体到地球自转轴的垂向距离；ω 为地球自转的角速度。

惯性离心力的方向垂直于地球自转轴指向外，其大小随纬度的不同而变化，随着 r 向两极减小而减小。赤道处的惯性离心力最大，两极处的惯性离心力为零。

重力：牛顿万有引力和惯性离心力的合力。重力加速度在数值上等于单位质量所受的重力，其方向也与重力的方向相同。由于重力与质量有关，不易反映客观的重力的变化，因此在重力探测中，总是研究**重力加速度**。以后若不做特别注明，凡提到重力都是指重力加速度或重力场强度。

重力场：有重力作用的空间。

2.1.2 重力的数学表达式

在质点引力场中，研究点引力位的定义为将单位质量的质点从无穷远移至该点时引力所做的功：

$$V = \int_{\infty}^{r} \vec{F} \cdot \mathrm{d}\vec{l} = -G\int_{\infty}^{r} \frac{m}{r^3}\vec{r} \cdot \mathrm{d}\vec{l} = -G\int_{\infty}^{r} \frac{m}{r^2}\mathrm{d}r = G\frac{m}{r} \tag{2.3}$$

由此可推出密度为 ρ、体积为 v 的质体外的引力位为

$$V = G\iiint_v \frac{\rho}{r}\mathrm{d}v = G\iiint_v \frac{\mathrm{d}m}{r} \tag{2.4}$$

式中，$dm = \rho dv$；$dv = d\xi d\eta d\zeta$。

质体引力的分量形式为

$$\begin{cases} F_x = V_x = -G\iiint\limits_v \dfrac{\rho(x-\xi)}{r^3}dV \\ F_y = V_y = -G\iiint\limits_v \dfrac{\rho(y-\eta)}{r^3}dV \\ F_z = V_z = -G\iiint\limits_v \dfrac{\rho(z-\zeta)}{r^3}dV \end{cases} \quad (2.5)$$

离心力位的表达式为

$$U = \int_0^R \vec{c} \cdot d\vec{R} = \int_0^R \omega^2 R dR = \frac{1}{2}\omega^2(x^2+y^2) \quad (2.6)$$

其分量为

$$\begin{cases} C_x = U_x = \omega^2 x \\ C_y = U_y = \omega^2 y \\ C_z = U_z = 0 \end{cases} \quad (2.7)$$

地球的重力位为引力位与离心力位之和。重力位的物理含义为从无穷远移动到该点时重力所做的功。重力位函数为

$$W(x,y,z) = G\int_v \frac{dm}{r} + \frac{1}{2}\omega^2(x^2+y^2) \quad (2.8)$$

$$\begin{cases} g_x = W_x = V_x + U_x = -G\iiint\limits_v \dfrac{\rho(x-\xi)}{r^3}dV + \omega^2 x \\ g_y = W_y = V_y + U_y = -G\iiint\limits_v \dfrac{\rho(y-\eta)}{r^3}dV + \omega^2 y \\ g_z = W_z = V_z + U_z = -G\iiint\limits_v \dfrac{\rho(z-\zeta)}{r^3}dV \end{cases} \quad (2.9)$$

根据方向导数的定义，重力在 l 方向上的分力为

$$g_l = \frac{\partial W}{\partial l} = W_l = W_x\cos\alpha_l + W_y\cos\beta_l + W_z\cos\gamma_l = g\cos(\vec{g},\vec{l}) \quad (2.10)$$

由上述讨论可知，重力位对任意方向的偏导数应等于重力在该方向上的分量。

2.1.3 重力等势面

重力等势（位）面的形状及不平行性与地壳密度分布有关。在资源探测领域，通过对重力等位面的形状及不平行性的研究，可获得有关地质构造和矿产分布的信息。其中，与平静的海平面重合的等位面称为**大地水准面**。测量中通常以大地水准面为基准。注意：重力等位面表示的是该面上的重力位相等，其上的重力并不是处处相等的。因此相邻重力等位面之间的距离也并不是常数。图 2.3 展示了不同的重力等位面。

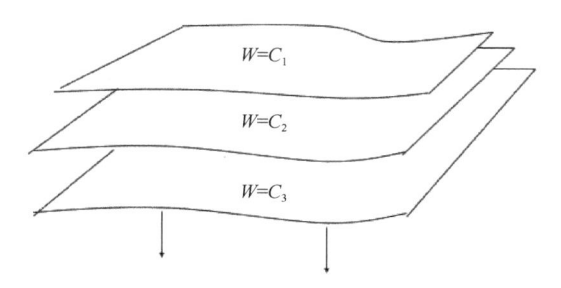

图 2.3 重力等位面示意图（重力方向竖直向下）

2.2 重力探测方法及其应用

2.2.1 重力探测方法

国际上主要研制的绝对重力仪分为两类：经典绝对重力仪和原子干涉绝对重力仪。这两类绝对重力仪利用当代先进的电子技术、激光技术和原子干涉技术，使绝对重力值测量水平提高到新的高度。图 2.4 展示了绝对重力仪的测量原理，用同一个弹簧在两个不同地点称量同一个质量块 m。其中，左边为在 IGSN（International Geo Sample Number）刻度点进行称量的结果，弹簧拉伸长度为 l；右边为在某个地下有矿体（Ore Body）的地点进行称量的结果，弹簧拉伸长度为 $l+\Delta l$，多拉伸的 Δl 是由此处的重力加速度变大导致的，来自矿体对质量块的引力影响。

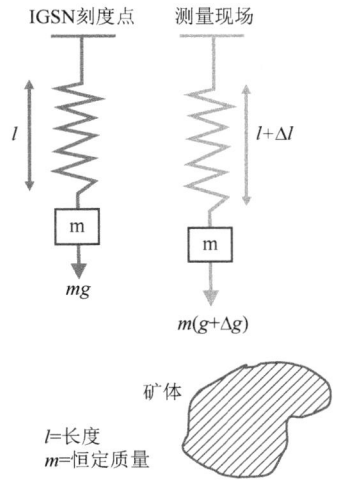

图 2.4 绝对重力仪的测量原理

绝对重力仪主要包括三大组成部分：**弹性系统**是仪器的"心脏"，是感觉重力变化的部分，主要由一个可以绕水平轴在垂直面内自由转动的秤杆和主弹簧构成；**测读机构**主要由读数弹簧、测微螺钉和测微器等组成，是用来补偿和测量重力变化数值的部分；**光学系统**是由一些光学元件、照明装置和带有刻度的分划板等构成的，是用来观察秤杆的平衡位置的。图 2.5 展示了一种绝对重力仪的内部结构及真实模型。

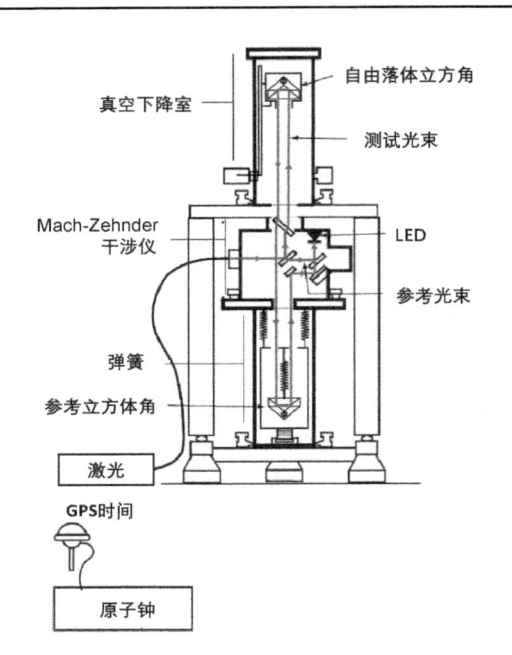

图 2.5　绝对重力仪的内部结构及真实模型

绝对重力仪用来测定一点的绝对重力加速度,在实际应用中,每次采用绝对重力仪进行测量不太现实。因此,发展了相对重力仪,用来测定两点的绝对重力加速度差。重力梯度仪(见图 2.6)就是相对重力仪的一种。

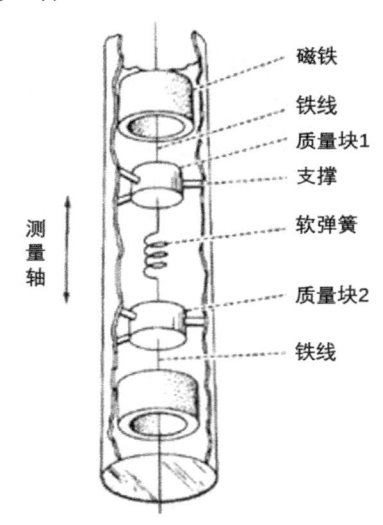

图 2.6　重力梯度仪示意图

1. 重力梯度仪

重力梯度仪用于测量重力向量的空间导数,最常用的和最直观的是重力向量在垂直方向的导数,即重力垂直梯度 G_{zz},代表的是垂直重力 g_z 随高度(z)的垂直变化率。它可以通过计算两点的重力差后除以两点之间的垂直距离 l 得到。重力梯度的单位为厄缶(Eotovs,简称 E),$1E = 10^{-9}\,s^{-2}$(或 $10^{-4}\,mGal/m$)。人走过 2m 的距离可能产生 1E 的重力信号,一座山的山顶和山底可能产生几百厄缶的差异。

$$G_{zz} = \frac{\partial g_z}{\partial z} \approx \frac{g_z\left(z+\frac{l}{2}\right) - g_z\left(z-\frac{l}{2}\right)}{l} \quad (2.11)$$

重力仪广泛用于地球重力场的测量、固体潮观测、地壳形变观测，以及重力探测等多项工作中。目前，重力仪有适用于陆地的、航空的、海洋的，更多信息可以阅读 2.2.3 节的扩展文献。

2. 重力观测值分为 3 部分

1）正常重力场

由重力位函数可以看出，要精确求出重力位，必须已知地球表面的形状和地球内部的密度分布，只有这样才能计算其中的积分值。事实上，地球表面的形状是人们所要研究的问题，同时，地球内部的密度分布是极其不规则的（也是重力探测所要研究的问题），故不能根据重力位函数精确地求得地球的重力位。为此，引进一个近似的地球重力位（正常重力位）。所谓正常重力位，就是指一个函数关系简单，而又非常接近地球重力位的辅助重力位。它是一个质体所产生的重力位，为区别起见，把这种重力位称为正常重力位，由此重力位推出的重力公式称为正常重力公式。

正常重力值**是**根据地球的形状、大小、质量、扁度、自转角速度，以及各点所处的位置等计算出来的重力值。假设地球为密度分层均匀、表面光滑的旋转椭球体，则由

$$g_0 = g_e(1 + \beta \sin^2 \varphi - \beta_1 \sin^2 2\varphi) \quad (2.12)$$

计算出来的重力值称为正常重力值，相应的重力场称为正常重力场，此公式称为正常重力公式。在式（2.12）中，g_e 是赤道上的重力；β、β_1 是常数，可以利用对地球的重力、形状的测量结果计算并整理求出，感兴趣的读者可以查阅相关专业图书。地球的正常重力场仅与计算点的**纬度** φ 有关，沿经度方向无变化；正常重力值在赤道处**最小**，在两极处**最大**；正常重力值沿纬度方向的**变化率**与纬度有关，在纬度 45° 时，变化率最大；正常重力值随高度的增加而减小。

2）随时间变化的重力场

正常重力是重力的主要成分，也是稳定成分。事实上，地球表面任意点的重力还随时间变化，其影响因素有如下几方面：宇宙中各天体（月亮、太阳）相对于地球位置的变化；地球自转轴的瞬时摆动，地球自转速度的改变；地球形状及地球内部物质的迁移等。其中，尤其以月亮、太阳相对于地球位置的变化引起的重力变化最为显著，这种变化称为重力日变（重力固体潮），在高精度重力测量中，这是必须考虑的因素之一。

3）重力异常

大量重力测量结果说明，地表任意点的实测重力值一般不等于该点的正常重力值，这是因为实测重力值受下列因素的影响：实测点的地理纬度、实测点的高程、实测点周围地形的起伏、重力日变及地下物质密度分布不均匀等。其中，最后一个因素正是重力探测的研究对象，其余因素引起的重力变化均视为干扰，均需要在重力测量结果中去掉。广义地讲，从重力观测值中减去正常重力值和随时间变化的重力值，得到的偏差部分称为**重力异常**。重力异常是由地壳内被研究的地质体与围岩之间的密度引起的。

实践中，重力测量采用两种方式：相对重力测量，测定观测点相对于基准点的重力差；绝对重力测量，测定观测点的绝对重力值。

2.2.2 重力探测应用实例

重力探测的用途较广,主要应用包括在化石能源探测(油气和煤矿)中探查含油气远景区的地质构造、盐丘及圈定煤田盆地;研究区域地质构造和深部地质构造;与其他物探方法结合,寻找金属矿产;在工程建设中,研究浮土下基岩起伏有无空洞等。此外,重力探测还可以应用于冰川学研究、火山学研究,以及军事探测等。

1. 重力变化探测地下水储量变化

蓄水层中储水量的变化会引起地球重力场的微小变化。自 20 世纪 80 年代以来,美国地质勘探局开发了利用重力数据辅助地下水研究的现场方法、软件和分析程序。图 2.7 展示了使用重力测量的场景,重力测量对地下的锥形区域很敏感,随着深度的增加,重力测量对单个水分子的灵敏度降低,但探测范围扩大。当蓄水层中的地下水通过补给或排放到地表水或井中的方式发生变化时,地表的重力加速度也会发生变化。这种微小的变化是可以用高度精确的仪器检测到的。这些测量数据使科学家能够描绘出地下水储量的变化。

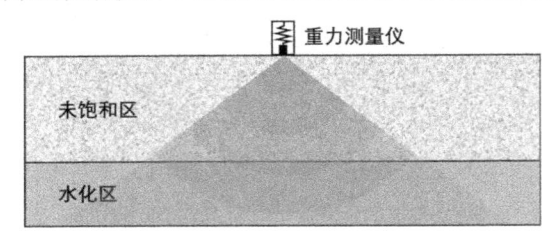

图 2.7 重力测量

2. 井中重力测量

将重力测井仪器放到井中进行上提测量,按照一定的深度间隔逐点测量,记录在某些固定深度的重力值。经过相关的数据处理,可以探测大径向深度范围内的介质密度变化,对井外矿体进行远程探测并估计其大小。重力测井仪器可用于监测困难环境(如大孔隙度的碳酸盐岩和砂岩、洗井与通过多个套管柱时)下的水/油/气接触、地层损害等。

在测量并记录重力数据前,要静置 5min 左右,在仪器测量系统"静止"后测量并记录正式数据。在每个观测点要测量并记录两个以上的数据,只有其中两个数据的偏差在仪器的许可误差范围内时,其测量结果才可信。如果井内有流体运动(例如,油、气、水从储集层涌入井内;或者在海上平台测井时,海洋的波涛或浪涌使重力测井仪器难以"静止"),则需要使用特殊的推靠器将仪器推靠在井壁上,强迫其"静止"后进行测量并记录。如果测井所在区域附近发生地震、地下核试验或地面有重型机械的强烈振动,则要等振动结束后进行测量并记录。重力测井所测量并记录的数据要经过各种校正,按照计算地层密度的基本公式求出各记录间隔上地层密度的数值,并综合其他测井方法,对井剖面的地质体的分布和异常进行解释与评价。

重力测井方法的径向探测深度比常规测井方法的大,且不受套管的影响,可以在套管井中查明初次开发时遗漏的油气层位,甚至可以感知油气开发的动态过程。但目前井中重力测量只能点测,而且对测量条件的要求比较严格。

1)井中重力测量的资料处理

井中重力测量记录的是在井下某些固定深度上重力测井仪器的读数(格值),其只有经过数据处理才能变换成随深度变化的密度曲线。处理流程包含以下步骤。

（1）按重力测井仪器的刻度和校准重力值将测井读数换算成重力值。由于观测点的深度不同，因此需要进行与深度变化有关的校正：自由空气校正和深度校正。

（2）对固体潮的观测结果进行校正。

地球上任何点的引力都会随太阳与地球、月亮与地球的位置变化而周期性变化，这种变化也会对重力测井的观测值产生影响。由于月亮距离地球较近，因此月亮的引力对地球上物体的作用最为明显。有资料表明，在满月和新月时，月亮引力的变化可达 300Gal，引力的时间变化率可达 50pGal/h。月亮引力的变化除可以引起海水的潮汐以外，还可以使固体地球的表层地壳发生位移，即产生固体潮。由于固体潮的影响，重力测井的观测值也会随时间变化，其变化幅度为 5%～20%。固体潮对于重力测井的影响需要根据多年对固体潮的观测结果进行校正。

（3）井孔环境校正。

井孔倾斜会使两个观测点的纬度产生位移，从而出现误差。由正常重力值的理论计算可知，纬度（北半球即在南北方向上）相差 1m 的两个观测点，其重力值相差 1μGal。另外，井孔的扩大及井壁的缺损也会使重力测井的观测值减小。这些都需要按照规定的方法进行校正。目前，重力测井仪器的测量精度可以达到 10Gal 左右，而所测量并记录的重力值都要换算为对应深度的密度值，在现有的重力测量精度和深度测量精度条件下，所换算出的地层密度的精度约为 $0.013g/cm^3$。

2）重力测井资料解释和地质评价

重力测井通过测量并记录地层的重力变化计算出井剖面地层的密度变化，所得的地层密度数值有较高的精度，据此，其可有以下两方面的应用。

（1）识别岩性。

根据重力测井资料处理所得的结果，得到的是井壁地层的密度变化曲线。前面提到，与其他测井方法相比，重力测井方法的径向探测深度更大，估算出的密度的精度更高，因此，它在识别井壁地层的岩性方面有某些独到的优点，尤其在碳酸盐岩剖面上识别白云岩、石灰岩、石膏等致密的岩石，利用电阻率测井、声学测井、核测井方法比较难以识别，而这些岩石在密度上的差异则容易被重力测井查明并识别。

（2）储集层评价

储集层评价的要点是储集层的孔隙度、含油/气饱和度和渗透率的估算，其中，复杂岩性储集层中流体性质（石油、天然气、水）的识别是困难问题。重力测井由于可以获得精度较高的储集层密度数据，因此在识别储集层流体性质方面有明显优势。具体的评价方法和密度测井方法是一样的，这里不做详细说明，读者可以参考后续密度测井相关章节的内容。

3. 军事探测

2010 年，美国国防部高级研究计划局（DARPA）委托洛克希德·马丁公司开发了重力传感器系统，通过航空机载重力仪定位和识别地下目标体。

要求该公司根据 DARPA 的隧道重力异常暴露（Gravity Anomaly for Tunnel Exposure，GATE）计划，开发一种原型传感器系统，可以检测、分类和描述地下威胁，如隧道、掩体和藏匿处。该传感器系统包含一个重力梯度仪及一种测量重力微小变化的仪器。要求该传感器系统能利用检测到的微小的重力变化将人造孔洞与自然地质特征（如地形和地质构造的特征）区分开来，并得到一张近实时的地下地图，从而在防止地下渗透方面提供安全边界，并支持战术地下行动。

2.2.3 建议扩展文献阅读

[1] 高景龙. NIM-3 型新的轻小高精度可移式绝对重力仪[J]. 测绘学报，1993,22(3): 223-229.
[2] NIEBAUER T, SASAGAWA G, FALLER J, et al. A new generation of absolute gravimeters[J]. Metrologia, 1995,32(3):159-180.
[3] BROWN J M, NIEBAUER T M, KLINGELE E. Towards a dynamic absolute gravity system[C].Gravity,Geoid and Geodynamics 2000. Banff, Alberta, Canada. Springer,2001: 223-228.
[4] 吴琼.高精度绝对重力关键技术研究[J].国际地震动态，2012(1):2.DOI:CNKI:SUN: GJZT.0.2012-01-014.
[5] BIDEL Y, ZAHZAM N, BLANCHARD C, et al. Absolute marine gravimetry with matter-wave interferometry[J]. Nat Commun, 2018,9(1): 627.
[6] VERDUN J, BAYER R, KLINGELÉ E, et al. Airborne gravity measurements over mountainous areas by using a LaCoste & Romberg air-sea gravity meter[J]. Geophysics, 2002,67(3): 807-816.
[7] 刘敏，黄谟涛，欧阳永忠，等．海空重力测量及应用技术研究进展与展望（二）：传感器与测量规划设计技术[J]．海洋测绘，2017,37(3):1-11.
[8] 滕云田，吴琼，郭有光，等.基于激光干涉的新型高精度绝对重力仪[J]. 地球物理学进展，2013,28(4): 2141-2147.
[9] 吴彬，周寅，程冰，等．基于原子重力仪的车载静态绝对重力测量[J]．物理学报，2020,69(6): 060302.
[10] MERLET S, LE GOUËT J, BODART Q, et al.Vibration Rejection on Atomic Gravimeter Signal Using a Seismometer[J].Springer Berlin Heidelberg, 2010.DOI:10.1007/978-3-642-10634-7_16.
[11] SANDWELL D, MÜLLER R, SMITH W, et al. New global marine gravity model from CryoSat-2 and Jason-1 reveals buried tectonic structure[J]. Science, 2014,346(6205) :65-67.
[12] SOKOLOV A, KRASNOV A, KONOVALOV A. Measurements of the acceleration of gravity on board of various kinds of aircraft[J]. Meas Tech, 2016,59(6): 565-570.

2.3 磁法探测相关知识

磁法探测是通过观测和分析由岩石、矿石或其他探测对象的磁性差异引起的磁异常，进而研究地质构造或其他探测对象分布规律的一种地球物理方法。磁异常主要由磁性岩（矿）石在地球磁场磁化作用下产生，其中，岩石磁性是内因，地球磁化是外因。因此，磁法探测由内、外因结合的物理基础是地球磁场和岩（矿）石的磁性。

2.3.1 岩（矿）石的磁性

真空中的磁感应强度为

$$\vec{B} = \mu_0 \vec{H} \tag{2.13}$$

磁感应强度的 SI 单位为 Wb/m^2 或 $N/(A·m)$，称为特斯拉，记作 T。在式（2.13）中，μ_0 为真空中的磁导率，$\mu_0 = 4\pi \times 10^{-7} N/A^2$。在磁法探测中，由于 T 太大，因此取其 10^{-9}（纳特，nT）作为磁异常强度的单位。定义单位体积的磁矩为磁化强度 $\vec{M}$。

1. 表征岩（矿）石磁性的主要因素

在磁法探测中，岩（矿）石的磁性通常用磁化率、感应磁化强度、剩余磁化强度来表示。其中，用磁化率和感应磁化强度 M_i 表征岩（矿）石被现代地磁场磁化而具有的磁性，即

$$M_i = \chi H \quad (2.14)$$

式中，χ 是磁化率；H 是磁场强度。

用剩余磁化强度 M_r 表示与现代地磁场无关的，在岩（矿）石形成时受当时地磁场磁化保留下来的磁性，只要岩（矿）石中含有铁磁性矿物，它就可能具有一定的剩余磁化强度。岩石的磁化强度由感应磁化强度 M_i 和剩余磁化强度 M_r 两部分构成，即

$$M = M_i + M_r \quad (2.15)$$

注意：感应磁化强度总是和现代地磁场方向一致，但是剩余磁化强度（除近代岩石外）可能和现代地磁场方向相差甚远。

2. 影响岩（矿）石磁性的主要因素

1）铁磁性矿物的影响

岩（矿）石是由矿物组成的，逆磁性矿物的磁化率 χ 可近似看作零，顺磁性矿物的磁化率 χ 的最大值仅为 $60000 \times 10^{-6} \text{SI}(\chi)$，而铁磁性矿物（如磁铁矿）的磁化率则可达 $1.2\text{SI}(\chi)$。因此，岩（矿）石中铁磁性矿物的含量是影响其磁性的主要因素。此外，岩（矿）石中是否含有铁磁性矿物也决定了其是否具有剩余磁化强度。

2）岩（矿）石的结构及铁磁性矿物颗粒大小的影响

铁磁性矿物若以胶结状出现，则其磁性较以颗粒状出现的磁性强。一般来说，颗粒越小，磁化率越小。颗粒的形状对岩（矿）石的磁性也有一定的影响，如颗粒有长轴状且排列整齐，呈片理状或条带状构造，沿片理或条带方向的磁化率较垂直于此方向的磁化率大，从而使岩（矿）石磁化有各向异性。

3）岩（矿）石形成过程中温度和机械力的影响

岩（矿）石在地壳形成过程中，由高温状态冷却时，速度不一致也会引起磁性差异。喷出岩冷却快，能保留较大的剩余磁性。此外，岩（矿）石在受到机械力作用时会产生内应力，往往剩余磁性也会增大。

自然界中的大部分矿物都属抗磁性或顺磁性，只有少数矿物属铁磁性。

2.3.2 岩（矿）石的剩余磁性

将磁性岩石加热到某种温度后，磁性岩石就会失去它原来的磁性，这一温度称为**居里温度**。当温度低于居里温度时，岩石便被磁化，随着冷却的进行，磁性便被保留下来，这种磁性叫作**热剩磁**。不同岩石具有不同的居里温度。剩余磁性与岩石冷却时的**地磁场大小和方向**有关，通常岩石获得这种磁性后得以永久保留，因而也就保留岩石冷却时的地磁场信息。岩石有可能把以前地球磁场的情况作为"化石"保存下来，这就是天然岩石具有的永久磁化性质。

2.3.3 地球磁场

地球磁场在至少 34 亿年前已经出现，但其形成机制一直未知。在一项发表于《自然—通讯》的研究中，加利福尼亚大学洛杉矶分校的研究团队通过模型研究，对条件近似早期地球岩浆海的硅酸盐液体的电导率进行了预测。研究指出，在预测的温压条件下，硅酸盐的电导

率足够维持发电机运转。他们计算了磁场强度,发现其与地球早期古地磁记录中的磁场强度相似。他们指出,早期地球磁场是由基底岩浆海产生的,并认为宇宙中其他类地天体可能也存在硅酸盐发电机。地球磁场是指地球内部存在的天然磁性现象。就地球本身表现出的宏观特性而言,地球类似于一个位于球心的磁偶极子,它的磁场存在于其内外部空间。

地磁场指地球内部及分布周围空间的磁场,地磁场的起源至今尚不清楚。

全球磁测资料表明,地磁场近似于一个地心偶极子场,该偶极子场占地磁场的 80%~85%;还存在一个非偶极子场,该场系由地核及地幔边界上的点流体系产生,其占地磁场的 10%~20%。在磁法探测中,将偶极子场与非偶极子场的矢量和视为**正常地磁场**。

1. 正常地磁场

实测资料表明,正常地磁场的大小、方向随纬度的变化而变化。如图 2.8 所示,以悬挂磁针为例,北半球磁针 N 极向下倾,南半球磁针 N 极向上倾。

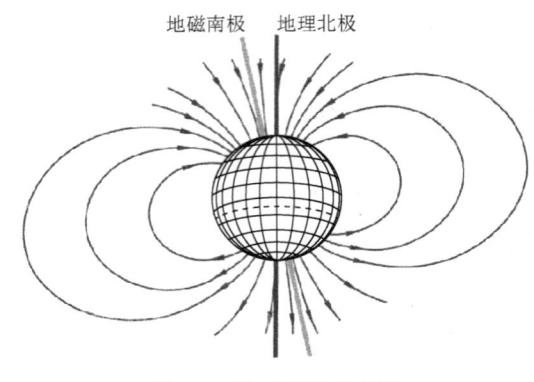

图 2.8 地球磁场示意图

2. 地磁场随时间的变化

- 长期变化。

据推测,长期变化是由地球内部因素引起的,可能与地核、地幔间的旋转角速度差异及液态外核中电流体的基本振荡有关。对古代地磁场的研究表明,在漫长的地质年代中,地磁极不断迁移,偶极子磁矩呈衰减—增长—衰减的周期变化。

- 短期变化,分为平静变化和扰动变化。

平静变化:有一定的周期且连续出现,主要是高空电离层中长期存在的电流体系发生的周期变化。

扰动变化:偶然发生的、短暂而复杂的变化,主要由磁层结构、电离层中的电流体系、太阳辐射等变化引起,如磁暴、地磁脉冲等。磁暴是全球发生的磁扰,其产生的主要因素源于太阳活动区喷发出来的等离子流。地磁脉冲的产生源于太阳风与偶极子场的相互作用。

3. 磁异常

由于有剩余磁性和感应磁性,因此地层或矿藏在周围空间形成自己的磁场,称为**磁异常**,如图 2.9 所示,其中的线为磁异常的磁力线,$\vec{T_a}$ 为磁异常强度。磁法探测通过在地面或空中探测这种磁异常的分布来研究地下的磁性地质体(地层或矿藏)的空间分布规律。

地面上任意点的**地磁场测量值** T 由地心偶极子场、非偶极子场、总磁异常矢量,以及地磁场随时间的变化 4 部分构成。其中,磁异常是由地壳内磁性岩石和矿物的不均匀性产生的,又称为地壳场，一般可将磁异常分为**区域异常**和**局部异常**两部分。图 2.9 展示了由地壳内磁性矿物的不均匀性产生的磁异常。

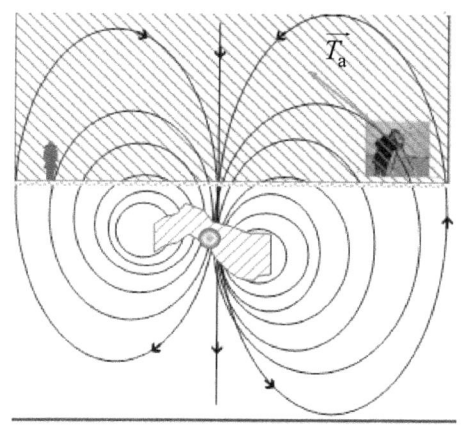

图 2.9　磁异常示意图

2.4　磁法探测方法及其应用

磁法探测在 17 世纪被瑞典人应用在了磁铁矿的勘查中，到 19 世纪 70 年代，其发展成一种较独立的地球物理方法。20 世纪 30 年代，航空磁力仪的问世使磁法探测能快速探测出大面积的磁场特征。20 世纪五六十年代，质子磁力仪得到发展，应用在海洋地球物理勘查中。20 世纪 80 年代，高精度磁法探测广泛应用于矿产勘查、水文、工程等领域。

岩石剩余磁化强度的测量需要知道某一适当体积（立方厘米量级）的岩石样品中磁矩的大小和方向。早期使用较多的仪器是无定向磁力仪，目前主要利用**超导磁力仪**来实现剩余磁性的最高灵敏度测量。

使用超导磁力仪时，样品被放入维持在液氮温度下的线圈中，样品的磁化分量在线圈中感应出持续的电流，电流的大小与样品放入的速度无关。根据另外两个线圈中产生的磁场，可以进一步用超导技术测量该电流，测量探头周围安装有超导屏障，可将外磁场减弱到 $10^{-8}r$（r 为参考磁场强度，或者为环境磁场强度）量级。超导磁力仪可以在约 $1cm^3$ 体积的样品上测出小到 $10^{-10}emu$ 的磁化强度。

磁法探测在所有物探方法中是发展最早的。无论是固体矿产的普查、详查，还是油气构造、煤田构造的普查，以及某些地质问题研究、地质填图等工作，磁法探测都可不同程度地发挥作用。另外，它在工程地质、地震预报、考古等方面也能发挥作用。

2.4.1　古地磁学

古地磁学是通过测定岩石和某些古物保留下来的剩余磁性，分析它们的磁化历史，研究导致它们磁化的地磁场的特征的一门地质学分支学科。古地磁学的研究始于 19 世纪中叶。德莱斯（A.Deles-se）于 1849 年和梅洛尼（M.Melloni）于 1853 年分别对岩石中保留的剩余磁场进行了研究，发现这些近代熔岩是沿着地磁场方向磁化的。1899 年，福尔盖赖特（G.Folgheraiter）把这种研究扩展到测定古陶器和古砖中保留下来的剩余磁场，也得到了相同的结果。1925 年，谢瓦利埃（R.Chevallier）通过研究埃特纳火山熔岩的剩余磁场的变化，追溯了过去 2000 年间地磁场的长期变化。达维德（P.David）于 1904 年和布容（B.Brunhes）于 1906 年从熔岩中发现了磁化方向与现代地磁场方向相反的岩石，为地磁场倒转学说提供了最早的事实依据。到了 20 世纪 50 年代，古地磁的研究不仅在古地磁场，还在构造地质学和地层学中得到了广泛应用，并发展成为地磁学的一个重要分支，称为古地磁学。20 世纪 60 年代以来，随着技术的进步和各种国际性研究项目的开展，古地磁学的研究得到了蓬勃发展，并取得了一些重大成果。

由于同一时期生成的岩石不管其处于地球的哪一部分，其所获得的磁性都是由当时的地磁场决定的，彼此相关联，且具有全球一致性。因此，可以通过各种古地磁参数（如偏角、倾角、古极位置和古纬度等）的测定推算出各岩石在时间和空间上的相互关系。如果这些岩石获得磁性以后经历了某种地质事件，如构造运动等，就将引起它们的各种古地磁参数发生变化。通过对这些变化进行分析，可以追溯它们经历的地质事件。

在地球上的任何地方，相同年代生成的岩石所获得的磁化方向与当时当地的地磁场方向基本上是一致的。由这些磁化方向推算出的磁极位置就是当时的地磁极位置，而且所有岩石的磁化方向应该对应同一个磁极位置。如果某些岩石在磁化以后，其地理位置发生了变化，如发生了地块的漂移，或者在原地发生了水平面内的转动，那么保存在岩石内部的磁化方向也将随之改变其空间方位。因此，从磁化方向的易位方面可反推出地块或地理位置的变动。古地磁学的应用有为大陆漂移提供古地磁证据，为海底扩张提供古地磁证据，应用古地磁研究区域地磁构造。

2.4.2　核磁共振成像

核磁共振成像（Nuclear Magnetic Resonance Imaging，NMRI）利用核磁共振（Nuclear Magnetic Resonance，NMR）原理，依据所释放的能量在物质内部不同结构环境中的不同衰减，通过外加梯度磁场检测发射出的电磁波，即可得知构成这一物体原子核的位置和种类，据此可以绘制出物体内部的结构图像。

核磁共振是磁矩不为零的原子核在外磁场作用下，自旋能级发生塞曼分裂，共振吸收某一定频率的射频辐射的物理过程。核磁共振扫描仪（MRI）使用非常强的磁场和无线电波，这些磁场和无线电波与组织中的质子（氢原子）相互作用，产生一个信号，经过处理形成人体图像。由于核磁共振是磁场成像，没有放射性，因此对人体无害，常用于医学成像中发现病变和肿瘤。

2.4.3　磁法探测的应用

例如，地面高精度磁测在地面通过观测和分析由岩石、矿石（或其他探测对象）磁性差异所引起的磁异常，研究地质构造和矿产资源（或其他探测对象）的分布规律。中国的磁测工作从 1930 年开始，在云南省进行科学实验测试，1949 年后，中国的磁测工作开始发展并进步，使用磁测技术发现了很多大规模磁铁矿，如河北武安、云南大红山、安徽霍邱等。1980 年后，我国建立了高精度航空磁测系统，完成了全国航磁图的绘制。

第3章 电法探测

3.1 引言

本章探讨利用介质的电学性质进行探测的方法的原理。

图 3.1 所示为电阻和电阻率测量示意图。其中包含了供电电源，滑动电阻 R2、R1、电阻 AB 及待测电阻 MN（长度为 L，截面积为 S）。定义 A 和 B 为供电电极、M 和 N 为测量电极。利用电压表（G）测量电压 ΔU_{MN}，利用电流表（mA）测量电流 I，从而可以计算出 MN 的阻值 r：

$$r = \frac{\Delta U_{MN}}{I} \tag{3.1}$$

由初中的物理知识了解到，MN 的阻值与长度 L 成正比，与截面积 S 成反比。一般会用电阻率 R 来表征与几何尺寸无关的量：

$$r = R\frac{L}{S} \tag{3.2}$$

因此，电阻率 R 为

$$R = \frac{\Delta U_{MN}}{I}\frac{S}{L} = K\frac{\Delta U_{MN}}{I} \tag{3.3}$$

这里用比例系数 K 来表征测量对象的几何尺寸。

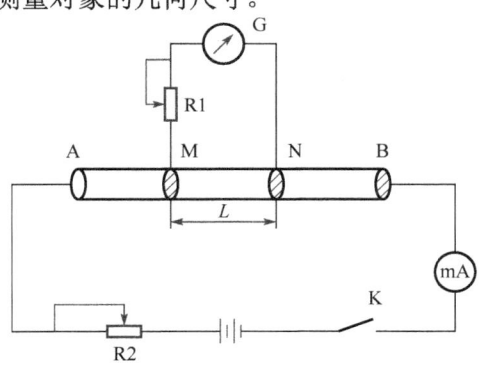

图 3.1 电阻和电阻率测量示意图

从这个实验中可以得到以下启示：①要测量电阻率，必须供电，形成电场（人工的或天然的）；②研究电场分布规律，确定电场参数与电阻率的关系；③测量电场参数，根据电场参数与电阻率的关系得到电阻率。

地电学就是利用类似图 3.1 中的测量体系来探测介质的电学性质，研究固体地球内部介质及其周围的电性和电场分布规律的学科。它是地球物理学中一门主要的分支学科，是研究大气、海洋和固体地球电性与电场分布的一门学科，是地球物理学中较"年轻"、研究较少的一门学科。

利用供电电极 A、B 和测量电极 M、N 进行测量是最典型的一种测量方式。在实际应用中，由于观测目标的特点不一样而出现了不同的观测体系，如温纳阵列（Wenner Array）、斯伦贝谢阵列（Schlumberger Array）、偶极-偶极阵列（Dipole-Dipole Array）等，如图 3.2 所示。其中，供电电极和测量电极通过不同的组合方式实现对观测目标的准确测量。

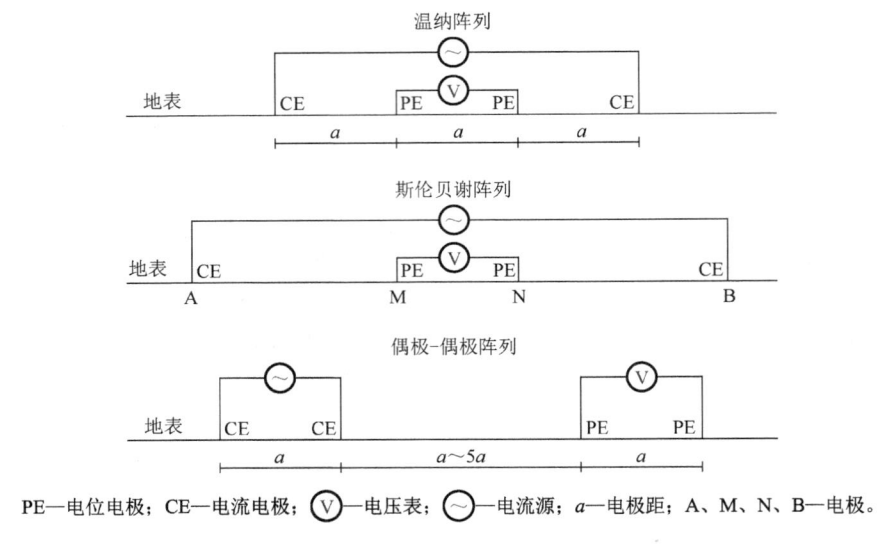

PE—电位电极；CE—电流电极；Ⓥ—电压表；〜—电流源；a—电极距；A、M、N、B—电极。

图 3.2　一些典型的电阻率测量阵列

斯伦贝谢阵列是 1921 年斯伦贝谢兄弟在法国诺曼底半岛的瓦尔里切庄园利用的采集阵列，他们也是首次利用人工电场对预埋地下金属体进行测量的。这一套电极组合阵列被用于探测地下固体矿场。通过变换供电电极 A 和 B 之间的距离，可以得到视电阻率随深度变化的函数，这就是在电阻率探测中常说的垂直电测深（Vertical Electrical Sounding，VES）。VES 是整个 20 世纪最主要的电阻率探测方法，被广泛应用于岩土工程勘查、地下水探测和矿产勘查。图 3.2 中的其他两个阵列也可用于 VES。由于使用斯伦贝谢阵列更省力，因此它在地下水和矿产勘查中最常用。

1927 年 9 月 5 日，在法国东部阿尔萨斯（Alsace）地区的佩彻布朗（Pechelbronn），斯伦贝谢兄弟与 H. G. Doll 为了能在油井中测量地层的电阻率，将供电电极 B 接地，供电电极 A 和测量电极 M 和 N 同时下入井中，形成梯度电极系，在油井中完成了电场的测量，实现了电阻率测井，得到了世界上第一条测井曲线。该测井曲线清楚地指示了井下的含油砂岩，标志着现代地球物理测井的诞生。1929 年，斯伦贝谢兄弟获得了用自然电位确定渗透性地层的专利，并于 1931 年实现了自然电位与电位电极系和梯度电极系一起测量，可以提供连续测井曲线。1927 年，斯伦贝谢兄弟成立了公司，即斯伦贝谢公司，致力于新技术的研发和应用。目前，斯伦贝谢公司已经成为全球最大的油田技术服务提供商，这是一个典型的依靠科技创新改变世界的案例。

3.2　电法探测基础知识

3.2.1　电法探测的定义

电法探测是从小尺度上，以岩、矿石之间的导电性、电化学活动性（激发极化特性）、介电性和导磁性的差异为基础，使用专用仪器设备，观测和研究电场在地下的分布规律，探查地质构造和矿产资源，解决工程、环境和灾害等地质问题的一组地球物理探测方法。它主要应用于探查深部和区域地质构造，寻找油气田和煤田、金属/非金属矿产、地下水，进行工程地质和环境勘察等。表3.1对地电学和电法探测进行了比较。

表3.1 地电学与电法探测的比较

	应用差异	相同点
地电学	研究固体地球内部介质及其周围的电性和电场分布规律	所用的方法和原理是相同的
电法探测	研究地质构造，寻找有用矿产资源，解决工程、环境和灾害等地质问题	

3.2.2 电法探测的分类

在各类地球物理探测方法中，电法探测的变种或分支方法最多。因为它可以利用岩石在导电性、导磁性、电化学活动性，介电性及激发极化特性等多方面的物理性质差异。就场的性质而言，它可以利用人工场，也可以利用天然场；可以利用直流电，也可利用不同频率的交流电。此外，其供电装置和接收装置也可以采用各种不同的方式。通常可以将电法探测的众多分支方法归为两大类，即传导类电法和感应类电法。传导类电法研究的是稳定电场或似稳定电场，包括电阻率法、充电法、自然电场法和激发极化法等。其中，电阻率法又分为电阻率剖面法和电阻率测深法，而在这两种方法中还包括很多变种方法。感应类电法研究的是交流电磁场，统称为电磁法。它又可分为电磁剖面法和电磁测深法，并且在每种方法中也包括很多变种方法。对于不同的地质条件、不同的探测目的，可以合理地选择不同的方法，以达到预期目的。同时，电法探测还可以在空间、陆地、海洋、地下等各种区间进行，因此按工作场地的不同，其又可分为航空电法、地面电法、海洋电法和地下电法等，它们在方法技术上各有不同的特点。

3.2.3 岩石的电学性质

3.2.3.1 岩石（矿物）的电阻率

由式（3.2）可知，**电阻率**是电流垂直通过单位截面积、单位长度岩石时所受阻力的大小，是表示岩石导电能力的参数，与岩石的几何尺寸无关，其单位为 $\Omega \cdot m$。表3.2列出了一些常见的岩石和矿物的电阻率。

表3.2 常见的岩石和矿物的电阻率

岩石	电阻率/$\Omega \cdot m$	矿物	电阻率/$\Omega \cdot m$
黏土	$1 \sim 2 \times 10^2$	石英	$10^{10} \sim 10^{12}$
泥岩	$5 \sim 60$	白云母	4×10^{11}
页岩	$10 \sim 100$	长石	4×10^{11}
疏松砂岩	$2 \sim 50$	石油	$10^9 \sim 10^{16}$
泥质页岩	$5 \sim 10^3$	方解石	$5 \times 10^3 \sim 5 \times 10^{12}$
致密砂岩	$20 \sim 10^3$	硬石膏	$10^4 \sim 10^6$
含油砂石	$2 \sim 10^3$	无水石膏	10^9
贝壳石灰岩	$20 \sim 200$	石墨	$10^{-6} \sim 3 \times 10^{-4}$
泥灰岩	$5 \sim 500$	磁铁矿	$10^{-4} \sim 10^{-3}$
石灰岩	$60 \sim 6000$	黄铁矿	10^{-4}
白云岩	$50 \sim 6000$	黄铜矿	10^{-3}
玄武岩	$600 \sim 10^5$	—	—
花岗岩	$600 \sim 10^5$	—	—

电导率是电阻率的倒数（单位为 S/m），物质的电阻率越低，电导率越高，导电性越好；反之，其导电性越差。

在物理学中，把所有物质按导电性质分为导体、半导体和绝缘体 3 种。电阻率非常低的物质称为导体，其电阻率为 $10^{-8} \sim 10^{-5} \Omega \cdot m$。电阻率很高的物质称为绝缘体，其电阻率一般在 $10^7 \Omega \cdot m$ 以上。电阻率介于上述两者之间的物质称为半导体。

岩石和矿石都由矿物组成，按导电机制不同，固体矿物可分为电子导电型矿物、半导体型导电矿物和固体离子型导电矿物 3 种。

1. 电子导电型矿物

电子导电型矿物有天然金属和石墨，其中，自然金、自然铜的电阻率最低。自然金的电阻率为 $2 \times 10^{-8} \Omega \cdot m$，自然铜的电阻率为 $(1.2 \sim 30) \times 10^{-8} \Omega \cdot m$。石墨的电阻率按垂直节理面和顺节理面的不同而不同，垂直节理面的电阻率为 $1 \times 10^{-8 2} \sim 28 \times 10^{-6} \Omega \cdot m$。顺节理面的电阻率为 $36 \times 10^{-8} \sim 100 \times 10^{-8} \Omega \cdot m$。

各种金属均属于**电子导电型矿物**，较重要的天然金属有金、铜、锡、铂、汞及银等，其电阻率很低。金属导体具有金属键、共价金属键、离子金属键，很容易释放出自由电子而形成电流。

2. 半导体型导电矿物

大多数金属硫化物和金属氧化物都属于半导体型导电矿物。半导体中的自由电子很少，其主要不靠自由电子导电。黄铜矿、黄铁矿、方铜矿、磁铁矿等的电阻率低于 $1 \Omega \cdot m$，闪锌矿、磁铁矿等的电阻率为 $1 \sim 10^6 \Omega \cdot m$。

3. 固体离子型导电矿物

绝大多数造岩矿物（如辉石、长石、石英、云母和方解石等）的电阻率都很高（$> 10^6 \Omega \cdot m$），在干燥情况下可视为绝缘体。它们是结晶格子中具有共价键或离子键的介电体，其主要特点是在电场作用下，带电粒子（电子和离子）极化，但不能自由移动。

由上述可知，矿物的电阻率是在一定范围内变化的，同种矿物可有不同的电阻率，不同矿物也可有相同的电阻率。因此，由矿物组成的岩石和矿石的电阻率也必然有较大的变化范围。

3.2.3.2 影响岩（矿）石电阻率的因素

影响岩（矿）石电阻率的因素很多，其内部因素包括岩石的矿物成分、颗粒形状、结构、胶结物，以及岩石的孔隙度、裂隙度及含水情况等；外部因素包括岩石的温度及其所承受的压力，以及观测时的供电频率等。当外部因素差异不大时，内部因素起主要作用。下面主要讨论岩（矿）石的矿物成分、结构，以及岩（矿）石所含水分及其温度对它们的作用。

1. 岩（矿）石的电阻率与矿物成分和结构的关系

大多数岩（矿）石可视为由均匀相连的胶结物与不同形状的矿物颗粒组成。岩（矿）石的电阻率取决于这些胶结物和矿物颗粒的电阻率、形状及含量。岩（矿）石的结构、构造比矿物成分及其含量对岩（矿）石的电阻率的影响更大。

自然界中的多数沉积岩和部分变质岩在沉积旋回与构造挤压作用下，两种或多种不同电性的薄层岩石交替成层，形成层状构造，其电阻率具有方向性［见图 3.3（a）］。如图 3.3（b）

所示，若两种电阻率分别为 R_1 和 R_2 的薄层岩石交替成层，其总厚度分别为 h_1 和 h_2，则可按电阻并联和串联关系，得到沿层理方向的电阻率 R_t 和垂直层理方向的电阻率 R_n 的表达式：

$$R_t = \frac{h_1 + h_2}{\dfrac{h_1}{R_1} + \dfrac{h_2}{R_2}} \tag{3.4}$$

$$R_n = \frac{R_1 h_1 + R_2 h_2}{h_1 + h_2} \tag{3.5}$$

由式（3.4）和式（3.5）可以看出，对于由不同电阻率的薄层岩石交替形成的层状岩石，不管 R_1 和 R_2 的相对大小，也不管 h_1 和 h_2 的大小（0 除外），其电阻率均具有非各向同性，并且总有 $R_t<R_n$，即

$$R_n - R_t = \frac{h_1 h_2 (R_1 - R_2)^2}{(h_1 + h_2)(R_1 h_2 + R_2 h_1)} \geqslant 0 \tag{3.6}$$

为了表征层状岩石的非各向同性程度和平均导电性，定义其非各向同性系数 λ 和平均电阻率 R_m 分别为

$$\lambda = \sqrt{\frac{R_n}{R_t}} \tag{3.7}$$

$$R_m = \sqrt{R_n R_t} \tag{3.8}$$

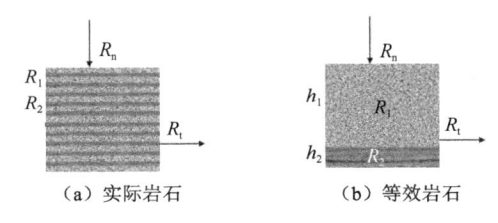

（a）实际岩石　　　　（b）等效岩石

图 3.3　层状结构岩石模型

2. 岩（矿）石的电阻率与温度的关系

大量实验表明，电子导电型矿物或矿石的电阻率随温度的升高而升高，但离子导电型岩石的电阻率随温度的升高而降低。地壳中岩（矿）石的温度升高和降低与两种因素有关，即它们与地表的距离和季节气候的变化。其中，太阳辐射引起的季节气候的变化只能影响地壳上层约 15m 深度内的温度，而处在常温带（自地表面向下 20～25m 的地段）的岩（矿）石的温度不受季节气候的变化的影响，维持当年平均温度水平。在常温带以下，地温随深度的增大而升高。地温每升高 1℃ 所下延的深度称为地温增加率，其值因地而异。在我国，深度平均约每增加 40m，地温升高 1℃，如地下 1600m 深处的地温比地面的温度约高 40℃。在那里，金属矿物的电阻率大约升高 20%，而含水岩石的电阻率约降低一半。通过对深部岩石电阻率的观测，可给出某地区地下温度场的变化特征。

3. 岩（矿）石的电阻率与压力的关系

岩石受压发生形变，会压缩其中的孔隙空间，并改变孔隙通道的形状，使其弯曲度增加。因此，随着压力的升高，岩石的电阻率升高。

综上所述，影响岩（矿）石电阻率的因素是多方面的。在金属矿产普查和勘探中，岩（矿）石中良导电矿物的含量及结构是主要影响因素；在水文、工程地质调查和沉积区构造普查、

勘探中，岩石的孔隙度、含水饱和度及矿化度等成了决定性因素；在地热研究、地震地质及深部地质构造研究中，温度及地应力变化成了应考虑的主要因素。

4．岩（矿）石的电阻率与孔隙流体的关系

1）岩石的电阻率与孔隙度的关系

根据如图 1.5 所示的岩石的结构可知，岩石的组成包含了固体介质的岩石骨架、黏结骨架矿物之间的黏土矿物和泥质，以及孔隙流体。这里主要阐述孔隙中流体的含量和性质对岩石电阻率的影响。

图 3.4 将黏土矿物和泥质忽略，从而将岩石的结构等价成孔隙空间中饱含水的纯岩石结构。在已知岩石的岩性后，其电阻率应该是固定的，影响其电阻率的变量主要是岩石孔隙中的流体。天然水的电阻率一般为 $10^{-1} \sim 10^3 \Omega \cdot m$，其高低主要取决于天然水的总矿化度。因为不同盐的离子迁移率大体相同，所以电解质化学成分对电阻率的影响较小。

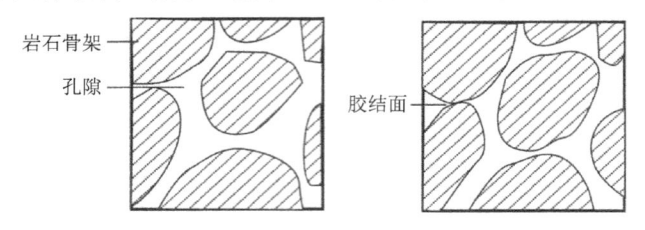

图 3.4　饱含水纯岩石的结构示意图

下面以岩石孔隙包含水的情形来说明孔隙度对岩石电阻率的影响。图 3.5 所示为饱含水纯岩石的体积物理模型示意图。

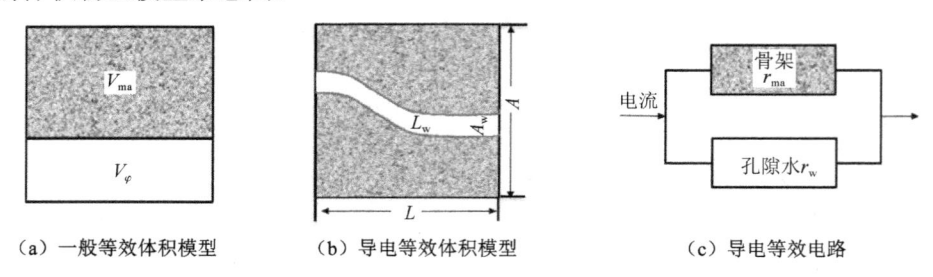

（a）一般等效体积模型　　（b）导电等效体积模型　　（c）导电等效电路

图 3.5　饱含水纯岩石的体积物理模型示意图

图 3.5（a）展示了将岩石中的所有孔隙集中的情况。设单位体积的岩石中孔隙的体积为 $V\varphi$，其应该与孔隙度 φ 相等，则岩石骨架的体积 $V_{ma}=1-\varphi$，其导电模型可以等价为图 3.5（c），因此，根据并联电阻的公式，可知岩石的电阻 r_0 为

$$\frac{1}{r_0} = \frac{1}{r_{ma}} + \frac{1}{r_w} \tag{3.9}$$

式中，r_{ma} 和 r_w 分别为岩石骨架与孔隙水的电阻。

由于岩石骨架的电阻率相对孔隙水的电阻率来说非常高，因此在式（3.9）中可以将岩石骨架的电阻率忽略。此外，岩石的电阻率不仅与岩石孔隙度的大小有关，还取决于孔隙的结构。图 3.5（b）给孔隙结构设定了一定的迂曲，孔隙的综合截面积为 A_w，长度为 L_w。将式（3.9）中的电阻用电阻率的形式替换，可以写为

$$R_0 \frac{L}{A} = R_w \frac{L_w}{A_w} \tag{3.10}$$

式中，R_0 和 R_w 分别为饱含水纯岩石的电阻率与孔隙水的电阻率；L 和 A 分别为岩石的长度与截面积，二者的乘积为1（单位体积）。因此，饱含水纯岩石的电阻率与孔隙水的电阻率的比值为

$$\frac{R_0}{R_w} = \frac{L_w}{A_w}\frac{A}{L} = \frac{AL}{A_w L_w}\left(\frac{L_w}{L}\right)^2 = \frac{V}{V_\varphi}\left(\frac{L_w}{L}\right)^2 = \frac{1}{\varphi}\left(\frac{L_w}{L}\right)^2 \tag{3.11}$$

显然，孔隙中完全充满水的岩石的电阻率 R_0 与所含水的电阻率 R_w 的比值仅与孔隙度 φ 有关。改变地层水的电阻率 R_w，饱含水纯岩石的电阻率 R_0 也会随之变化，但它们的比值总是一个常数，即

$$\frac{R_{01}}{R_{w1}} = \frac{R_{02}}{R_{w2}} = \cdots = \frac{R_{0n}}{R_{wn}} \tag{3.12}$$

该比值只与岩样的孔隙度、胶结情况和孔形状有关，而与饱含在岩样孔隙中的地层水的电阻率无关。用 F 定义这个比值，称为岩石地层电阻率因素（相对电阻率）：

$$F = \frac{R_0}{R_w} = \frac{a}{\varphi^m} \tag{3.13}$$

式中，a 是与岩性有关的岩性系数，其变化范围为 0.6~1.5；m 是胶结指数，随岩石胶结程度的不同而变化，其变化范围为 1.5~3。应用式（3.13）计算岩石的孔隙度时，应根据各地区、各种地层的实验统计结果确定 a、m 的值。

总之，对含水砂岩来说，岩石的孔隙度越大，所含地层水的电阻率越低，胶结程度越差，岩石的电阻率越低；反之，岩石的电阻率越高。

2）岩石的电阻率与含油饱和度的关系

当亲水岩石孔隙中含有水和油时，其在孔隙中的分布特点是，水包围在岩石颗粒表面，孔隙中央部分充填油，如图 3.6 所示。

由于油的电阻率高，几乎不导电，含油岩石的电阻率比该岩石完全饱含水时的电阻率高。因此，含油岩石的电阻率 R_t 的大小取决于含油饱和度 S_o、地层水的电阻率 R_w 和孔隙度 φ。也就是说，当将式（3.13）中的 R_0 替换为 R_t 时，式子右边应该增加含油饱和度的影响，即

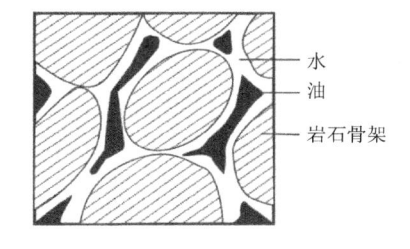

图 3.6 含油岩石结构示意图

$$\frac{R_t}{R_w} = \frac{a}{(1-S_o)\varphi^m} = \frac{a}{S_w \varphi^m} \tag{3.14}$$

式中，S_w 为含水饱和度。

联立式（3.13）和式（3.14），可以得到含油岩石的电阻率 R_t 与该岩石完全饱含水时的电阻率 R_0 的比值，用 I 表示：

$$I = \frac{R_t}{R_0} = \frac{b}{S_w^n} \tag{3.15}$$

式中，b 为岩性系数，其变化范围为 0.6~1.5；n 为饱和度指数；I 为电阻增大系数；S_w 为含水饱和度。

式（3.15）说明，在给定的岩样中，电阻增大系数 I 只与岩石的含油饱和度 S_o 有关，而与地层水的电阻率、岩石的孔隙度和孔隙形状等无关。这给研究岩石的电阻率和含油饱和度的定量关系奠定了基础。

3）阿尔奇公式

在岩石物理领域，将式（3.13）和式（3.15）合在一起称为阿尔奇公式（Archie's Formulas）。该公式具有划时代的意义，建立了岩石电阻率的测量值与孔隙度和饱和度之间的定量关系，使得物理测量值能够直接服务于地下流体生产，创造经济价值。事实上，阿尔奇公式并不是直接通过理论推导而来的，而是 Archie 于 1942 年在大量的岩心测试的结果上分析得到的，图 3.7 展示了他当年的测试结果。正是 Archie 的辛勤实验，结合有效的数据分析，才使得我们能够得到这个定量关系。图 3.8 展示了我国某油田岩心测试结果。同样可以看到阿尔奇公式所描述的现象。其中，岩石的电阻率和含油饱和度的定量关系主要是通过选用某地区有代表性的岩样，先测出其完全含水时的电阻率 R_0，然后向岩样内逐渐压入油，改变岩样的含油饱和度，同时测量其 R_t，得出一组 S_o、R_t 的数据，并在双对数坐标纸上作 $I=f(S_o)$ 或 $I=f(S_w)$ 关系曲线得到的。

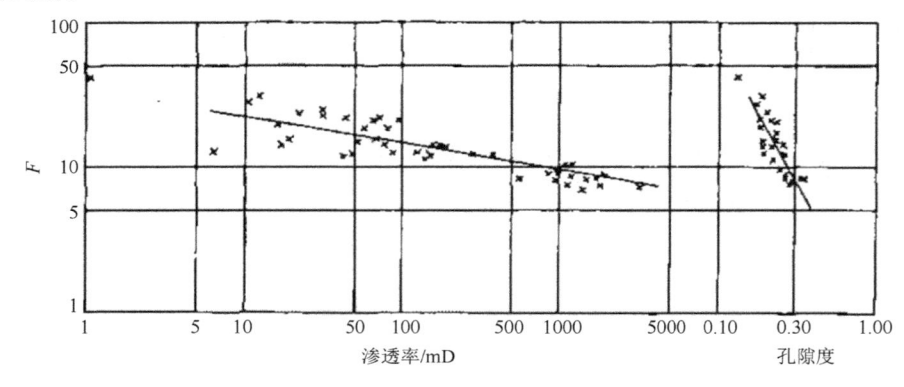

图 3.7　墨西哥湾沿岸地区固结砂岩岩心孔隙度和渗透率与地层电阻率因素（F）的关系

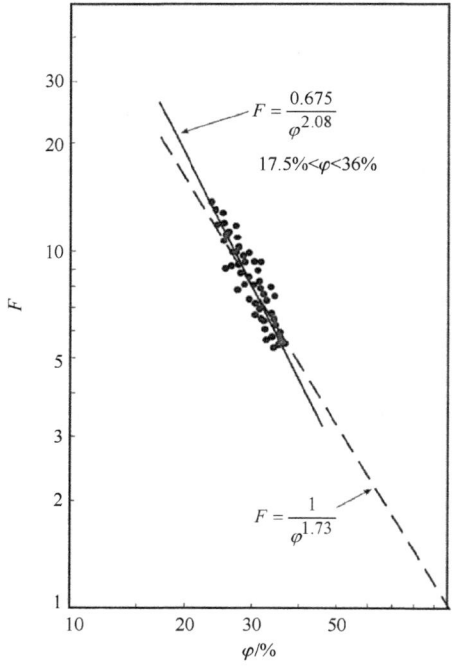

（a）岩心孔隙度与地层电阻率因素之间的关系

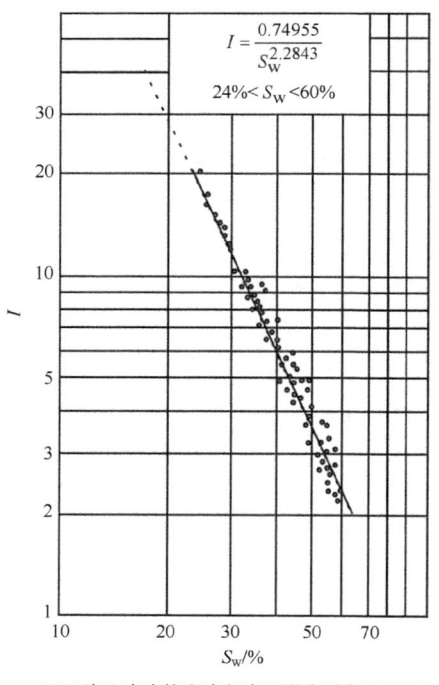

$$F = \frac{0.675}{\varphi^{2.08}}$$

$17.5\% < \varphi < 36\%$

$$F = \frac{1}{\varphi^{1.73}}$$

（b）岩心含水饱和度与电阻增大系数之间的关系

$$I = \frac{0.74955}{S_w^{2.2843}}$$

$24\% < S_w < 60\%$

图 3.8　我国某油田岩心测试结果

上述地层电阻率因素 F 与孔隙度 φ 的关系，电阻增大系数 I 与含油饱和度 S_o 的关系都与岩石的岩性密切相关。因此，每个地区都应选择当地有代表性的岩样开展实验工作，绘制适合本地区的关系曲线。对于新开展工作地区，可以参考其他地区相同岩性的关系曲线，研究岩层的含油性。当然，请注意阿尔奇公式仅仅描述了纯岩石的电阻率与孔隙度和饱和度的关系。在实际生产中，常遇到非纯岩石的情形，对此，科学家也是在大量的实验基础上，提出了一系列公式，如 Simandoux 公式（1963 年提出）、W-S 公式（Waxman 和 Smits 于 1968 年提出）、印尼公式、苏门答腊公式及双水模型等。

3.2.3.3 深度阅读文献

[1] ARCHIE G E. The electrical resistivity log as an aid in determining some reservoir characteristics[J]. Society of Petroleum Engineers. DOI:10.2118/942054-G.

3.3 电阻率探测法的基本原理和方法

电阻率探测法是传导类电法探测方法之一，是利用地壳中不同岩石间导电性（以电阻率表示）的差异，通过观测与研究在地下人工建立的**稳定电流场**的分布规律来寻找煤与其他有益矿产和地下水，以及解决有关地质问题的一种电法探测方法。电阻率探测法是电法探测中研究应用最早、使用最广泛的方法。

3.3.1 稳定电流场基本定律

微分形式的欧姆定律表明，导电介质中任意一点的电流密度矢量 $\vec{J}$，其方向与该点的电场强度矢量 $\vec{E}$ 一致，其大小与电场强度成正比，而与该点的电阻率 R 成反比：

$$\vec{J} = \frac{\vec{I}}{S} = \frac{\vec{E}}{R} \tag{3.16}$$

式中，$\vec{I}$ 为电流强度；S 为电流强度在该点的辐射面积。

此公式适用于任何形状的不均匀导电介质和电流密度不均匀分布的情况。根据电磁场理论中的电荷守恒定律，由任何闭合面流出的电流应等于该面内电荷的减少率，即

$$\oiint \vec{J} dS = \frac{\partial q}{\partial t} \tag{3.17}$$

对于稳定电流场，有 $\frac{\partial q}{\partial t}=0$，因此，式（3.17）变为

$$\oiint \vec{J} dS = 0 \tag{3.18}$$

即基尔霍夫定律的积分形式，它表明在稳定电流场中的任何一个闭合面内，没有正、负电荷的积累，即电流是连续的。

根据高斯定理，可写出基尔霍夫定律的微分形式：

$$\nabla \cdot \vec{j} = 0 \tag{3.19}$$

即在稳定电流场中，源外任意一点电流密度的散度恒等于零。

由于稳定电流场中空间各处的电荷分布不随时间改变，因此，它和静电场一样，是一种势场，即在任一闭合回路中，电场力做功与路径无关：

$$\oint \vec{E} dl = 0 \tag{3.20}$$

利用斯托克斯定理，得到式（3.20）的微分形式：
$$\nabla \times \vec{E} = 0 \tag{3.21}$$
表明稳定电流场是一种无旋场。

由于稳定电流场是势场，它应是标量位的梯度，即
$$\vec{E} = -\nabla U \tag{3.22}$$
因此 $\nabla \cdot \vec{j} = 0$ 化为
$$\nabla \left(\frac{1}{\rho} \nabla \vec{U} \right) = 0 \tag{3.23}$$
在电阻率均匀的介质中，ρ 为常数，式（3.23）变为
$$\nabla^2 \vec{U} = 0 \tag{3.24}$$
式（3.24）称为拉普拉斯方程。它表明在均匀介质中，稳定电流场的位满足拉普拉斯方程。

3.3.2 均匀介质中的稳定电流场

在直流电法工作中，为建立地下电场，通常将供电电极 A 和 B 接地（选择图 3.2 中任何一种电极阵列）。电流从 A 输入地下，通过 B 从地下流出，形成闭合电路。当供电电极之间的距离（几何尺寸）远小于它们与观测点之间的距离时，可将两个电极看作两个"点"，为点电极。电阻率测量原理图如图 3.9 所示。

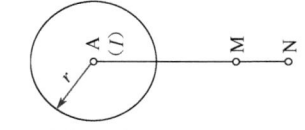

（a）A 供电，B 接地，M 和 N 用于测量　　　　（b）A 和 B 同时供电，M 用于测量，N 接地

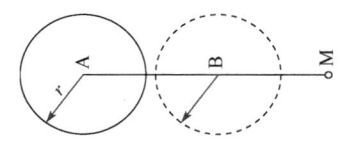

图 3.9　电阻率测量原理图

若研究某个电极周围的电场，则可将另一个电极置于很远处（在研究范围内，其影响可忽略不计的地方），这个距离在数学上称为无穷远，这时研究范围内的电场为一个点电源的电场。

所谓均匀各向同性，就是指电阻率在介质中均匀分布，且其导电性与空间方向无关，即电阻率在介质中处处相等。假设在电阻率为 R 的无限大介质中，有一点电源位于 A 点，其电流强度为 I，求距 A 点 $\vec{r}$ 的 M 点的电位。该位场问题具有球对称性，故选用球坐标系，把原点置于 A 点，由于位场仅是矢径 $\vec{r}$ 的函数，因此拉普拉斯方程可简化为
$$\frac{\partial}{\partial r}\left(r^2 \frac{\partial U}{\partial r} \right) = 0 \tag{3.25}$$
解得
$$U = -\frac{C}{r} + B \tag{3.26}$$
式中，C 和 B 均为常数。当 $r \to \infty$ 时，$U=0$，于是得到 $B=0$。由于电流从点电源 A 沿各方向呈均匀辐射状向外流动，因此穿过以 r 为半径的球面的电流密度 $\vec{J} = \frac{I}{4\pi r^2} \vec{r}$。

由式（3.16）得到电场强度为 $\vec{E} = R\vec{J} = \frac{RI}{4\pi r^2} \vec{r}$。

又因为 $\vec{E} = -\nabla \vec{U}$，所以

$$U = \frac{RI}{4\pi r} \quad (3.27)$$

式（3.27）就是均匀各向同性无限介质中点电源电场的电位表达式。

在实际工作中，假设 A 供电，M、N 为测量电极，B 接地，如图 3.9（a）所示，则测量电极 M、N 的电位分别为 $U_M = \frac{RI}{4\pi \overline{AM}}$ 和 $U_N = \frac{RI}{4\pi \overline{AN}}$，得到两个电极间的电位差为

$$\Delta U_{MN} = U_M - U_N = \frac{RI\overline{MN}}{4\pi \overline{AM} \cdot \overline{AN}} = \frac{RI}{K} \quad (3.28)$$

式中，K 为电极系数，$K = 4\pi \frac{\overline{AM} \cdot \overline{AN}}{\overline{MN}}$。

可见，当保持 I 不变时，ΔU_{MN} 随介质电阻率而变化。

电位叠加原理：介质内存在若干点电源时，某点的电位是所有点电源单独存在时的代数和，即

$$U = \frac{I_1 \rho}{4\pi r_1} + \frac{I_2 \rho}{4\pi r_2} + \cdots + \frac{I_n \rho}{4\pi r_n} \quad (3.29)$$

对于如图 3.9（b）所示的 ABM 电极系，A 和 B 对 M 产生的电位分别是 $U_M^A = \frac{\rho I}{4\pi \overline{AM}}$ 和 $U_M^B = \frac{-\rho I}{4\pi \overline{BM}}$。此时，利用如式（3.29）所示的电位叠加原理可得 M 处的电位为

$$U_M = U_M^A + U_M^B = \frac{\overline{AB}RI}{4\pi \overline{BM} \cdot \overline{AM}} \quad (3.30)$$

其电极系数 K 为

$$K = 4\pi \frac{\overline{BM} \cdot \overline{AM}}{\overline{AB}} \quad (3.31)$$

3.4 电磁感应探测基础理论

电磁感应法是指以岩（矿）石的导电性（σ）、导磁性（μ）和介电性（ε）差异为基础，观察和研究由于电磁感应在介质中形成的电磁场的分布规律，从而寻找矿体或解决各类地质问题的一组电法探测的重要分支方法。电磁感应法包括频率域电磁法（利用多种频率周期性电流源产生谐变电磁场）和时间域电磁法（利用不同形式的周期性短脉冲产生瞬变电磁场），其基础理论包括电磁感应现象和楞次定律。

由初中物理中的法拉第实验的结论可知，当穿过闭合回路的磁通量发生变化时，在回路中会产生电流 I_i，I_i 称为感应电流。根据全电路欧姆定律，电路中出现 I_i，表明电路中有感应电动势 ε_i。即使电路不闭合，也可能出现电磁感应现象，从而产生感应电动势 ε_i，这一现象称为**电磁感应现象**。

楞次定律是指感应电流的方向总是使它产生的通过回路的磁通量反抗或补偿引起感应电流的磁通量的变化。

图 3.10 展示了电磁感应的原理。在进行电磁感应测量时，需要一个发射线圈 T（类比图 3.1 和图 3.2 中的供电电极）来发射交变电流 I，从而引起一次交变磁场 Φ_1。这个一次交变磁场会

同时在接收线圈 R（类比图 3.1 和图 3.2 中的测量电极）和中间介质中产生一次感应电流 I_1。介质中的一次感应电流会产生二次交变磁场 Φ_2，该交变磁场在接收线圈 R 上产生二次感应电流 I_2 或 I_R。I_1 和 I_2 的相位相差 90°。

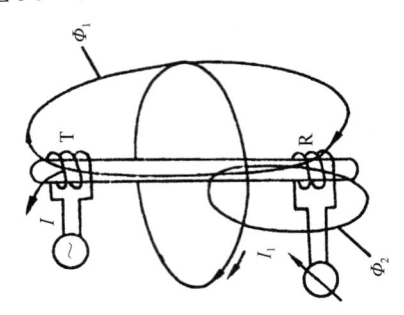

图 3.10 电磁感应原理示意图

3.4.1 交变电磁场在导电介质中的传播特点及规律

麦克斯韦方程组是对电磁场基本定律综合分析的结果，是介质中电磁场必须遵从的共同规律。在 SI 中，时间域的麦克斯韦方程组可写为

$$\left.\begin{aligned}\nabla\times\vec{E}&=-\frac{\partial\vec{B}}{\partial t}\\ \nabla\times\vec{H}&=\vec{j}+\frac{\partial\vec{D}}{\partial t}\\ \nabla\cdot\vec{B}&=0\\ \nabla\cdot\vec{D}&=q\end{aligned}\right\} \quad (3.32)$$

式中，$\vec{E}$ 为电场强度，V/m 或 N/C；$\vec{B}$ 为磁感应强度，N/(A·m)=Wb/m²；$\vec{H}$ 为磁场强度，A/m；$\vec{D}$ 为电位移，C/m²；$\vec{j}$ 为传导电流密度，A/m²；q 为自由电荷体密度，C/m³。

在式 (3.32) 中，第一列对应法拉第定律（变化的磁场产生电场），第二列对应安培定律（电流和变化的电场产生磁场），第三列对应磁场高斯定理（磁场无散，无磁荷），第四列对应电场高斯定律（电场有源，电荷是电场的源）。

考虑到介质对电磁场的影响，还应加上一组物质方程：

$$\begin{aligned}\vec{j}&=\sigma\vec{E}\\ \vec{B}&=\mu\vec{H}\\ \vec{D}&=\varepsilon\vec{E}\end{aligned} \quad (3.33)$$

式中，σ 为电导率；μ 为介质的磁导率；ε 为介电常数。

在电导率不为零的均匀介质中，体电荷不能堆积在某一处，经一段时间（$t<10^{-6}$s）被介质导走，故电法探测遇到的导电介质中有

$$\nabla\cdot\vec{D}=0 \quad (3.34)$$

电磁感应法中的介质为导电介质，电场是无散场（电流线闭合）。导电介质中的电荷不能在某处堆积，电磁波在介质内部传播时，无电荷积累，即电场无散，电流线封闭。导电介质中的电磁场方程如下，即将麦克斯韦方程组中的 5 个变量消去 3 个：

$$\left.\begin{array}{l} \nabla \times \vec{H} = \sigma \vec{E} + \varepsilon \dfrac{\partial \vec{E}}{\partial t} \\ \nabla \times \vec{E} = -\mu \dfrac{\partial \vec{H}}{\partial t} \\ \nabla \cdot \vec{H} = 0 \\ \nabla \cdot \vec{E} = 0 \end{array}\right\} \tag{3.35}$$

对式（3.35）中的第一式两边做旋度运算，并将第二式代入，得

$$\nabla \times \nabla \times \vec{H} = -\sigma\mu \dfrac{\partial \vec{H}}{\partial t} - \varepsilon\mu \dfrac{\partial^2 \vec{H}}{\partial t^2} \tag{3.36}$$

利用矢量恒等式 $\nabla \times \nabla \times \vec{H} = \nabla \nabla \cdot \vec{H} - \nabla^2 \vec{H}$，得

$$\nabla^2 \vec{H} = \sigma\mu \dfrac{\partial \vec{H}}{\partial t} + \varepsilon\mu \dfrac{\partial^2 \vec{H}}{\partial t^2} \tag{3.37}$$

同理可得

$$\nabla^2 \vec{E} = \sigma\mu \dfrac{\partial \vec{E}}{\partial t} + \varepsilon\mu \dfrac{\partial^2 \vec{E}}{\partial t^2} \tag{3.38}$$

式（3.37）、式（3.38）分别为 $\vec{H}$ 和 $\vec{E}$ 满足的时间域的波动方程。若电场的频率很高，则对高电阻率介质（$\rho \to \infty$）而言，两式右端的第一项可忽略。这时方程变为纯波动性的，传导电流无穷小，位移电流占优势：

$$\begin{array}{l} \nabla^2 \vec{H} = \varepsilon\mu \dfrac{\partial^2 \vec{H}}{\partial t^2} \\ \nabla^2 \vec{E} = \varepsilon\mu \dfrac{\partial^2 \vec{E}}{\partial t^2} \end{array} \tag{3.39}$$

相反，在低频和良导电介质（$\rho \to 0$）中，两式右端第二项可忽略，方程变为热传导性（或扩散性）的，此时传导电流占优势，位移电流可忽略：

$$\begin{array}{l} \nabla^2 \vec{H} = \sigma\mu \dfrac{\partial \vec{H}}{\partial t} \\ \nabla^2 \vec{E} = \sigma\mu \dfrac{\partial \vec{E}}{\partial t} \end{array} \tag{3.40}$$

可见，在良导电或强吸收介质中，电磁扰动不按波动规律传播，而按扩散规律传播，类似于热传导过程。在频率域中讨论波动方程同样具有重要意义，这时最重要的时变函数形式是随时间谐变的交变电磁场。

令 $\vec{H} = H_0 \mathrm{e}^{-\mathrm{i}\varpi t}$，$\vec{E} = E_0 \mathrm{e}^{-\mathrm{i}\varpi t}$，代入 $\vec{H}$ 和 $\vec{E}$ 满足的时间域的波动方程，有

$$\nabla^2 \vec{H} = \sigma\mu(-\mathrm{i}\varpi \vec{H}) + \varepsilon\mu(-\varpi^2 \vec{H}) = (-\mathrm{i}\varpi\sigma\mu - \varpi^2 \varepsilon\mu)\vec{H} \tag{3.41}$$

$$\nabla^2 \vec{E} = \sigma\mu(-\mathrm{i}\varpi \vec{E}) + \varepsilon\mu(-\varpi^2 \vec{E}) = (-\mathrm{i}\varpi\sigma\mu - \varpi^2 \varepsilon\mu)\vec{E} \tag{3.42}$$

令波数 $k^2 = (-\mathrm{i}\varpi\sigma\mu - \varpi^2 \varepsilon\mu)$，得到电磁场的亥姆霍兹齐次方程：

$$\begin{array}{l} \nabla^2 \vec{H} = k^2 \vec{H} \\ \nabla^2 \vec{E} = k^2 \vec{E} \end{array} \tag{3.43}$$

3.4.2 平面谐变电磁波在均匀介质中的传播

波阵面为平面的电磁波称为平面电磁波。若平面波的场量（电场 $\vec{E}$ 或磁场 $\vec{H}$）只沿它的传播方向变化，而在这一平面内无变化（振幅为常量），则称为均匀平面波，否则为非均匀平面波。设平面电磁波垂直入射向地下传播，以电场方向为 x 轴，磁场方向为 y 轴，z 轴方向为向下传播方向，如图 3.11 所示，则有

$$E_z = 0, \quad H_z = 0 \tag{3.44}$$

$$\left. \begin{array}{l} \dfrac{\partial^2 H_y}{\partial z^2} - k^2 H_y = 0 \\[6pt] \dfrac{\partial^2 E_x}{\partial z^2} - k^2 E_x = 0 \end{array} \right\} \tag{3.45}$$

代入条件 $z \to \infty$，$\vec{H} = 0$，$\vec{E} = 0$，得 $H_y = H_{y0}\mathrm{e}^{-kz}$，$E_y = E_{y0}\mathrm{e}^{-kz}$。其中，波数 k 为复数，可表示为 $k = b + \mathrm{i}a$，又因为 $k^2 = (-\mathrm{i}\omega\sigma\mu - \omega^2\varepsilon\mu)$，所以有

$$\begin{cases} a^2 - b^2 = \varpi^2 \varepsilon\mu \\ 2ab = -\mathrm{i}\varpi\sigma\mu \end{cases} \tag{3.46}$$

进一步解得

$$\begin{cases} a = \sqrt{\varepsilon\mu}\sqrt{\dfrac{1}{2}\left(\sqrt{1+\left(\dfrac{\sigma}{\omega\varepsilon}\right)^2}+1\right)} \\[12pt] b = \varpi\sqrt{\varepsilon\mu}\sqrt{\dfrac{1}{2}\left(\sqrt{1+\left(\dfrac{\sigma}{\omega\varepsilon}\right)^2}-1\right)} \end{cases} \tag{3.47}$$

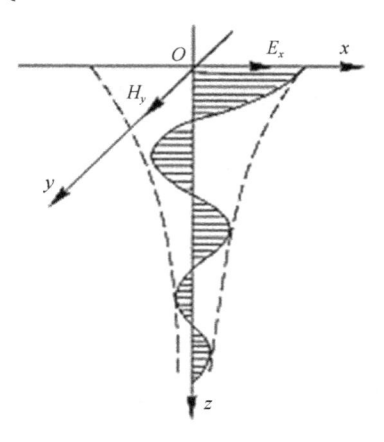

图 3.11 平面电磁波在地下传播

因此，平面谐变电磁波在地下的传播方程为

$$\left. \begin{array}{l} H_y = H_{y0}\mathrm{e}^{-bz}\mathrm{e}^{-\mathrm{i}(\varpi t + az)} \\ E_x = E_{x0}\mathrm{e}^{-bz}\mathrm{e}^{-\mathrm{i}(\varpi t + az)} \end{array} \right\} \tag{3.48}$$

振幅沿 z 轴方向按指数规律衰减，当平面谐变电磁波沿 z 轴方向传播 $1/b$ 距离时，振幅衰减为原来的 $1/\mathrm{e}$。其中，b 为电磁波衰减系数，$1/b$ 为电磁波的趋肤深度。趋肤深度定义为，当

电磁场沿 z 轴方向传播时,其振幅衰减为入射的 1/e 时所传播的距离,用 δ 表示:

$$\delta = 1/b = \sqrt{\frac{2}{\omega\sigma\mu_0}} \approx 503\sqrt{\frac{\rho}{f}} \tag{3.49}$$

电磁波能量衰减为原来的一半时的传播深度称为探测深度。

$$\delta_t = 356\sqrt{\frac{\rho}{f}} \tag{3.50}$$

对于谐变电磁波,有 $\nabla \times \vec{E} = -\mathrm{i}\omega\mu\vec{H}$,在图 3.11 中,电场只有 z 轴方向的导数,磁场只有 y 轴方向的分量,即

$$\frac{\partial E_x}{\partial z} = \mathrm{i}\omega\mu H_y \tag{3.51}$$

又因为 $H_y = H_{y0}\mathrm{e}^{-kz}$,$E_x = E_{x0}\mathrm{e}^{-kz}$,所以

$$-kE_x = \mathrm{i}\omega\mu H_y \tag{3.52}$$

从而

$$\frac{E_x}{H_y} = \frac{\mathrm{i}\omega\mu}{-k} = Z \tag{3.53}$$

相互正交的一对电场与磁场的比值称为波阻抗 Z,将衡量介质对电磁波传播的阻碍作用的参数定义为波阻抗,量纲为 Ω。均匀各向同性介质中的波阻抗是和测量方位无关的标量,称为标量阻抗。

对于波阻抗取模值的平方可获得介质的电阻率信息:

$$|Z|^2 = \left|\frac{E_x}{H_y}\right|^2 = \omega\mu\rho, \quad \rho = \frac{1}{\omega\mu}\left|\frac{E_x}{H_y}\right|^2 \tag{3.54}$$

其物理意义为平面波垂直入射时,可通过观测相互正交的电场和磁场分量获得地下介质的电阻率;在非均匀介质条件下,可获得地下介质的视电阻率;不同频率信号具有不同的趋肤深度,采集不同频率信号可获得不同深度的视电阻率,即频率测深。

第4章 电法探测方法及其应用

4.1 电阻率探测方法

4.1.1 地面电阻率探测：半空间介质中的点电源电场及电阻率测量

如图 4.1 所示，设地面是无限大平面，地下是电阻率为 R 的均匀各向同性介质。当地表的点电源 A 向地下输入电流 I 时，电流线便以 A 为中心向周围呈均匀辐射状分布。

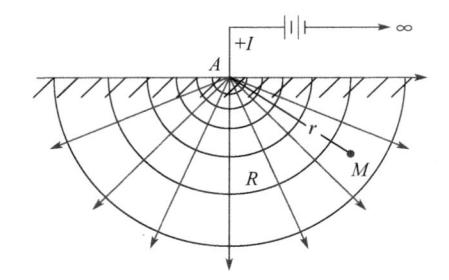

图 4.1 半空间介质中的电阻率测井图

可用无限均匀介质中点电源电场的拉普拉斯方程的解来得到与 A 相距为 r 的 M 点的电位。注意到在半空间介质中，电流密度应较无限介质大一倍，故有

$$\vec{J} = \frac{I}{2\pi r^2}\vec{r} \tag{4.1}$$

M 点的电位为

$$U_M = \frac{IR}{2\pi r} \tag{4.2}$$

M 点的电场强度为

$$\vec{E} = \frac{RI}{2\pi r^2}\vec{r} \tag{4.3}$$

若地表有两个异性点电源的电场（见图 4.2），且点电源 A 和 B 相距 $2L$，它们分别以 $+I$ 和 $-I$ 向地下供电。根据电场叠加原理，可知 A、B 两点在 M 点产生的电位为

$$U_M = U_M^A + U_M^B = \frac{IR}{2\pi \overline{AM}} + \frac{-IR}{2\pi \overline{BM}} = \frac{IR}{2\pi}\left(\frac{1}{\overline{AM}} - \frac{1}{\overline{BM}}\right) \tag{4.4}$$

同理，可得两个异性点电源在 M 点的电场强度为

$$E_M = E_M^A + E_M^B = \frac{IR}{2\pi}\left(\frac{1}{\overline{AM}^2} \cdot \frac{\overline{AM}}{\overline{AM}} - \frac{1}{\overline{BM}^2} \cdot \frac{\overline{BM}}{\overline{BM}}\right) \tag{4.5}$$

如图 4.2 所示，当两个异性点电源向地下供电时，电流密度的分布并不均匀，而主要集中在 A、B 连线附近区域。

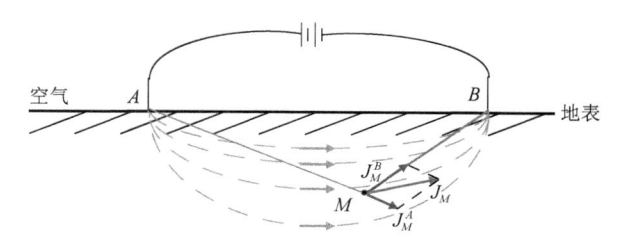

图 4.2 两个异性点电源的电场（实线为等位线，虚线为电流线）

下面讨论在 A、B 连线的中垂面上，深度为 h 的 M 点处的电流密度。令 $\overline{AB}=2L$，$\overline{AM}=\overline{BM}=\sqrt{L^2+h^2}$。显然，有

$$j_h = j_h^A + j_h^B \tag{4.6}$$

因 M 位于中垂面上，所以有

$$j_h^A = j_h^B = \frac{I}{2\pi(L^2+h^2)} \tag{4.7}$$

电流密度的垂直分量方向相反，相互抵消；而水平分量则方向相同，故有

$$j_h = 2j_h^A \cos\alpha = \frac{IL}{\pi(L^2+h^2)^{3/2}} \tag{4.8}$$

当 $h=0$ 时，可得地表 AB 的中点 O 处的电流密度为

$$j_0 = \frac{I}{\pi L^2} \tag{4.9}$$

因此

$$\frac{j_h}{j_0} = \frac{1}{[1+(h/L)^2]^{3/2}} \tag{4.10}$$

均匀各向同性半空间介质中两个异性点电源电场的电流密度分布如图 4.3 所示。

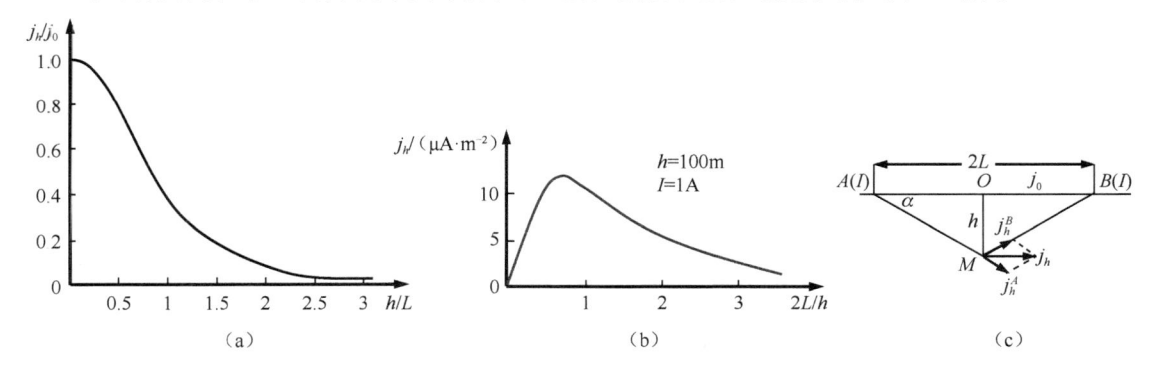

图 4.3 均匀各向同性半空间介质中两个异性点电源电场的电流密度分布

图 4.3（a）展示了 j_h/j_0 随 h/L 的变化规律。可见，地表电流密度最大，随着深度 h 的增大，电流密度衰减很快，当 h 等于 $3L$ 时，电流密度便只有 $0.032 j_0$。同时，j_h/j_0 随着 L 的增大而增大，说明加大供电极距时，地表电流密度比地下电流密度衰减快，从而起到突出地下深部信息的作用。换言之，加大供电极距可以增大探测深度。

图 4.3（b）表示 h 一定时，电流密度随供电极距变化的规律。当 L 为零或无穷大时，h 深度的电流密度均为零。而当

$$\frac{\partial j_h}{\partial L} = \frac{I}{\pi} \frac{h^2 - 2L^2}{(h^2 + L^2)^{5/2}} = 0 \tag{4.11}$$

即 $L = h/\sqrt{2}$ 时，h 深度的电流密度最大，可以获得来自深度 h 的地质信息，故这个供电极距称为最佳供电极距。

应当指出，影响探测深度的因素除供电极距外，还有待测地质体的大小、形状等。当地下电性分布不均匀时，加大供电极距往往达不到所要求的深度。

4.1.2 电阻率公式与视电阻率

设地表水平，地下充满均匀各向同性半空间介质，地面上任意两个电极 A、B 供电，测量电极 M 和 N 也放置于地面，其排列类似图 3.2 中的各种电极阵列。式（4.4）给出了两个点电源在 M 点产生的电位，类比可知供电电极 A 和 B 在测量电极 N 处产生的电位：

$$U_N = \frac{IR}{2\pi}\left(\frac{1}{AN} - \frac{1}{BN}\right) \tag{4.12}$$

测量电极 M、N 的电位差为

$$\Delta U_{MN} = U_M - U_N = \frac{RI}{2\pi}\left(\frac{1}{AM} - \frac{1}{AN} - \frac{1}{BM} + \frac{1}{BN}\right) \tag{4.13}$$

由此可得 M 与 N 之间的电阻率，即均匀大地电阻率的计算公式：

$$R = K\frac{\Delta U_{MN}}{I} \tag{4.14}$$

式中，K 为电极系系数，$K = \dfrac{2\pi}{\dfrac{1}{AM} - \dfrac{1}{AN} - \dfrac{1}{BM} + \dfrac{1}{BN}}$，也称装置系数，是一个与各电极距有关的物理量。实际工作中，装置形式和电极距一经确定，K 值便可计算出来。

利用电阻率法观测到的实际不是单个岩层的真电阻率，而是在地下一定空间范围内多种具有不同导电性岩层的电阻率的综合值，称为视电阻率（Apparent Resistivity）R_a，其单位为 $\Omega \cdot m$。虽然它不是单个岩层的真电阻率，却是地下导电性不均匀体和地形起伏的一种综合反映。视电阻率与地下不同导电性岩层（或矿体）的分布状况有关，还与采用的装置类型、装置大小及其相对于导电性不均匀体的位置、地形有关。

利用图 3.2 中的斯伦贝谢阵列进行电阻率采集，先在地面打入两个或两组铁质的供电电极 A、B，用干电池或蓄电池作为供电电源向地下供电，建立地下稳定电流场，用仪器观测出供电电流强度 I；再将两个或两组铜质的测量电极 M、N 打入地面，并观测 M、N 之间的电位差 ΔU。按式（4.14）计算出 M、N 中点处的视电阻率 R_a；然后将所有仪器沿测线同时向前移动，逐点测量并计算 R_a，便可获得沿测线或测区的 R_a 的变化规律，将其绘制成曲线便是野外观测的原始曲线。

图 4.4 展示了在背景电阻率为 R_1 的岩体中有 R_2 和 R_3 两个电阻率异常体时，利用斯伦贝谢阵列电极系测量得到的视电阻率的情形。供电电极 A 和 B 形成电流回路，图 4.4（b）中的曲线示意了地下电流的分布情况。将 A 和 B 固定，移动测量电极 M 和 N，可得到不同水平位置 X 处的电压 ΔU_{MN}。计算得到各点的视电阻率 R_a，以曲线的形式在图 4.4（a）中展示，其中的虚线为 R_1。测量得到的视电阻率虽然不是真实的地层岩石的电阻率，但能反映出其大致趋势，即 $R_3 < R_1 < R_2$。后续经过数据处理，用计算机进行正、反演处理解释，绘制成各种解

释图件，结合工作区及邻区已有的各种地质、物探资料进行综合分析研究，即得出最终的地质解释成果。

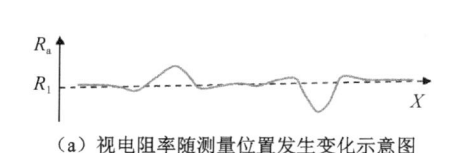

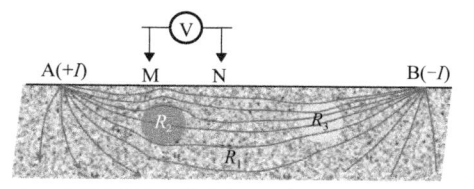

(a) 视电阻率随测量位置发生变化示意图

(b) 大地电阻率变化分布及电流分布情况示意图

图 4.4 电阻率不均匀时的视电阻率的变化情况

视电阻率与电阻率的公式相同，量纲相同，却是两个完全不同的概念。只有在地面水平且地下介质均匀各向同性的情况下，二者才等同。视电阻率的基本公式可以改换成一个便于对地电断面进行定性分析的公式，即视电阻率与地表电阻率、电流密度的关系式。

设地面水平，当 M、N 电极间的距离 $\overline{MN}$ 很小时，其电场强度可认为是均匀的，因此有

$$E_{MN} = \frac{\Delta U_{MN}}{\overline{MN}} = j_{MN} R_{MN} \tag{4.15}$$

即 $\Delta U_{MN} = j_{MN} R_{MN} \overline{MN}$。式 (4.15) 中的 j_{MN} 和 R_{MN} 分别为 M、N 间任意点的电流密度与介质的电阻率。根据电阻率的公式，即式 (4.14) 可得视电阻率为

$$R_a = K \frac{j_{MN} \overline{MN}}{I} R_{MN} \tag{4.16}$$

当地下岩体均匀（电阻率设定为 R），且没有电阻率异常的矿体存在时，M、N 间的电流密度为 j_0，此时有

$$R_a = K \frac{j_0 \overline{MN}}{I} R \tag{4.17}$$

在均匀介质情况下，$R = R_a$，于是

$$j_0 = \frac{I}{K \overline{MN}} \tag{4.18}$$

在非均匀的岩体中，式 (4.17) 可以变为

$$R_a = \frac{j_{MN}}{j_0} R_{MN} \tag{4.19}$$

式中，j_0 只取决于装置的类型和大小，对于确定的装置，它是已知的。视电阻率是与 M、N 间的电流密度和介质电阻率成正比的量。式 (4.19) 称为视电阻率的微分形式，在分析一些理论计算结果时，经常要用到它。同样，可以得到其积分形式：

$$R_a = \frac{K}{I} \int_N^M j_{MN} R_{MN} dl \tag{4.20}$$

图 4.5 给出了视电阻率与地电断面性质的关系。图 4.5 (a) 中是大地电阻率为 R_1 的均匀、各向同性单一岩石。MN 间的电流密度 j_{MN} 等于地下均匀各向同性岩石中 MN 间的电流密度 j_0，MN 间的电阻率 R_{MN} 等于均匀各向同性岩石的电阻率 R_1。图 4.5 (b) 中是电阻率为 R_1 的围岩，其中赋存一个电阻率为 R_2 的良导电体。由于电流汇聚于导体，因此必然有 $j_{MN} < j_0$。又因为 $R_{MN} = R_1$，所以 $R_a < R_1$。图 4.5 (c) 中是电阻率为 R_1 的围岩，其中埋藏有一局部隆起的电阻率为 R_3 的高阻基岩。由于电流受高阻基岩的排斥，因此 $j_{MN} > j_0$，可得 $R_a > R_1$。

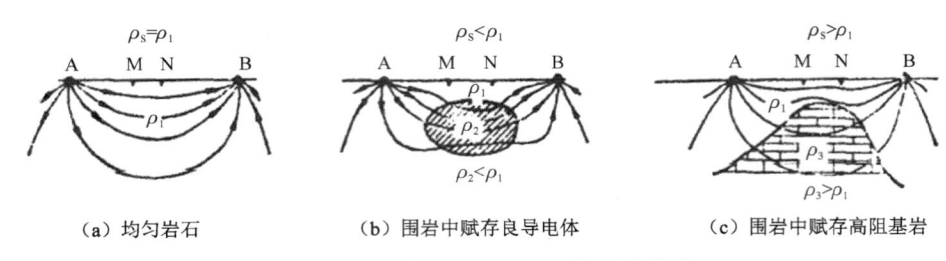

(a) 均匀岩石　　　　　(b) 围岩中赋存良导电体　　　　(c) 围岩中赋存高阻基岩

图 4.5　视电阻率与地电断面性质的关系

图 4.6 和图 4.7 给出了两个不同地区地面电阻率探测的实例图。这两个案例中的地表存在一定的高程差，显示的电阻率为某条测线上的视电阻率，不同的颜色表示了不同的电阻率。从图 4.6 和图 4.7 中可以观测到不同的地质构造和地层层理特征，如圆形的孔洞结构：低电阻率的圆形区域为充水的岩溶［见图 4.6（横轴表示水平距离，单位为 m）］，高电阻率的圆形区域为空气溶洞。

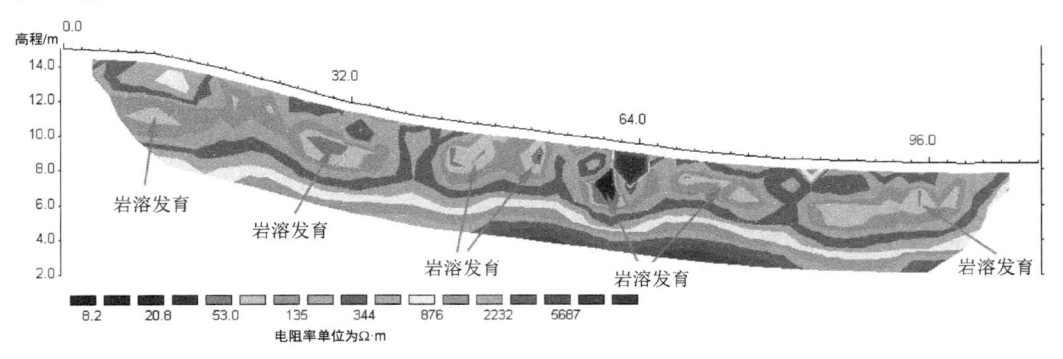

图 4.6　某岩溶发育地区地面电阻率探测实例图

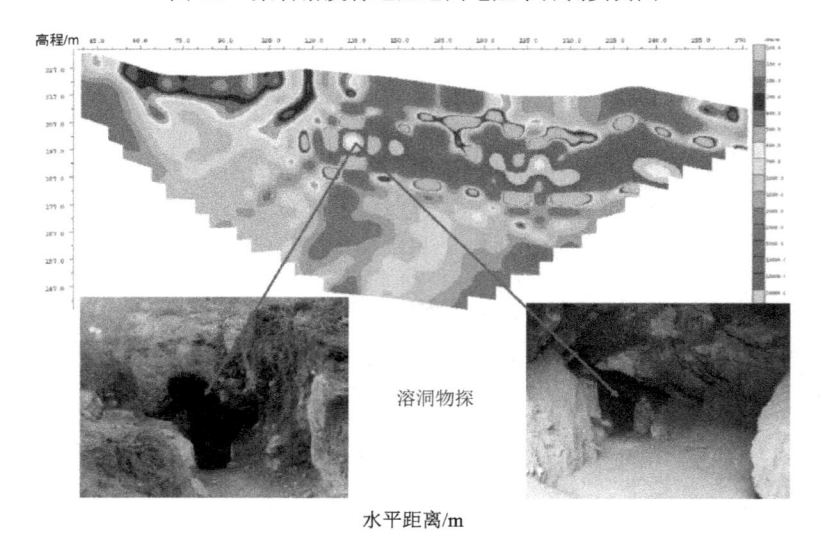

图 4.7　溶洞地面电阻率探测实例图

4.1.3　井中电阻率探测

地面电阻率探测主要是用来探测地质结构和金属矿产的，而油气领域用得较多的测量方式主要应用于井中。本节类比地面电阻率的概念，阐述井中电阻率探测。

4.1.3.1 电极系

不同类型的电极系所测得的视电阻率差异很大，为准确使用视电阻率曲线，对电极系应有正确认识。电极系是由供电电极 A、B 和测量电极 M、N 按一定的相对位置、距离固定在一个绝缘体上组成的下井装置。一般电极系内包括三个电极，另一个电极放在地面上。在下井的三个电极中，接在地面仪器同一电路中的两个电极，如 A、B（或 M、N）叫成对电极，而另一个与地面电极 N（或 B）接在同一电路中的电极叫不成对电极（或单电极）。按成对电极和单电极之间的距离与相对位置不同可组成不同类型的电极系，如表 4.1 所示。

表 4.1 不同类型的电极系

类型	电位电极系				梯度电极系			
	单极供电		双极供电		单极供电		双极供电	
	正装	倒装	正装	倒装	正装	倒装	正装	倒装
图示	O·A ·M ·N	·N O·M ·A	O·M ·A ·B	·B O·A ·M	O·A ·M ·N	O·N ·M ·A	O·M ·A ·B	O·B ·A ·M
电极距	$\overline{AM}$	$\overline{AM}$	$\overline{AM}$	$\overline{AM}$	$\overline{AO}$	$\overline{AO}$	$\overline{AO}$	$\overline{AO}$
电极系全名	电位电极系	电位电极系	电位电极系	电位电极系	（底部）正装梯度电极系	（顶部）倒装梯度电极系	（底部）正装梯度电极系	（顶部）倒装梯度电极系

从表 4.1 中可知，电极系可以分为电位电极系和梯度电极系两类。

1. 电位电极系

单电极到相邻成对电极之间的距离远小于成对电极之间的距离的电极系叫电位电极系。这类电极系的电极距 $L = \overline{AM}$。$\overline{AM}$ 的中点 O 称为电位电极系的深度记录点。当电极系处于某个位置时，它所测的视电阻率是深度记录点 O 所在深度的测量结果。如果成对电极之间的距离无穷大，则电位电极系只由 A、M 组成，叫理想电位电极系，此时所测的视电阻率与 M 的电位成正比，因此这类电极系叫电位电极系。

2. 梯度电极系

单电极到相邻成对电极之间的距离远大于成对电极之间的距离的电极系叫梯度电极系。这类电极系的深度记录点 O 在成对电极 M、N（或 A、B）的中点位置。单电极 A（或 M）到 O 点的距离是梯度电极系的电极距 $L = \overline{AO}$（或 $L = \overline{MO}$），L 是说明电极系长短的参数，以 m 为单位。当电极系中的 $\overline{MN}$（或 $\overline{AB}$）无穷小时，该电极系叫理想梯度电极系。此时，M、N（或 A、B）和深度记录点 O 合为一点，即 $\overline{AM} = \overline{AN} = \overline{AO}$。

梯度电极系按照成对电极和单电极的相对位置不同分为正装与倒装两类。正装梯度电极系的成对电极在单电极的下方。这类电极系所测的视电阻率曲线以极大值显示出高阻层的底界面，故正装梯度电极系又叫底部梯度电极系。倒装梯度电极系的成对电极在单电极的上方。

这类电极系所测的视电阻率曲线以极大值显示出高阻层的顶界面，故倒装梯度电极系又叫顶部梯度电极系。

此外，根据电极系中供电电极的数目不同，可以将其分为单极供电电极系和双极供电电极系。在视电阻率曲线上方标有所用电极系的书写符号。电极系的书写方式是按照电极在井内自上而下的顺序写出电极的名称和它们之间的距离（以 m 为单位）。例如，M2.25A0.5B 表示双极供电正装梯度电极系，$L = \overline{MO} = 2.5\text{m}$。在使用视电阻率曲线划分岩性剖面时，首先必须认清所用电极系的类型及电极距，否则可能得出错误的结论。

在一个电极系中，当保持电极之间的相对位置不变，只把电极的功能改变（原供电电极改为测量电极，原测量电极改为供电电极），而测量条件不变时，用变化前和变化后的两个电极系对同一剖面进行视电阻率测井，所测的曲线完全相同，这叫电极系互换原理。根据这一原理，表 4.1 中的四种梯度电极系实质上可视为两种类型。而电位电极系由于成对电极之间的距离较大和所测的电阻率曲线对地层中点对称等特点，倒装、正装曲线形状相同，因此电位电极系的细致分类没有实际意义。

电极系的电极距 L 是说明电极系尺寸长短的参数，随着电极距 L 的增大，电极系的横向探测深度加深，而电极距相同的两种不同类型的电极系的探测深度不相同。为了确认视电阻率曲线主要反映的介质范围，引入电极系的探测深度，即以供电电极为中心，以某一半径作一球面，如果球面内包含的介质对测量结果的贡献为 50%，则此半径就定义为该电极系的**探测深度**或探测半径。电位电极系的探测半径为 $2\overline{AM}$，梯度电极系的探测半径为 $1.4\overline{AO}$。由于不同地区岩性差异很大，因此目前各地区的探测半径定义的探测范围也不完全一致。应根据所研究剖面合理选择，以利于在进行测井资料解释时做地层对比，可靠地评价油/气/水层。

4.1.3.2 视电阻率曲线的特点及影响因素

由前面的分析已知电阻率测井的实质是解决各种介质中的电场分布问题。对于均匀各向同性介质，电阻率不随径向变化而只随轴向阶跃变化的纵向阶跃介质和电阻率不随纵向变化而只随径向阶跃变化的径向阶跃介质均可用解拉普拉斯方程的方法求解电位场。对于测井常遇到的全非均匀介质，只能先采用数值解法求出电场分布，然后求出电阻率的计算公式，经过理论计算得到各介质中的视电阻率理论曲线。不同类型的电极系所测的视电阻率曲线的特点不同，现分述如下。

1. 梯度电极系视电阻率理论曲线

为了掌握曲线的变化规律，现介绍一种以电流密度分布的特点定性说明曲线变化的方法。在普通电阻率测井中，电阻率通常用 R 表示。

设一高阻层，其电阻率为 $R_t = 5\Omega \cdot m$，厚度 $h = 10\overline{AO}$，上下围岩相同，电阻率 $R_s = 1\Omega \cdot m$，忽略井的影响，用理想底部梯度电极系测井，得到的电阻率曲线如图 4.8 所示。由于这里使用的是理想梯度电极系，因此其视电阻率的计算公式如下：

$$R_a = \frac{j_0}{j_{0j}} R_0 \qquad (4.21)$$

式中，j_{0j} 为在均匀介质中，深度记录点处的电流密度；j_0 为深度记录点 O 处的实际电流密度；R_0 为深度记录点 O 所在介质的真电阻率。

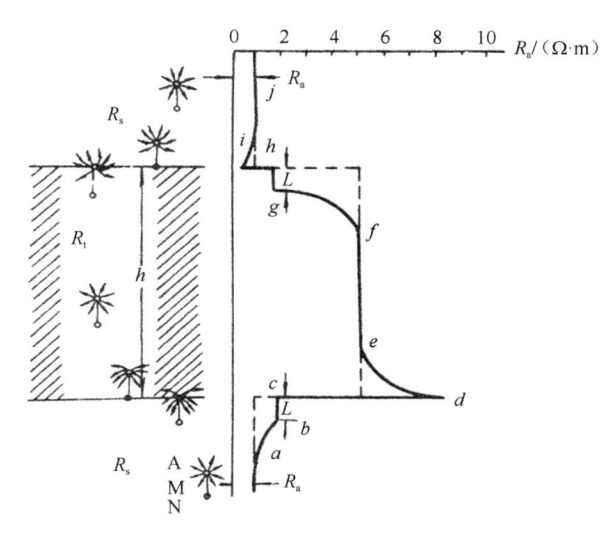

图 4.8 底部梯度电极系视电阻率曲线分析

实际测井都是通过提升电极系来测量的，因此这里讨论曲线变化也从下至上进行。当电极系在下部围岩中，且远离高阻层底界面时，相当于电极系在电阻率为 R_s 的均匀介质中，此时的 $j_0 = j_{0j}$ 且由式（4.21）可以得到 $R_a = R_s$，视电阻率曲线呈现出 $R_a = 1\Omega \cdot m$ 的直线段，到 a 点为止。提升电极系，A 靠近高阻层底界面，由于高阻层对电流的排斥作用，深度记录点处的实际电流密度增大，此时 $j_0 > j_{0j}$，并且随着电极系靠近高阻层底界面，j_0 呈上升趋势，因此自 a 点起，$R_a > R_s$，并且逐渐升高，直到 A 到达高阻层底界面，电阻率达到 b 点的值。

继续提升电极系，A 进入高阻层，而深度记录点 O 仍在下部围岩中。此时，由 A 流出的电流在界面上的法向分量连续。R_a 只与界面两侧的介质电阻率有关，计算公式如下：

$$R_a = R_s \left(1 + \frac{R_t - R_s}{R_t + R_s}\right) \qquad (4.22)$$

直到深度记录点 O 到达高阻层底界面，得到曲线 bc 段，其长度为 $\overline{AO}$。当深度记录点进入高阻层时，O 点所在介质的电阻率 R_0 突然从低阻 R_s 上升为 R_t，同时，A 仍受下方低阻围岩的影响，其电流分布尚不均衡，仍是 $j_0 > j_{0j}$。R_a 急剧升高，得到一个较大的值，且高于 R_t，即曲线的 cd 段。当继续提升电极系时，A 逐渐远离下部低阻围岩，它对电流的"吸引"作用逐渐减小，从而使 j_0 逐渐减小，R_a 曲线由 d 点开始下降，直到电极系距离下部围岩相当远，低阻围岩对电流的"吸引"作用消失，曲线到达 e 点。因为目的层相当厚，所以当 A 距离高阻层底界面较远而又未靠近高阻层顶界面时，A 的电流分布不受围岩的影响，可将其看作在均匀介质 R_t 中的点电源场，此时有 $j_0 = j_{0j}$，故 $R_a = R_t$，因此在 R_t 地层的中部出现了平行于纵轴的 ef 直线段。继续提升电极系，A 接近上部围岩，由于上部围岩对电流的"吸引"作用，电流密度在 A 的上方增大，致使处于 A 下方的深度记录点 O 处的 j_0 减小，故使 R_a 降低。直到 A 到达高阻层顶界面，此下降趋势终止于 g 点。

当 A 进入上部围岩时，O 点仍处于 R_t 层，此时与 bc 段有类似情况，由于上、下部围岩相同，因此其视电阻率与 bc 段相同，可用下式计算：

$$R_a = R_t \left(1 + \frac{R_s - R_t}{R_s + R_t}\right) \qquad (4.23)$$

直到 O 点到达高阻层顶界面，直线段 $gh = \overline{AO}$。当深度记录点也进入上部围岩 R_s 中时，由于 R_0 突然由 R_t 下降到 R_s，且 j_0 仍小于 j_{0j}，所以 R_a 急剧下降到 i 点，此点的视电阻率是 R_a 的最小值，并低于 R_s。整个电极系都处于上部围岩中，且逐渐远离高阻层顶界面，高阻层对 A 的电流的"排斥"作用逐渐减小，故 j_0 随之增大，R_a 曲线上对应出现逐渐增高的 ij 直线段。当电极系远离高阻层顶界面时，A 的电流分布不受界面的影响，相当于电极系处于上部围岩均匀介质中，故 $R_a = R_s$。j 点以上的视电阻率曲线是平行于纵轴的直线。

综上所述，可用底部梯度电极系视电阻率曲线上的特征值极大点和极小点分别确定高阻层的底界面和顶界面的深度。用顶部梯度电极系视电阻率曲线进行分析时，其原则正好相反，用高阻层的底界面深度减去顶界面深度可得到高阻层的厚度。

2．电位电极系视电阻率理论曲线

两个水平界面的单一高阻层的电阻率为 R_t，上、下部围岩的电阻率满足 $R_s < R_t$，不考虑井的影响，使用理想电位电极系，经理论计算得到的电位电极系视电阻率理论曲线如图 4.9 所示，其特点如下。

（1）曲线关于地层中点对称。

（2）曲线在地层中点取得极值。当地层厚度 $h > \overline{AM}$ 时，在地层中点得到 R_a 的极大值，并且随着地层厚度的增加，视电阻率的极大值接近岩层的真电阻率；当 $h < \overline{AM}$ 时，在地层中点取得视电阻率的极小值。

（3）在地层界面处，曲线上出现"小平台"，其中点正对着地层界面。随着 h 的减小，"小平台"发生倾斜，当 $h < \overline{AM}$（薄层）时，"小平台"靠地层外侧一点被夸张为最高点，通常称它为"假极大"。

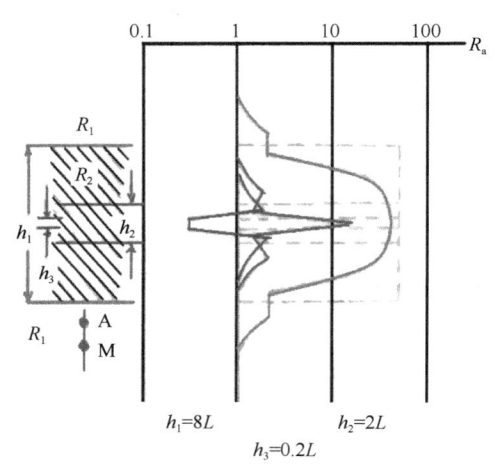

图 4.9 电位电极系视电阻率理论曲线

根据上述曲线特点，在实际工作中，选择电位电极系的电极距不能太大，一般应当选择小于所研究的目的层的最小厚度，但又不能忽视井的影响，因此选择的电极距也不能太小。目前我国大部分油田使用的电位电极系的电极距为 0.5m。对于 $h<0.5$m 的地层，不能用电位电极系视电阻率曲线进行分辨。实际工作条件比计算理论曲线的假设条件复杂得多，地层界面的"小平台"及薄层外侧的"假极大"在实测曲线上难以分辨，因此这些理论曲线上的特征点对划分岩层没有实际意义。

在进行视电阻率测井时，遇到的目的层都是全非均匀介质，井的影响不能忽略，以及使用的电极系不满足理想条件等都与计算理论曲线的假设条件不同。因此所测的视电阻率曲线与理论曲线只是基本特点相同，实测曲线比较平滑，不像理论曲线的变化规则那样深刻。用视电阻率曲线划分高阻层，主要是用短电极距的梯度曲线的极大值和极小值的位置确定高阻层的界面，其划分原则与理论曲线的相同。但实测曲线上的极小值往往不够明显，此时应根据其他测井曲线（如微电极曲线、自然电位曲线等）来确定。一般不用电位电极系测井曲线划分岩层界面，如果手头没有其他资料，则对于较厚的高阻层，可用半幅点法估计岩层的界面，但目的层越薄，这种方法确定的界面位置越不准确，这样求得的岩层厚度比实际厚度大。

4.2 自然电场法的基本原理和方法

4.2.1 充电法

充电法是为地面上、坑道内或钻孔中已经揭露的良导体直接充电，以解决某些地质问题的一种电法探测方法。充电法多用于金属矿区的详查和探测阶段，目的是详测电阻率比围岩的低的金属矿体的位置、形状、大小和相邻矿体的连接情况。

如图 4.10 所示，充电法的原理比较简单，它利用天然或人工揭露的良导体露头、地下出露点，直接接上供电电极 A（一般接正极），而将另一供电电极 B 置于无穷远处接地，接上电源，这样整个导体就相当于一大电极。用两个测量电极 M、N 观测充电点周围的电场变化情况，这就是充电法。通过研究这种特殊的人工电场在地面的分布规律，可以推测良导体的规模和延伸等情况。

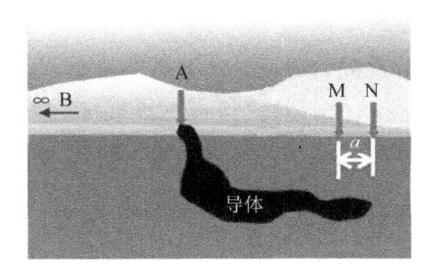

图 4.10 充电法示意图

充电法的应用条件是探测对象的电阻率应远低于围岩的电阻率，围岩的岩性比较单一，地表介质较均匀、稳定，地形起伏不大；埋在地下的充电体必须有露头，或者是天然露头，如浅井、泉眼、钻孔、坑道等。

充电法是以岩（矿）石的电阻率差异为基础的一种直流电法探测方法，是一种电位探测方法。充电法测量简单，仪器轻便，资料解释简单，可以直接判断异常体的位置与形态，但是要求所测量的地质环境有露头，充电体必须导电性良好，且埋深不能太深并有一定的规模。

4.2.2 自然电场法

在一定的地质-地球物理条件下，地中存在的天然稳定电流场称为自然电场。基于研究自然电场的分布规律来达到找矿或解决其他地质问题的一种方法称为自然电场法。图 4.11（a）所示为井中自然电位产生的原理图，通过从下而上地提升测量仪器得到测井曲线，如图 4.11（b）中的 SP 列所示，其中，曲线越往左表示越接近泥岩，越往右表示越接近砂岩，该曲线的大致趋势与井中电阻率测量（虚线）的大致趋势一致。

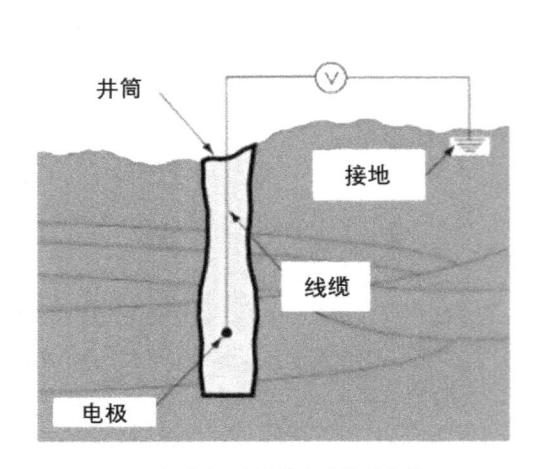

(a) 井中自然电位产生的原理图　　　　　　(b) 自然电位与电阻率同时测量的示意图

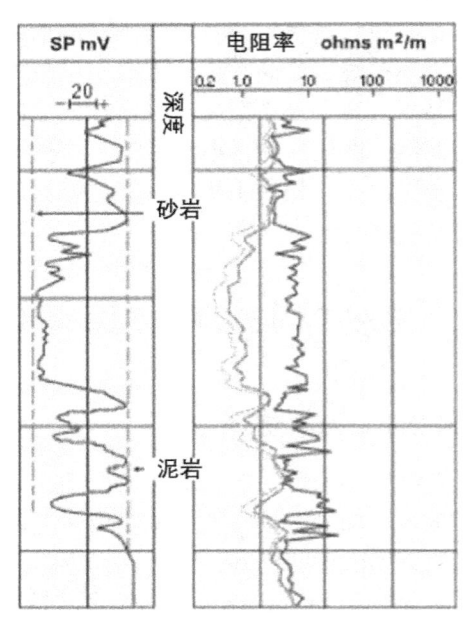

图 4.11　自然电场法

自然电场法的物理性质基础为电化学效应（自然极化），如研究岩石孔隙水中的离子分布。

4.2.2.1　岩、矿石的自然极化

一般情况下，物质都是电中性的，即正、负电荷保持平衡。在一定条件下，某些物质或某个系统的正、负电荷会彼此分离，偏离平衡状态，通常称这种现象为极化。某些岩石和矿石在特定的自然条件下会呈现出极化现象，并在其周围形成自然电场，这便是岩、矿石的自然极化。

1. 电子导体的自然极化

当电子导体和溶液接触时，由于热运动，导体的金属离子或自由电子可能有足够高的能量，以致克服晶格间的结合力越出导体而进入溶液，从而破坏导体与溶液的电中性，分别带异性电荷，并在分界面附近形成双电层，此双电层的电位差称为电子导体在该溶液中的电极电位。它与导体和溶液的性质有关。若导体及其周围的溶液都是均匀的，则双电层也是均匀的，这种均匀、封闭的双电层不会产生外电场。如果导体或溶液是不均匀的，则双电层呈不均匀分布，产生极化，并在导体内、外产生电场，引起自然电流。这种由极化引起的电流的趋势是减小引起极化的导体或溶液的不均匀性。因此，若不能继续保持原有导体或溶液的不均匀性，则由极化引起的自然电流会随时间逐渐减小，以致最终消失。于是，电子导体周围产生稳定电流场的条件是导体或溶液具有不均匀性，并有某种外界作用保持这种不均匀性，使之不因极化放电而减小。

2. 离子导体的自然极化

地面电法探测在离子导电的岩石中观测到的自然电场主要是由动电效应产生的流动电位

引起的。一般岩石颗粒与其周围溶液（NaCl、MgCl）之间形成的离子双电层靠岩石颗粒的一侧带阴离子，而靠溶液的一侧带阳离子。地层水中的盐分子（主要是 NaCl）充分离解，与极性水分子形成水合离子；岩石颗粒与水溶液接触的表面带有固定不动的负电荷（黏土矿物中最显著），带负电荷的岩石颗粒表面吸引极性水分子与钠离子（Na$^+$）形成水合离子，从而形成离子双电层。离子双电层分为阳离子吸附层和扩散层，阳离子吸附层紧贴岩石颗粒表面，不能移动；扩散层表示阳离子吸附层之外的阳离子形成的层，可正常移动。离子双电层是在岩石沉积、压实和成岩过程中形成的。对砂岩来说，离子双电层外层的厚度非常小。但对泥岩来说，其表面负电荷多，离子双电层外层的厚度很大，能够移动的地层水在压实过程中排出，水全是束缚水（也称吸附水；水化水紧靠束缚水，由离子作用力吸附在束缚水周边）。离子双电层外层那部分水主要含阳离子，称为黏土束缚水；离子双电层以外，距离岩石颗粒表面较远的那部分水中的阴、阳离子大体平衡，是正常性质的地层水，称为远水。离子双电层形成示意图如图 4.12 所示。

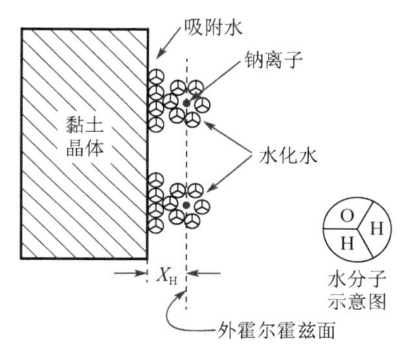

图 4.12　离子双电层形成示意图

4.2.2.2　储集层的自然电动势

1. 扩散电动势

扩散电动势是指在两个组成不同或浓度不同的电解质溶液互相接触的界面处产生的电位差。扩散电动势的形成过程如下：离子从浓度高的一侧向浓度低的一侧扩散；由于阴、阳离子的迁移速度不同（Cl$^-$的迁移速度>Na$^+$的迁移速度），从而形成正、负电荷的富集状态，在两种溶液的界面处产生电动势；电动势使 Cl$^-$的迁移速度减慢，而使 Na$^+$的迁移速度加快，使电荷富集速度减慢；当阴、阳离子的迁移速度相同时，电动势不再增大，达到动态平衡，此时的电动势称为扩散电动势。

2. 扩散-吸附电动势

扩散-吸附电动势主要出现在泥质岩石中。因为含泥质，所以在岩石颗粒表面形成离子双电层，岩石孔隙中有黏土束缚水和远水。在浓度差的作用下发生扩散（远水中的 Na$^+$、Cl$^-$；扩散层中的 Na$^+$），Na$^+$的数量比在纯岩石情况下的多。这使富集的电荷量比在纯岩石情况下的少，产生的电动势变小。当泥质含量达到一定程度时，电动势反向。泥质岩石中的这种电动势即扩散-吸附电动势。

3. 过滤电动势

前面提到，岩石颗粒与其周围溶液之间形成离子双电层，靠岩石颗粒的一侧带阴离子，而靠溶液的一侧带阳离子。当地下水在岩石中流过时，将带走离子双电层溶液一侧（扩散层中）的部分阳离子。于是，在水流的上游会留下多余的负电荷（阴离子），而下游则有多余的正电荷（阳离子），因而破坏了正、负电荷的平衡，形成极化。这种极化的结果是沿水流方向产生电位差，这在电化学上叫作流动电位。在此种极化机理中，好似水流过岩石时，岩石颗粒滤下了部分阳离子，故在电法探测中形象地称由此形成的自然极化电流场为过滤电动势。测井过程中，在泥浆与地层间的压力差下，泥浆中的离子向地层中扩散，带动离子双电层的扩散层中的阳离子向同方向流动，从而在低压一侧富集正电荷，高压一侧富集负电荷，形成过滤电动势。

4.2.2.3 自然电场法的装备及工作方法

自然电场法是进行硫化金属矿和石墨矿的快速普查甚至详查的有效方法，其在水文地质和工程地质调查中的应用也相当广泛。另外，人们还常常利用自然电场法普查找矿的面积性观测成果，对石墨化或黄铁矿化地层和构造破碎带进行地质填图，提供进一步找矿的远景地段。常见的自然电场通常分为两类，一类是与地壳表层构造相关，呈区域性分布的不稳定电场（如大地电场）；另外一类是与地下金属矿、非金属矿或地下水运动相关，呈局部性分布的稳定电场。

自然电场法的装备不需要电源和供电电极，测量电极不用铜棒，而用不极化电极，从而避免电极的极化作用，以及两电极间自身产生的电位差。自然电场法的工作方法包括电位观测法和电位梯度观测法。

在实际工作中，电位测量是相对测量，因此必须在测区内找一个电位零点。此零点称为基点，一般分布在测区边缘不受局部因素干扰的正常场区域。工作时将测量电极 N 作为固定电极置于基点上，另一个测量电极 M 作为活动电极，沿测线逐点观测各测点相对于基点的电位差。这个差值就是测点相对于基点（正常场）的电位。

电位梯度观测法是指将测量电极 M、N 置于同一侧线的两相邻测点上，保持其相对位置和间距不变，沿侧线逐点移动，观测各相邻测点间的电位差 ΔU_{MN}，便可求得 M、N 中点处的电位梯度值 $\Delta U_{MN}/\overline{MN}$。电位梯度观测法的主要优点是两测量电极的间距小，移动方便，干扰小，适用于干扰较大地区的自然电场的测量。

通过自然电场法得到的自然电位曲线适用于砂泥岩剖面、淡水泥浆的裸眼井，可用于划分储集层、判断岩性、估算泥质含量、确定地层水的电阻率等。

自然电场法通常应用于寻找金属硫化物矿床（铜矿、黄铁矿）、石墨和无烟煤；在水文地质和工程地质方面可以确定地下水与河水间的补给关系、地下水的流向（过滤电场的方向与地下水的流向有关）、水库/堤坝的漏水点（位置），以及寻找含水破碎带或确定断层位置等。

4.3 激发极化法的基本原理和方法

用电阻率法进行测量时，在向地下供入稳定电流的情况下，仍可观测到测量电极间的电位差是随时间变化（一般是变大）的，并经一段时间（一般约几分钟）后趋于某一稳定的饱和值；断开供电电流后，测量电极间的电位差在最初一瞬间很快减小，而后便随时间相对缓慢地减小，并在一段时间（通常约几分钟）后衰减接近于零。这种在充电和放电过程中产生随时间缓慢变化的附加电场的现象称为激发极化效应（简称激电效应）。它是岩、矿石及其所含水溶液在电流作用下发生的复杂电化学过程的结果。激发极化法（简称激电法）便是以不同岩、矿石的激电效应的差异为物质基础，通过观测和研究大地激电效应来探查地下地质情况的一种分支方法。

4.3.1 岩、矿石的激发极化机理

4.3.1.1 电子导体的激发极化机理

电子导体（包括大多数金属矿和石墨及其矿化岩石）的激发极化机理问题一般认为是由于电子导体与其周围溶液的界面上发生过电位（Overvoltage）的结果。在电子导体与溶液的界面上自然形成的双电层的电位差（电极电位）称为平衡电极电位，记为$\phi_\text{平}$。

如图 4.13（a）所示，当没有外电场作用时，在电子导体和溶液的界面上存在均匀分布的电层。当有电流流过电子导体溶液系统时，在电场的作用下，电子导体内部的电荷将重新分布：自由电子反电流方向移向电流流入端，使那里的负电荷相对增多，形成"阴极"；而在电流流出端，呈现相对增多的正电荷现象，形成"阳极"。与此同时，在溶液中也分别于电子导体的"阴极"和"阳极"处形成阳离子与阴离子的堆积，使自然双电层发生变化，如图4.13（b）所示。在一定的外电流作用下，"电极"和溶液界面上的双电层电位差相对于平衡电极电位$\phi_\text{平}$的变化在电化学中称为过电位或超电压，记为$\Delta\phi$，即$\Delta\phi = \phi - \phi_\text{平}$，如图4.13（c）所示。

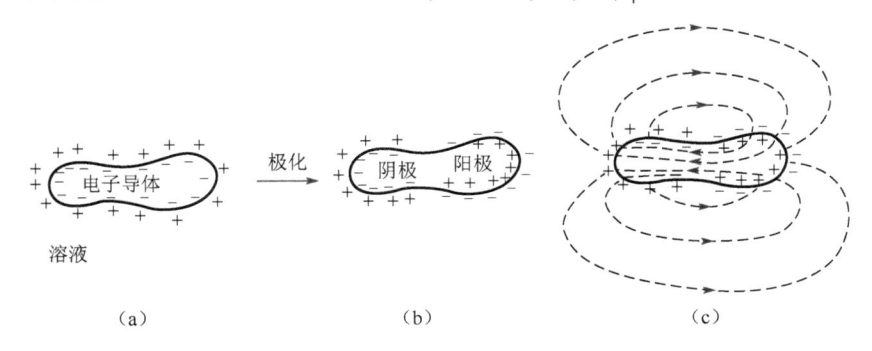

图 4.13 电子导体的激发极化过程

过电位的产生与电流流过"电极"和溶液界面相伴随的一系列电化学反应（简称电极极化过程）的迟缓性有关。当电流经"阴极"从溶液进入电子导体时，溶液中的载流子（阳离子）要从电子导体表面获得电子，以实现电荷的传递；同样，当电流经"阳极"从电子导体流入溶液时，溶液中的载流子（阴离子）将释放电子（电子导体获得电子）。若此种电荷传递和相伴随的一系列电化学反应的速度极快，则电流可以在电子导体和溶液之间"畅通无阻"，因而不会产生过电位；但实际上电极极化过程的速度有限，电流在电子导体和溶液之间不是"畅通无阻"的，因而在界面两侧产生异性电荷的堆积，产生过电位。随着通电时间的延续，界面两侧堆积的异性电荷将逐渐增多，过电位随之增大；过电位的产生和增大将加速电极极化过程的进行，直到该过程的速度与外电流相适应，即流至界面的电流均能全部通过界面，不再堆积新电荷，这时过电位便趋于某一个饱和值，不再继续增大。这便是过电位的产生过程或充电过程。过电位的饱和值（以下简称过电位）与流过界面的电流密度有关，并随其增大而增大。

当外电流断开后，堆积在界面两侧的异性电荷将通过界面本身、电子导体内部和周围溶液放电，使界面上的电荷分布逐渐恢复为正常的双电层。与此同时，过电位也随时间逐渐减

小，直到最后消失，这就是过电位的**放电过程**。

除过电位外，电子导体的激发极化效应还可能与界面上发生的其他物理化学过程有关。例如，当电流流过电子导体与溶液的界面时，"阴极"和"阳极"上的电解产物附着其上，将会形成具有电阻和电容性质的薄膜。此外，电解产物还可能使"阴极"和"阳极"附近的溶液分别向还原与氧化溶液变化，因而形成类似于自然极化中的那种氧化还原电场。

4.3.1.2 离子导体的激发极化机理

大量野外和室内观测资料表明，不含电子导体的一般岩石也可能产生较明显的激发极化效应。一般造岩矿物为固体电解质，属于离子导体。关于离子导体的激发极化机理，所提出的假说和争论均较电子导体的多，但大多认为岩石的激发极化效应与岩石颗粒及其周围溶液界面上的双电层有关。主要的假说都是基于岩石颗粒与溶液界面上双电层的分散结构和分散区内存在可以沿界面移动的阳离子这一特点提出来的。其中一个比较有代表性的假说是双电层形变假说。现简述如下。

正常双电层如图 4.14（a）所示。在外电流作用下，岩石颗粒表面双电层分散区中的阳离子发生位移，形成双电层形变，如图 4.14（b）所示；当外电流断开后，堆积的离子放电，以恢复到平衡状态，如图 4.14（c）所示，从而可观测到激发极化电场。双电层形变产生激发极化的速度和放电的快慢取决于离子沿岩石颗粒表面移动的速度与路径长短，因而较大的岩石颗粒将有较大的时间常数（充电和放电较慢）。这是用激发极化法寻找地下含水层的物性基础。

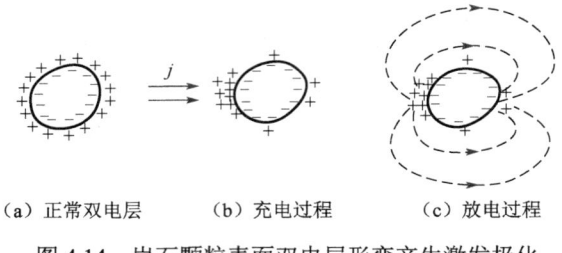

（a）正常双电层　　（b）充电过程　　（c）放电过程

图 4.14　岩石颗粒表面双电层形变产生激发极化

4.3.2 激发极化法的工作方法

在激发极化法的理论和实践中，为使问题得到简化，将岩、矿石的激发极化分为理想的两大类：第一类是面极化，如致密的金属矿或石墨矿均属于此类，其特点是激发极化产生在极化体与围岩溶液的界面上；第二类是体极化，如浸染状金属矿和矿化（包括石墨化）岩石、离子导电岩石的激发极化都属于此类，其特点是极化单元（微小的金属矿物或岩石颗粒）分布于整个极化体中。应该指出，面极化和体极化的差别只具有相对意义，因为微观地看，所有激发极化都是面极化，体极化实质上是分布于整个极化体中的许多微小极化单元的面极化效应的总和。即使宏观地看，地下实际存在的极化体也不是理想的面极化体或体极化体，只不过可能更接近某一种典型极化模式罢了。体极化的充电和放电速度比面极化的快得多。

在**稳定电流**激发下的激发极化效应表现为电场随时间的变化（充电和放电过程），也称为时间域中的激发极化效应。在地面电法通常采用的电流密度范围内，体极化效应实际上是线性的。为此引入一个被称为极化率的新参数来表征体极化介质的激发极化性质，其计算公式为

$$\eta(T,t) = \frac{\Delta U_2(T,t)}{\Delta U(t)} \times 100\% \tag{4.24}$$

式中，$\Delta U_2(T,t)$ 是供电时间为 T 和断电后 t 时刻测得的二次电位差。极化率是用百分数表示的。由于 $\Delta U_2(T,t)$ 和 $\Delta U(t)$ 均与供电电流 I 成正比（线性关系），因此极化率是与电流无关的常数。但极化率与供电时间 T 和测量延迟时间 t 有关，因此，当提到极化率时，必须指出其对应的供电时间 T 和测量延迟时间 t。为简单起见，如果没有特别说明，一般便将极化率 η 定义为长时间供电（$T\to\infty$）和无延时（$t\to 0$）的极限极化率，即

$$\eta_0 = \frac{\Delta U(\infty) - \Delta U(0)}{\Delta U(0)} \tag{4.25}$$

大量实测资料表明，地下体极化岩、矿石的极化率主要取决于其中所含电子导电矿物的体积分数 ε 及其结构。一般来说，ε 越大，导电矿物颗粒越细小，矿化岩（矿）石越致密，极化率就越大。完全不含电子导电矿物的岩石的极化率通常很小，一般不超过 1%～2%，少数可达 3%～4%。激发极化效应随岩、矿石中电子导电矿物含量的升高而增强的特性是激发极化法成功应用于金属矿普查找矿的物理化学基础。

激发极化效应也可在**交变电流**激发下，根据电场随频率的变化（称为频率特性）观测到，也称为频率域中的激发极化效应。将供电电源改为交流电源，并逐次改变所供交变电流 I 的频率 f，但保持 I 的幅值不变，便可根据测量电极间的交变电位差随频率的变化观测到频率域中的激发极化效应。

仿照时间域极化率的计算公式，可根据两个频率 f_D（低频）和 f_G（高频）的总电位差的幅值 $|\Delta\tilde{U}(f_D)|$ 与 $|\Delta\tilde{U}(f_G)|$ 来计算频散率，即

$$P(f_D, f_G) = \frac{|\Delta\tilde{U}(f_D)| - |\Delta\tilde{U}(f_G)|}{|\Delta\tilde{U}(f_G)|} \times 100\% \tag{4.26}$$

用以表示频率域中的激发极化效应的强弱，这种观测方式称为变频激发极化法。在极限情况下，低频 $f_D \to 0$，高频 $f_G \to \infty$，此时有

$$P(f_D, f_G) = \frac{\Delta U(T)|_{T\to\infty} - \Delta U(t)|_{t\to 0}}{\Delta U(t)|_{t\to 0}} = \eta_0 \tag{4.27}$$

即极限频散率和极限极化率相等。对于非极限的频率制式和时间制式，频散率和极化率一般不相等，它们与（极限）频散率和极化率仍保持正变关系，即若由于某种因素或条件使前者增大或减小，则后者也相应增大或减小。因此，极限的或非极限的频散率和极化率具有相同的性质，都可用（极限）极化率作为代表。

激发极化法的测量参数包括极化率 η、频散率 P 等。极化率和频散率受装置类型、视极化体的导电性、装置相对于极化体的位置、充/放电时间的影响。

激发极化法宜在地质条件比较简单，勘查对象与围岩和其他地质体之间具有较明显的激发极化效应差异的地区使用；也可在地质条件比较复杂，但用综合物化探方法、地质方法能够大致区分异常的性质或能减少异常多解性的地区使用。在地形切割剧烈、河网发育地区或覆盖层厚度大、电阻率又低（形成低电阻屏蔽干扰），以及无法保证观测可靠信号的地区或无法避免/无法消除工业游散电流干扰的地区，不适合使用激发极化法。

通过使用激发极化法，不仅能发现致密块状金属矿体，还能用于寻找浸染状矿体，也能用于区分电子导体和离子导体产生的异常，且地形起伏不会导致视极化率的假异常。但是激发极化法不能有效区分有意义的矿致异常和无工业价值的矿化（如黄铁矿化、炭质化或石墨化）岩层产生的激发极化异常，且电磁耦合干扰会给交流激发极化法资料的解释带来困难。

4.4 电磁感应法的基本原理和方法

电磁感应法是以地壳中岩、矿石的导电性或导磁性的差异为基础，观测和研究由于电磁感应形成的地中电磁场的分布规律，从而寻找地下有用矿产或解决其他地质问题的一组电法探测分支方法，简称电磁法。

电磁法的种类很多，按探测范围可以分为电磁剖面法和电磁测深法两大类。前者探测沿剖面方向地下某一深度范围内电磁场的分布规律，如不接地回线法、电磁偶极剖面法、航空电磁法、甚低频法等；后者探测某一测点上不同深度的电磁场的分布规律，如大地电磁法、频率测深法、瞬变测深法等。

按场源的性质，电磁法可以分为频率域电磁法和时间域电磁法两大类。前者使用具有多种频率的交变电磁场，后者使用不同形式的周期性脉冲电磁场。同一种装置可因不同性质的场源而属于不同的方法。典型的频率域电磁法有大地电磁法、频率测深法等，时间域电磁法有瞬变场法、瞬变测深法等。

按场源的形式，电磁法可以分为主动源（人工源）法和被动源（天然源）法，后者指大地电磁法，其余都是主动源法。

按工作环境，又可将电磁法分为地面电磁法、航空电磁法和井中电磁法。

与直流电法相比，电磁法有如下特点：发射装置和接收装置既可以采用接地电极，又可以采用不接地的线圈、回线等，因此航空电磁法才成为可能；可采用具有多种频率的谐变电磁场或不同形式的周期性脉冲电磁场进行测量，扩大了方法的应用范围；观测的场量有电场分量、磁场分量，对每种场量又可观测振幅、相位、虚分量、实分量、一次场、二次场、总场，因而大大提高了探测效果。

4.4.1 导电地质体的电磁感应

电磁法的实质为在地面通过一定的装置，发射一次场，接收二次场或总场，研究其变化和分布规律，就可能发现地下导体的存在，并确定其空间位置。电磁感应原理示意图如图 4.15 所示。一次磁场指人工将交流电流通过长导线、矩形回线或圆形线圈，可以产生既能在空气中传播，又能在地下传播的交变电磁场，记为 H_1。二次磁场是指一次磁场在地下传播过程中遇到良导体时，通过导体的磁力线将发生变化，导致良导体内部产生与一次磁场同频率的感应电流，该感应电流使其周围空间呈现交变的电磁波，记为 H_2。

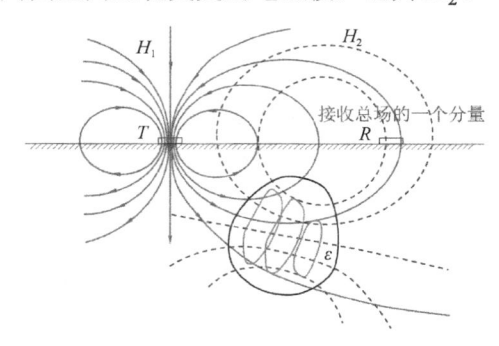

图 4.15 电磁感应原理示意图

电磁法测量的参数为总场或二次场的振幅和相位，也可以是场的虚/实分量。导体的电阻率越低，二次场的强度越大，且二次场的相位滞后于一次场的相位接近 180°；导体的电阻率越高，二次场的相位滞后于一次场的相位略超过 90°。电磁法对探测的实际意义表现在，二次场的相位滞后于一次场的相位越接近 180°，导体的导电性能越好；二次场的实分量与虚分量的比值越大，地下介质的电阻率越低。

4.4.2 频率域电磁剖面法

电磁剖面法主要应用于矿床的普查、地质填图，以及水文地质、工程地质的调查。普查对象主要是矿体（矿床）、接触带、裂隙破碎带、陡倾斜地层、岩溶带、古河床等。一般情况下，主动源电磁剖面法的研究深度为几十米到一二百米。对于大地电磁剖面法，其研究深度可达到结晶基底，并可提供研究区域填图的基础资料。

电磁剖面法既可以在频率域采用，又可以在时间域采用。被动源电磁法主要有甚低频法和大地电磁法。电磁剖面法的观测装置包括定源回线装置和电磁偶极剖面观测装置。

定源回线装置采用不接地大回线发射、多匝小线圈接收方式，其观测方式分为实、虚分量法与振幅比-相位差法。实、虚分量法是指逐点观测交变电磁场的垂直分量或沿剖面方向的水平分量，观测其分量的虚部、实部，也可以在引入参考信号后观测其振幅和相位；振幅比-相位差法是指对相邻两点之间的振幅比和相位差进行观测。定源回线装置的回线中心磁场均匀，二次场的振幅与矿体产状密切相关；在产状平缓时，二次场强度大，故对探测产状平缓的矿体效果好；增大线框的面积可以增加探测深度。

电磁偶极剖面观测装置的发射和接收均采用多匝线圈，供电和接收保持一定的距离同时移动，又称动源偶极剖面装置，其观测方式为虚分量观测法。因此它拾取了比虚分量更强的实分量信息。电磁偶极剖面装置的种类较多，包括同线水平共面 ZZ、旁线正交 XZ、航空旁线直立共面、同线共轴等；两个线圈共面时测量总场，发射水平、接收直立时测量二次场（纯异常）；对探测陡倾的矿体效果好；不需要引入参考信号，直接利用收到的最强分量作为参考信号；地形对虚分量的影响小，多频虚分量观测结果共同评价异常能力强。

4.4.3 大地电磁法

大地电磁法是一种利用天然交变电磁场研究地球结构的地球物理方法。大地电磁测深设备示意图如图 4.16 所示。该方法通过观测由远程天电引起的天然平面电磁波信号来确定地下的电阻率。大地电磁场频带宽，而且具有强大的能量，探测深度大。磁暴时进行观测，获得的低频信息可穿透巨厚的高电阻地壳，达到几十米甚至数百千米深的上地幔，这是其他地球物理方法难以实现的，从而为人们研究地球深部构造提供了一种有力的工具。此外，它还可以用来分析和研究人类采矿活动的实际有效深度控制范围内的地电结构，它的分布场源通常是由雷电影响作用形成的频率为 0.1Hz 到几千赫兹的大地电磁分布场。由于它的工作频率比较高，因此其检测实际有效深度对于资源勘查勘测非常合适。

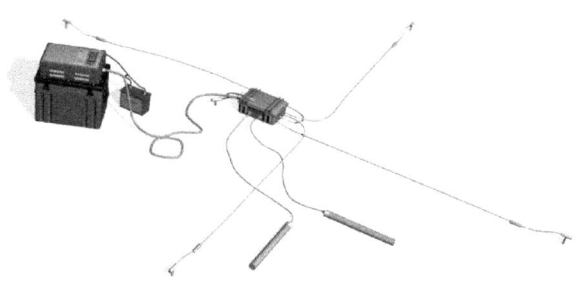

图 4.16 大地电磁测深设备示意图

该方法由吉洪诺夫（Tikhonov，苏联）和卡尼亚（Cogniard，法国）创立，利用宏观电磁理论（有耗媒质中的低频电磁波理论）研究地球内部的电性结构（电导率结构）。大地电磁法不需要人工供电，使用天然源，成本低；工作方便，不受高阻层的屏蔽，对低阻分辨能力强；探测深度随电磁场的频率而变，浅可探测几十米，深可探测数百千米；在构造、矿产、油气等领域应用广泛。20世纪五六十年代，人们着重于地壳和上地幔的研究及石油构造的探索，音频大地电磁法的研究工作始于1963年，并于1973年广泛应用于矿产勘查、水文工程等相对较浅的地质问题。

音频大地电磁（Audio Magneto Telluric Sounding，AMT或MT）法的工作模式和采集系统参数的方式与大地电磁法的一致。区别在于，大地电磁法是基于磁法探测和第1~1000s的低频探测，探测大概几万米深的地质构造。而音频大地电磁法则是对音频电磁场的观察测量（一般频率为1~100000Hz），探测千米以外的地质构造。20世纪70年代，美国曾用该方法找地下水、地热等资源，但由于当时该方法系统能力有限而受到限制。经过不断地进行技术改进，其设备日趋完善、成熟，产生了加拿大凤凰地球物理有限责任公司生产加工的全新一代多作用功能电法仪V8体系MTU-5A、美国EMI公司与Geometrics公司协同生产加工的Stratagim TM EH-4电导率成像系统（简称EH-4）、美国Zonge公司生产加工的GDP-32Ⅱ全功能电法仪等全新科技产品。

我国于1978年开始进行音频大地电磁法测量工作。1991年，我国曾经在江苏省某油田展开主要包含音频大地电磁法在内的综合电法测试实验，以探究电法全新科学技术在寻求含油气构造中的综合地电实验模型及其在大地电磁法探测中的异常不同作用效应等。

4.4.3.1 大地电磁法的原理

大地电磁场指地球上天然存在的交变电磁场。大地电磁法依据不同频率的电磁波在导电介质中具有不同的趋肤深度的原理，在地表测量由高频至低频的地球电磁响应序列，经过相关资料处理获得大地由浅至深的电性结构。

电磁波在地下介质中传播时，由于电磁感应的作用，地面电磁场的观测值将包含地下介质电阻率的分布信息。由于电磁波的趋肤效应，不同周期的电磁信号具有不同的穿透深度，因此研究大地对天然电磁场的频率响应可获得地下不同深度介质电阻率的分布信息，即可实现频率测深。

大地电磁场本身结构非常复杂，但场源可近似看作平面波，且垂直进入大地。吉洪诺夫通过引入波阻抗的概念来表征地球电性分布对大地电磁场的响应。

由 $|Z|^2 = \left|\dfrac{E_x}{H_y}\right|^2 = \varpi\mu\rho$ 得

$$\rho_{xy} = \dfrac{1}{\varpi\mu}\left|\dfrac{E_x}{H_y}\right|^2 \qquad \rho_{yx} = \dfrac{1}{\varpi\mu}\left|\dfrac{E_y}{H_x}\right|^2 \qquad (4.28)$$

利用单点观测大地电磁场的两个正交电场和磁场分量，研究测点下方垂向电性分布是可能的。

4.4.3.2 水平层状介质的理论曲线及特点

二层视电阻率曲线的特点如下。

（1）高频时，视电阻率趋近于一层的电阻率。

（2）低频时，视电阻率接近底层的电阻率。
（3）底层电阻率无穷大时，视电阻率尾支渐近线与横轴的夹角为+60°26′。
（4）底层电阻率无穷小时，视电阻率尾支渐近线与横轴的夹角为-60°26′。
相位曲线的特点如下。
（1）首支和尾支的相位均接近45°。
（2）中段电阻率由高变低时，相位逐渐增大；反之，电阻率由低变高时，相位逐渐减小。
（3）相位变化范围为0°（绝缘介质）～90°（良导体介质）。
三层视电阻率曲线的特点如下。
（1）与直流电测深一样，有4种类型K、H、A、Q。
（2）低频时，视电阻率接近底层的电阻率。
（3）高频时，视电阻率接近一层的电阻率。
（4）底层电阻率无穷大时，视电阻率尾支渐近线与横轴的夹角为+63°26′。
（5）底层电阻率为0时，视电阻率尾支渐近线与横轴的夹角为-63°26′。

4.4.4 人工源频率域测深法

4.4.4.1 人工源电磁测深法介绍

视电阻率可由电磁场各分量来定义，远区和近区视电阻率的表达式可能不同。对于近区，磁场各分量与地下介质的电性无关，电场各分量均与地下介质的电性相关；用波阻抗定义的视电阻率与频率无关，与收发距离有关。对于远区，视电阻率有多种表达式；用波阻抗定义的视电阻率与大地电磁的视电阻率基本相同。

1971年，Straway与Goldstein提出了用人工源替代天然源，在远区测量相互正交的水平电磁场分量，计算卡尼亚电阻率，以克服音频大地电磁法的缺点，并保留其优点，此方法即可控源音频大地电磁法（CSAMT法）。该方法通过沿一定方向（设为x方向）布置的接地导线AB向地下供入某一音频为f的谐变电流$I=I_0\mathrm{e}^{-\mathrm{i}\omega t}$（角频率$\omega=2\pi f$）；在其一侧或两侧60°张角的扇形区域内，沿$x$方向布置测线，逐个测点观测沿测线方向相应频率的电场分量E_x和与之正交的磁场分量H_y，进而计算卡尼亚视电阻率：

$$\rho_\mathrm{s} = \frac{1}{\omega\mu}\left|\frac{E_x}{H_y}\right|^2 \tag{4.29}$$

及阻抗相位：

$$\phi_z = \phi_{E_x} - \phi_{H_y}$$

在音频段内，逐次改变供电和测量频率便可测出ρ_s与ϕ_z随频率的变化，完成频率测深观测。

4.4.4.2 人工源频率域测深法的特点

人工源频率域测深法具有如下特点。
- 人工场源，信号强度可控。
- 频率测深，工作效率高。
- 探测深度大（与直流电测深法相比）。
- 发射场源既可以是电偶极源（接地）又可以是磁偶极源（不接地）。
- 远区电磁波可视为平面波。

- 近区的视电阻率不能真实反映地下介质的电性特征，存在近场效应。
- 不能直接使用大地电磁的处理软件处理人工源频率域测深数据，需要做近场矫正，如果不做近场矫正，则需要做带源的反演软件处理。

4.4.4.3 人工源频率域测深法的近场效应

人工源频率域测深法的近场效应如图 4.17 所示。低频时，视电阻率直线上升，不能正确反映地下介质的电性特征，通常比真实值大得多。这是因为低频时的收发距离不能满足波区要求，电磁波不能满足平面波的假设，导致卡尼亚视电阻率不适用。

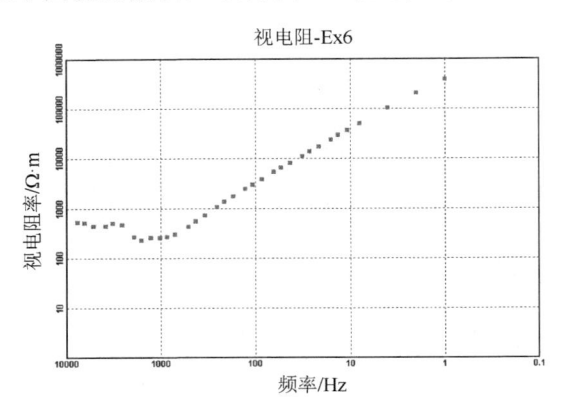

图 4.17 人工源频率域测深法的近场效应

4.4.5 瞬变电磁法

早期观测到的瞬变电磁响应（感应电动势）主要反映地下浅层介质的导电性；随着采样时间的增加，观测到的瞬变电磁响应反映的深度相应增大。研究不同采样时间下的瞬变电磁响应就可研究地下不同深度介质的电性分布，这就是瞬变电磁测深的原理。

瞬变电磁法的原理如下：导电体内的感应电流因热损耗而逐渐衰减为零；二次磁场 $H(t)$ 断电后也随时间 t 的延续而逐渐衰减为零；对于在接收线框中观测到衰变磁场生成的感应电动势 $V(t)$，在导电体正上方测到的数值较大（衰变较慢），在导电体两侧测到的数值较小（衰变较快）。

烟圈（瞬变电磁响应的等效电流）的深度 h（单位为 m）可按下式算出：

$$h = 4\sqrt{\frac{\rho t}{\pi \mu_0}} \tag{4.30}$$

式中，ρ 为电阻率，$\Omega \cdot m$；t 为时间，s；$\mu_0 = 4\pi \times 10^{-7}$ 为自由空间磁导率，H/m。

第 5 章　弹性波探测原理与应用

弹性波探测是一种利用弹性波在介质中的传播规律，对介质中传播的弹性波信号进行分析，从而获得与介质弹性相关的物理量的探测方法。基于其具体应用场景的不同，可以将其分为天然地震研究、地震探测和井下弹性波探测。由于具体应用场景空间尺度的差异，不同的应用场景利用的弹性波频率波段不同。一般来说，天然地震的地震波频率在 15Hz 以下，地震探测利用的地震波频率为 3~100Hz，而井下弹性波探测依据具体应用的不同可能用到声波频段（1~20kHz）或超声波频段（80~600kHz），如图 5.1 所示。

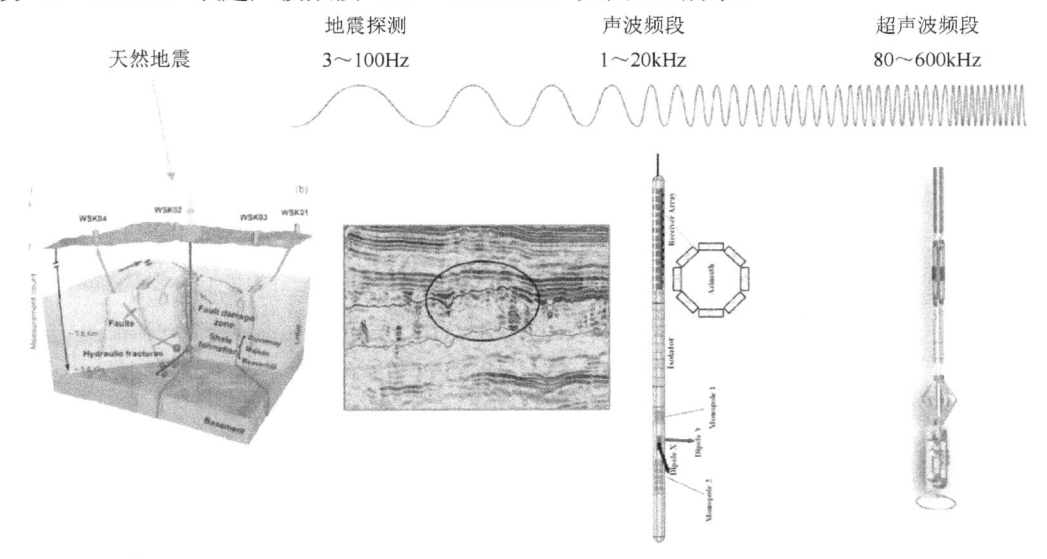

图 5.1　弹性波探测

本章首先对弹性波的基本理论进行简要讲解（5.1 节）；然后根据具体应用场景的不同，分别对天然地震（5.2 节）、地震探测（5.3 节、5.4 节）与井下弹性波探测（5.5 节）进行介绍。

5.1　弹性波与弹性波探测的基本知识

波动是物质运动的重要形式，广泛存在于自然界。被传递的物理量扰动或振动有多种形式，机械振动的传递构成机械波，电磁场振动的传递构成电磁波（包括光波），温度变化的传递构成温度波（温度在超流体中的传播形式），晶体点阵振动的传递构成点阵波（见点阵动力学），自旋磁矩的扰动在铁磁体内传播时构成自旋波（见固体物理学）。实际上，任何一个宏观的或微观的物理量所受的扰动或振动在空间传递时都可构成波。最常见的机械波是构成介质的质点的机械运动（引起位移、密度、压强等物理量的变化）在空间的传播，如弦线中的波、水面波、空气或固体中的声波等。构成这些波的前提是介质的相邻质点间存在弹性力或准弹性力的相互作用，只有借助这种相互作用才能使某一点的振动传递给邻近质点，故这些波也被称为弹性波。振动物理量可以是标量，相应的波称为标量波（如空气中的声波）；也可以是矢量，相应的波称为矢量波（如电磁波）。振动方向与传播方向一致的波称为纵波，相互垂直的波称为横波。机械波与电磁波的比较如表 5.1 所示。

表 5-1 机械波与电磁波的比较

	机械波	电磁波
激发源不同	由机械振动产生	由电磁振荡产生
传播介质不同	不可以在真空中传播	可以在真空中传播
波的种类不同	可以是纵波、横波	只能是横波
探测信息不同	刚度矩阵与密度	介电常数

由于弹性波在弹性介质中的传播受到弹性力学相关物理规律的约束，因此在弹性波探测中，我们收到的弹性波信号会携带介质中的相关弹性参数信息（刚度矩阵/杨氏模量、泊松比），这些信息将有助于我们对地层岩性分布进行推断。

5.1.1 弹性介质

物体受外力作用发生形变，外力取消后能恢复到原来状态的物体称为弹性体，弹性体的形变称为弹性形变；外力取消后不能恢复到原来状态的物体称为塑性体。一个物体是弹性体还是塑性体，除与其本身的性质有关外，还与作用于其上的外力的大小、作用时间的长短及作用方式等因素有关。一般地说，外力小、作用时间短，物体表现为弹性体。

在均匀无限的岩石中，声波的传播速度主要取决于岩石的弹性和密度。所谓弹性，就是对介质应力与应变关系的定量描述，可以利用刚度矩阵来表示（广义胡克定律）：

$$\begin{aligned}
T_{xx} &= C_{11}\epsilon_{xx} + C_{12}\epsilon_{yy} + C_{13}\epsilon_{zz} + C_{14}\epsilon_{yz} + C_{15}\epsilon_{zx} + C_{16}\epsilon_{xy} \\
T_{yy} &= C_{21}\epsilon_{xx} + C_{22}\epsilon_{yy} + C_{23}\epsilon_{zz} + C_{24}\epsilon_{yz} + C_{25}\epsilon_{zx} + C_{26}\epsilon_{xy} \\
T_{zz} &= C_{31}\epsilon_{xx} + C_{32}\epsilon_{yy} + C_{33}\epsilon_{zz} + C_{34}\epsilon_{yz} + C_{35}\epsilon_{zx} + C_{36}\epsilon_{xy} \\
T_{yz} &= C_{41}\epsilon_{xx} + C_{42}\epsilon_{yy} + C_{43}\epsilon_{zz} + C_{44}\epsilon_{yz} + C_{45}\epsilon_{zx} + C_{46}\epsilon_{xy} \\
T_{zx} &= C_{51}\epsilon_{xx} + C_{52}\epsilon_{yy} + C_{53}\epsilon_{zz} + C_{54}\epsilon_{yz} + C_{55}\epsilon_{zx} + C_{56}\epsilon_{xy} \\
T_{xy} &= C_{61}\epsilon_{xx} + C_{62}\epsilon_{yy} + C_{63}\epsilon_{zz} + C_{64}\epsilon_{yz} + C_{65}\epsilon_{zx} + C_{66}\epsilon_{xy}
\end{aligned} \quad (5.1)$$

式中，T 表示应力分量（下标不同代表作用于不同面上的不同方向的应力分量，实际上，应力应当用张量表示）；ϵ 表示应变系数；C 表示弹性系数，由 C 组成的矩阵即刚度矩阵。当问题退化为一维时，公式退化为 $T = k\Delta x$，即经典的弹簧弹性规律。

可以证明，刚度矩阵是对称矩阵，因此，独立的弹性系数只有 21 个。而对于拥有对称性质的晶体，其独立的弹性系数个数还可以进一步减少。对于各向同性介质，如金属、玻璃等，其独立的弹性系数可以减少至 2 个。此时，广义胡克定律退化为

$$\begin{aligned}
T_{xx} &= \lambda\left(\epsilon_{xx} + \epsilon_{yy} + \epsilon_{zz}\right) + 2\mu\epsilon_{xx} \\
T_{yy} &= \lambda\left(\epsilon_{xx} + \epsilon_{yy} + \epsilon_{zz}\right) + 2\mu\epsilon_{yy} \\
T_{zz} &= \lambda\left(\epsilon_{xx} + \epsilon_{yy} + \epsilon_{zz}\right) + 2\mu\epsilon_{zz} \\
T_{yz} &= \mu\epsilon_{yz} \\
T_{zx} &= \mu\epsilon_{zx} \\
T_{xy} &= \mu\epsilon_{xy}
\end{aligned} \quad (5.2)$$

式中，λ、μ 为拉梅常数。对于 μ，也称它为切变弹性系数；但是对于 λ，却没有明确的物理意义。因此，对于各向同性介质，我们更习惯使用杨氏模量与泊松比来描述其弹性性质。

1. 杨氏模量

设外力 F 作用在长度为 L、截面积为 A 的均匀弹性体的两端（弹性体被压缩或拉伸）时，弹性体的长度发生 ΔL 的变化，并且弹性体内部产生恢复其原来状态的弹性力。弹性体单位长度的形变 $\Delta L/L$ 称为应变；单位截面积上的弹性力称为应力，它的大小等于 F/A。由胡克定律可知，杨氏模量就是应力 F/A 与应变 $\Delta L/L$ 之比，以 E 表示，单位为 N/m^2，即

$$E = \frac{F/A}{\Delta L/L} \tag{5.3}$$

2. 泊松比

在外力作用下，弹性体在纵向伸长的同时，横向缩小。设有一圆柱形弹性体的直径和长度分别为 D 与 L，在外力作用下，直径和长度的变化分别为 ΔD 与 ΔL，那么横向相对缩小 $\Delta D/D$ 和纵向相对伸长 $\Delta L/L$ 之比称为泊松比，用 σ 表示，即

$$\sigma = -\frac{\Delta D/D}{\Delta L/L} = -\frac{L \cdot \Delta D}{D \cdot \Delta L} \tag{5.4}$$

泊松比只是表示物体的几何形变的系数。对于一切物质，σ 都介于 $0 \sim \frac{1}{2}$ 之间。

杨氏模量和泊松比与拉梅常数的换算关系分别为

$$\begin{aligned} \lambda &= \frac{E\sigma}{(1+\sigma)(1-2\sigma)} \\ \mu &= \frac{E}{2(1+\sigma)} \end{aligned} \tag{5.5}$$

3. 密度

由于岩石由骨架和孔隙流体组成，分别定义骨架的密度 ρ_{ma} 和孔隙流体的密度 ρ_f。若孔隙中只存在一种密度为 ρ_f 的流体，则岩石的密度 ρ 可以表示为

$$\rho = (1-\phi)\rho_{ma} + \phi\rho_f \tag{5.6}$$

式中，ϕ 是岩石的孔隙度。

另外，还需要说明的是，这些参数是对均匀、完全弹性的介质定义的。但是，对于岩石这类非均匀、非完全弹性的地质体，上述参数仍然沿用。这些参数是在某些限制条件下，将岩石视为近似均匀及弹性的介质而得到的宏观近似值，它们与岩石的孔隙度、骨架的矿物成分、孔隙流体的性质等因素有相当复杂的关系。

5.1.2 弹性波

弹性波也称为机械振动波，是在弹性介质中传播的波。弹性介质的质点间存在相互作用的弹性力。某一质点因受到扰动或外力作用而离开平衡位置后，弹性恢复力使该质点发生振动，从而引起周围质点的位移和振动，于是，振动就在弹性介质中传播，并伴随有能量的传递。在弹性介质内，从波源发出的扰动向四方传播，在某一瞬间，已被扰动部分和未被扰动部分间的界面称为波面或波阵面。波面为封闭的曲面。波面为球面的波称为球面波，波面为柱面的波称为柱面波。波面曲率很小的波可近似看作平面波。

弹性波理论已经比较成熟，广泛应用于地震、地质勘探、采矿、材料的无损探伤、工程结构的抗震抗爆、岩土动力学等方面。

某一弹性介质内的弹性波在传播到介质边界以前，边界的存在对弹性波的传播没有影响，如同在无限介质中传播一样，这类弹性波称为体波。体波传播到两个弹性介质的界面上即发生向相邻弹性介质深部的折射和向原弹性介质深部的反射。此外，还有一类沿着一个弹性介质表面或两个不同弹性介质的界面传播的波，称为界面波。如果和弹性介质相邻的是真空或空气，则界面波称为表面波。弹性波绕经障碍物或孔洞时还会发生复杂的绕射现象。

1．体波

按传播方向与质点振动方向之间的关系，体波可分为纵波和横波两种。

（1）纵波，又称胀缩波，在地震学中也被称为初波或 P 波。它的传播方向与质点振动方向一致，波速为

$$V_\mathrm{p} = \sqrt{\frac{\lambda + 2\mu}{\rho}} \tag{5.7}$$

式中，ρ 为弹性介质的密度；λ 和 μ 为弹性介质的拉梅常数。如果用杨氏模量和泊松比来表示，则波速为

$$V_\mathrm{p} = \sqrt{\frac{E(1-\sigma)}{\rho(1+\sigma)(1-2\sigma)}} \tag{5.8}$$

（2）横波，又称畸变波或剪切波，在地震学中也被称为次波或 S 波。它的传播方向与质点振动方向垂直，波速为

$$V_\mathrm{s} = \sqrt{\frac{\mu}{\rho}} \tag{5.9}$$

如果用杨氏模量和泊松比来表示，则波速为

$$V_\mathrm{s} = \sqrt{\frac{E}{2\rho(1+\sigma)}} \tag{5.10}$$

因为 σ 的取值范围为 0～0.5，所以横波的波速小于纵波的波速。

式（5.7）～式（5.10）表明，岩石纵波的波速与横波的波速取决于介质的杨氏模量和密度等因素，并随着杨氏模量的增大而增大。由式（5.7）～式（5.10）还可以知道，波速随岩石弹性的增大而增大，但不会随岩石密度的增大而减小。在大部分情况下，随着岩石密度的增大，E 有更高级次的增大，因此，岩石密度 ρ 增大，波速一般是增大的。

波传播中的所有质点均做水平振动的横波称为 SH 波，所有质点均做垂直振动的横波称为 SV 波。横波是偏振波，所谓偏振，就是指横波的振动矢量垂直于波的传播方向但偏于某些方向。纵波只沿波的传播方向振动，故没有偏振。

在液体和气体内部，只能由压缩和膨胀引起应力，因此液体和气体只能传播纵波；而固体内部则能产生切应力，因此固体既能传播横波又能传播纵波。

2．界面波

界面波中质点的扰动振幅随着质点与界面之间距离的增大而迅速衰减，因此界面波实际上只存在于表面或界面附近。它的特点是频率低、振幅大、有频散、速度小。常见的界面波有瑞利波、勒夫波和斯通利波 3 种。

5.1.3 弹性波在介质界面上的传播特性

当弹性波的传播路径存在介质界面时，弹性波的传播特性服从反射定律和折射定律（也称斯涅尔定律）。图 5.2 所示为弹性波的反射和折射示意图。折射定律的数学表达式为

$$\frac{\sin \alpha}{\sin \beta} = \frac{v_1}{v_2} \tag{5.11}$$

式中，α 是入射角；β 是折射角；v_1、v_2 分别是介质Ⅰ和介质Ⅱ的声速。

因为 v_1、v_2 对于一定的介质是固定值，所以随着入射角 α 的增大，折射角 β 也增大，在 $v_2 > v_1$ 的情况下，$\beta > \alpha$。当入射角增大到某一角度 i 时，折射角达到 90°。此时，折射波将在介质Ⅱ中以 v_2 的速度沿界面传播，这种折射波在声学测井中叫滑行波，入射角 i 叫临界角。

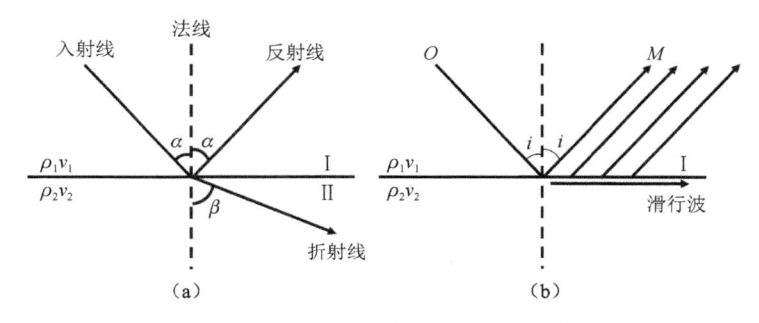

图 5.2 弹性波的反射和折射示意图

5.1.4 重要参量

1. 声波时差

声波时差指接收声波的时间差值，利用这个差值可以进行相关运算，求解各种量值。

纵波时差：

$$\Delta t_\mathrm{p} = \frac{1}{V_\mathrm{p}} \tag{5.12}$$

横波时差：

$$\Delta t_\mathrm{s} = \frac{1}{V_\mathrm{s}} \tag{5.13}$$

单位为 μs/m 或 μs/ft。

2. 声阻抗

声阻抗是介质在波阵面某个面积上的声压与通过这个面积的体积速度的复数比值，单位为声欧，用国际计量单位表示为 $Pa \cdot s/m^3$。声阻抗能够反映介质中某位置对由声扰动引起的质点振动的阻尼特性。声阻抗的实部为声阻，虚部为声抗。声阻与摩擦有关，在声学系统中可以表示为细孔屏障对声音的作用；声抗是由系统质量惯性产生的。

一般使用 3 个参数表示声波在介质中传播的状况：声阻抗、声压和体积速度。声阻抗越大，推动介质所需的声压越高；声阻抗越小，推动介质所需的声压越低。3 个参数之间的关系可以表示为

$$\text{声阻抗} \times \text{体积速度} = \text{声压}$$

介质的声阻抗可以表示为 $Z=\rho v$。其中，ρ 为介质的密度，v 为声速。

3. 声衰减系数（α）

$$p = p_0 e^{-\alpha L} \tag{5.14}$$

式中，α 是岩石对声波的衰减（吸收）系数，它与介质的声速、密度及声波的频率有关；L 是声波传播的距离。

5.1.5 混合波

在与波场相关的研究中，我们总是会遇到复杂成分波的叠加情况，这是由激发出的波在复杂介质中发生各种反射、折射引起的。这些由于不同原因产生的不同成分波有着各自的频率与传播方向，并满足叠加定理混合在一起，构成了最终的波场。这也是自然界与实际工程运用中普遍存在的波场情况。那么，该如何描述这种由复杂成分波叠加在一起形成的混合波呢？

1. 相速度与群速度

为了便于理解，这里以两列正弦波叠加形成的混合波为例来解释相速度与群速度的概念（结论适用于所有混合波）。对于一列普通的正弦波，它的表达式为

$$y = A\sin(kx - \omega t) \tag{5.15}$$

式中，A 代表幅度；ω 代表频率；$k = \omega/v$ 代表波数。或许有的读者会认为：对于声波，在某一确定的介质中，纵波或横波的传播速度是确定的，那么波数 k 应当由频率和介质直接确定。但这种认识是错误的，波数 k 在混合波中具有一个与频率地位相同的独立的自由度。

事实上，波数 k 有着丰富的含义，在普遍情况下，它应该是一个具有方向的矢量。但正如我们在前面提到的那样，混合波中的不同成分波有着不同的传播方向。因此为了方便起见，往往认为混合波朝某个方向传播，也将构成该混合波的所有成分波展开为该方向上波的形式。想要深入了解这部分内容，需要读者有一定的数学物理基础，在与声学原理、计算声学相关的教材或专著中可以详细了解相关内容，本书不对这部分内容做详细介绍。总之，在这里，读者应当将波数看作与频率地位相同的一个新的参量，而不应认为其可通过频率直接计算得到。

假设两列幅度相同的正弦波的频率分别为 ω_1、ω_2，波数分别为 k_1、k_2，则二者叠加形成的混合波为

$$y_1 + y_2 = A\sin(k_1 x - \omega_1 t) + A\sin(k_2 x - \omega_2 t) \tag{5.16}$$

根据三角函数的和差化积公式，式（5.16）可以化为

$$\begin{aligned} y_1 + y_2 &= 2A\sin\left(\left(\frac{k_1+k_2}{2}\right)x - \left(\frac{\omega_1+\omega_2}{2}\right)t\right) \\ &\quad \cos\left(\left(\frac{k_1-k_2}{2}\right)x - \left(\frac{\omega_1-\omega_2}{2}\right)t\right) \\ &= 2A\sin(k_{\text{avg}} x - \omega_{\text{avg}} t)\cos\left(\frac{\Delta k}{2}x - \frac{\Delta \omega}{2}t\right) \end{aligned} \tag{5.17}$$

式（5.17）将混合波化为两项三角函数乘积的形式，根据其各自的物理意义，将第一项正弦函数称为相位波，第二项余弦函数称为包络波。代入具体数值，对式（5.17）进行计算并绘制成图，如图 5.3 所示。其中，图 5.3（a）、(b) 中的波合成为图 5.3（c）中实线所示的波；图 5.3（c）中虚线所示的包络即式（5.17）中余弦函数的 2 倍（关于 $y = 0$ 对称）。在混合波传播的过程中，其包络（包络波）与包络内的波（相位波）会以不同的速度沿 x 方向传播，相位波的传播速度就是相速度，包络波的传播速度就是群速度。

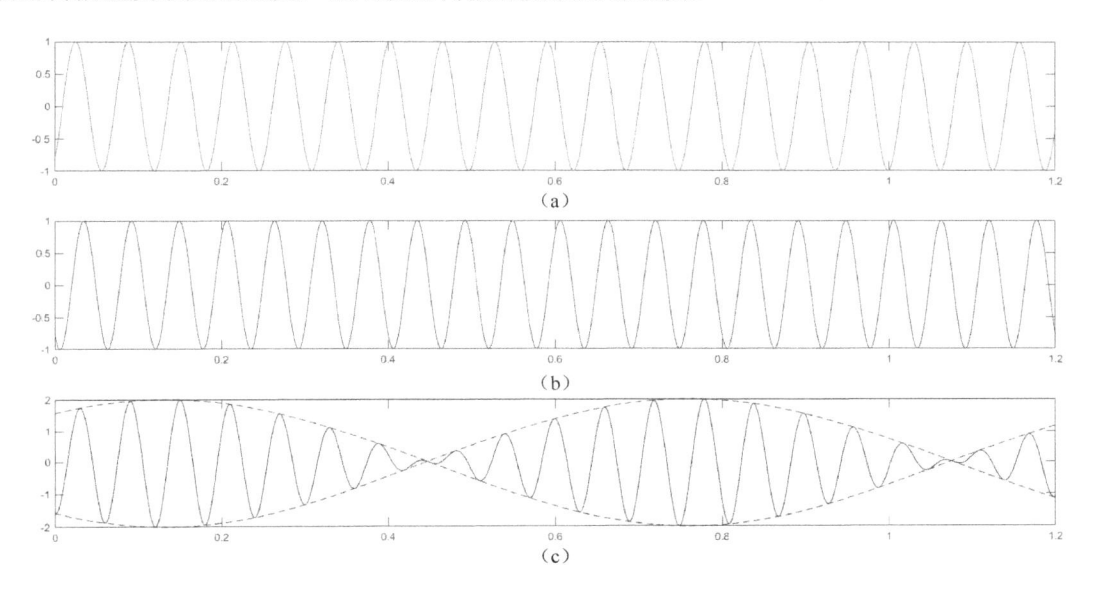

图 5.3 波的合成示意图

相速度的大小由式（5.17）中的正弦函数控制，即

$$v_{\text{phase}} = \frac{\omega_{\text{avg}}}{k_{\text{avg}}} \tag{5.18}$$

群速度的大小由式（5.17）中的余弦函数控制，即

$$v_{\text{group}} = \frac{\Delta \omega}{\Delta k} \tag{5.19}$$

2. 频散曲线

频散曲线是在研究沿传播方向近似不变的介质中传播的混合波（导波）时的重要工具。在正演计算中，它可以等效为物理约束的总和，反映物理结构的本质。而在反演计算中，它又往往是阵列信号关于时间-空间域做二维傅里叶变换的结果。因此，频散曲线可以作为连接地球物理探测中正演与反演的中介，在模式波探测方法中有重要作用，应用前景广阔。频散曲线的正演计算方法较为复杂，这里不做具体介绍。感兴趣的读者可通过计算声学、导波声学相关的专著或论文进行学习。

频散曲线一般来说依据具体的应用目的可分为 3 种形式：频率-波数、频率-相速度和频率-群速度。在物理计算与信号分析中，频率-波数是频散曲线最基础的形式。为了能够直观地展现频散曲线对应的波的物理信息，往往将其转化为频率-相速度或频率-群速度形式。

关于频散曲线的应用，在 5.3.3 节和 5.5.2 节中会再度提及。

5.2 天然地震

5.2.1 地震与地震波

1. 天然地震的产生

地震（Earthquake）又称地动、地振动，是地壳快速释放能量过程中产生的振动，期间会产生地震波的一种自然现象。地球上板块与板块之间相互挤压碰撞，造成板块边沿及板块内部产生错动和破裂，这是地震产生的主要原因。

地震波是在岩层中传播的弹性波，是由地震震源向四处传播的振动，即从震源产生向四周辐射的弹性波。地震波按传播方式可以分为纵波（P波）、横波（S波）和面波（L波）3种类型。地震发生时，震源区的介质发生急速破裂和运动，这种扰动构成一个波源。由于地球介质的连续性，这种扰动就向地球内部及表层各处传播开去，形成连续介质中的弹性波。无论是天然地震还是人工地震，振动对地下岩石的作用力都很小，作用时间短，因此把地震波传播的地下岩石看作弹性介质。

在人工地震中，通常通过炸药震源产生一个范围不大的破碎区和塑性区，并很快过渡到弹性区，这样的弹性振动将由近及远地形成地震波。

2. 天然地震记录

公元132年，东汉时期的张衡发明了世界上第一台验震器（地震仪）——候风地动仪。根据《后汉书》的描述，这是一个大型青铜器皿，直径约2m，顶部的8个点上是含着青铜球的龙头。当地震发生时，其中一条龙的嘴会张开，把球扔进底部的青铜蟾蜍口中，发出声音，显示地震发生的方向。

第一台真正意义上的地震仪在1875年由意大利人菲利普·切基发明，该地震仪的基本构造为固定的铅笔与悬挂的圆柱体刚性钟摆相接触，圆柱体每24小时旋转一次，由此可以得到地震记录发生的时间轴。同时，它可以记录两个分量（南北分量和东西分量）的地面运动。该地震仪的放大倍数只有3倍，因此仅能用于记录强震。这一局限性是由当时的采集记录手段均为模拟而非数字方法决定的。随着电子信息技术的不断发展，越来越多小型化、高精度的数字地震仪被不断推出。

地震仪大多数覆盖广泛频率范围的宽带，按照频率划分基本上可以分为以下两类。

短周期地震仪：低频端在 $0.5\sim1.0$Hz（$1\sim2$s）内，高频端在 20Hz 及以上的地震仪，主要用于监测微震活动和远震纵波初至。

长周期地震仪：一般认为固有周期大于 20s 的地震仪。它记录的长周期地震波可用于观测地震面波，研究地壳内部构造和确定地震参数等。其中，超长周期地震仪用于记录地球的自由振荡。

各种高端的地震仪主要含有电子传感器、放大器和记录装置几部分。图 5.4 给出了记录垂直分量地震的地震仪（垂直分量地震仪）的工作原理示意图。垂直分量地震仪使用某种恒力悬架，如 LaCoste 悬架。LaCoste 悬架采用零长度弹簧，提供长周期（高灵敏度）。水平分量地震仪可以通过设置弹簧方向来实现。现代地震仪使用三轴或加尔佩林设计，其中，3 个相同的传感器在垂直方向上以相同的角度设置，但在水平方向上相隔 120°。垂直和水平运动都可以由 3 个传感器的输出计算出来。现代地震仪属于高端的精密仪器，具有高集成化、小型化等特点。可以说，地震仪将地震学研究从定性时代带入了定量化时代。图 5.5 显示了低频三分量海底地震仪的内部结构，可以看到 x 轴和 y 轴方向的两个质量块，z 轴方向的质量块在下面。

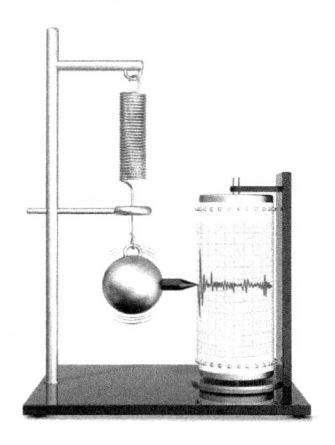

图 5.4　垂直分量地震仪的工作原理示意图

图 5.5　低频三分量海底地震仪的内部结构（已拆除盖）

3. 地震波的类型

前面提到，地震波按传播方式分为 3 种类型：纵波、横波和面波。

（1）纵波。纵波是推进波，其在地壳中的传播速度为 5.5~7km/s，最先到达震中。它使地面发生上下振动，破坏性较弱。

（2）横波。横波是剪切波，其在地壳中的传播速度为 3.2~4.0km/s，第二个到达震中。它使地面发生前后、左右振动，破坏性较强。可以看出，纵波的传播速度大于横波的传播速度，纵波早于横波被记录到。

（3）面波。面波是沿地球表面或界面传播的波。面波是由纵波与横波在地表相遇后激发产生的混合波，其波长长、振幅大，是造成建筑物严重损坏的主要因素。

瑞利波：偏振波，质点在垂直于传播方向的平面内运动，质点呈逆时针椭圆形振动，振幅随深度的增加而减小。

勒夫波：质点振动方向与波的传播方向垂直，但振动只发生在水平方向，没有垂直分量，类似于横波，但其振幅随深度的增加而减小。

其他面波：斯通利波、套管波、槽波、导波等。

5.2.2 地震定位

天然地震最关键的信息之一是地震发生的时间和空间位置。一般来说，描述地震发生的位置会用到以下概念：震源、震中和震中距。震源指地下深处发生地震，释放地球深部能量的区域。震中是震源在地表的垂直投影。震中有一定的范围，称为震中区，震中区是地震破坏最强的地区。震源到震中的距离是震源深度。震中距是震中到地面任意地震台站的水平距离。

发生地震时，快速确定震中位置对地震灾害预警与及时进行地震抢险工作具有重要意义。从原理上来看，确定震中位置的方法利用了地震波的横波与纵波的走时时差。地震台站收到的横波和纵波的时差 δt 与其慢度 S_p 和 S_s 之差的比值等于震中距 r：

$$r = \frac{\delta t}{S_p - S_s} \tag{5.20}$$

不难得出，仅仅依靠单个地震台站得到的震中距无法定位地震发生的具体位置。根据几何关系，可以认为由单个地震台站数据计算出的震中距可以确定地震发生的位置位于以地震台站为圆心、震中距为半径的圆上，那么至少需要 3 个不同位置的地震台站数据才能唯一确定震中位置（见图 5.6）。然而，实际中可以获得的地震台站数据并不止 3 个，于是，可以将求解震中位置的问题转化为一个求解超定方程组的问题，以求获得尽量精确的解。对于这一问题，目前数学上给出了很多解决方法，包括最小二乘法、定义目标函数后进行迭代最优化、贝叶斯方法等。

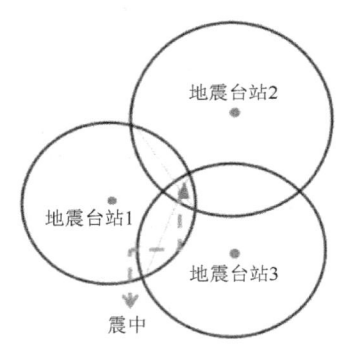

图 5.6 震中位置的确定

这里介绍地震定位经典方法中的 Geiger 地震定位法的基本原理。在该方法的思想指导下发展出的 HYPOINVERSE 地震程序是地震定位相关工作中的常用工具。该程序可以在 USGS 官网免费下载使用。

假设目前有 n 个地震台站记录了地震波的到达时间 t_i（$i = 1, 2, 3, \cdots, n$），我们需要知道地震发生的时间 t_0 和震源位置 (x_0, y_0, z_0)。正如前面所介绍的那样，这个问题是一个超定问题，为了得到这个问题的最优解，首先需要定义目标函数，并将求最优解问题转化为目标函数的最小化。于是，可以基于各个地震台站的地震波到达时间残差 r_i 定义目标函数 Φ：

$$\Phi(t_0, x_0, y_0, z_0) = \sum_{i=1}^{n} r_i^2 \tag{5.21}$$

$$r_i = t_i - t_0 - T_i(x_0, y_0, z_0) \tag{5.22}$$

式中，$T_i(x_0, y_0, z_0)$ 为地震波从震源出发到被地震台站接收的走时。

根据无约束优化的一阶必要条件，当目标函数局部极小时，目标函数的梯度为 0：

$$g(\boldsymbol{\theta}) = \nabla \Phi(t_0, x_0, y_0, z_0) = 0 \tag{5.23}$$

在最优解 $\boldsymbol{\theta}$ 附近的试探解 $\boldsymbol{\theta}^*$ 满足

$$g(\boldsymbol{\theta}^*) + \left[\nabla g(\boldsymbol{\theta}^*)\right]^T \delta\boldsymbol{\theta} = 0 \tag{5.24}$$

实际上，式（5.24）即利用无约束优化中的牛顿法迭代求最优解。

在利用牛顿法迭代求最优解的具体计算层面，该算法为了适应具体应用又做了一些调整。例如，若试探解与最优解偏差不大，则忽略二阶偏导，对于不同地震台站数据，根据其精度，在合成目标函数时进行赋权加和等。

5.2.3 地震震级

震级是地震大小的一种度量，根据地震释放能量的高低来划分，用级来表示。震级的标度最初是美国地震学家里克特（C.F.Richter）于1935年研究加利福尼亚地方性地震时提出的，规定以震中距100km处标准地震仪（或称伍德-安德森地震仪，周期为0.8s，放大倍数为2800，阻尼系数为0.8）所记录的水平向最大振幅（单振幅，以μm计）的常用对数为该地震的震级。后来发展为远台及非标准地震仪记录经过换算也可用来确定震级。震级分为近震（里氏）震级（M_L）、面波震级（M_S）、体波震级（M_B）等不同类别，彼此之间也可以换算。

1．里氏震级

里氏震级计算如图5.7所示。

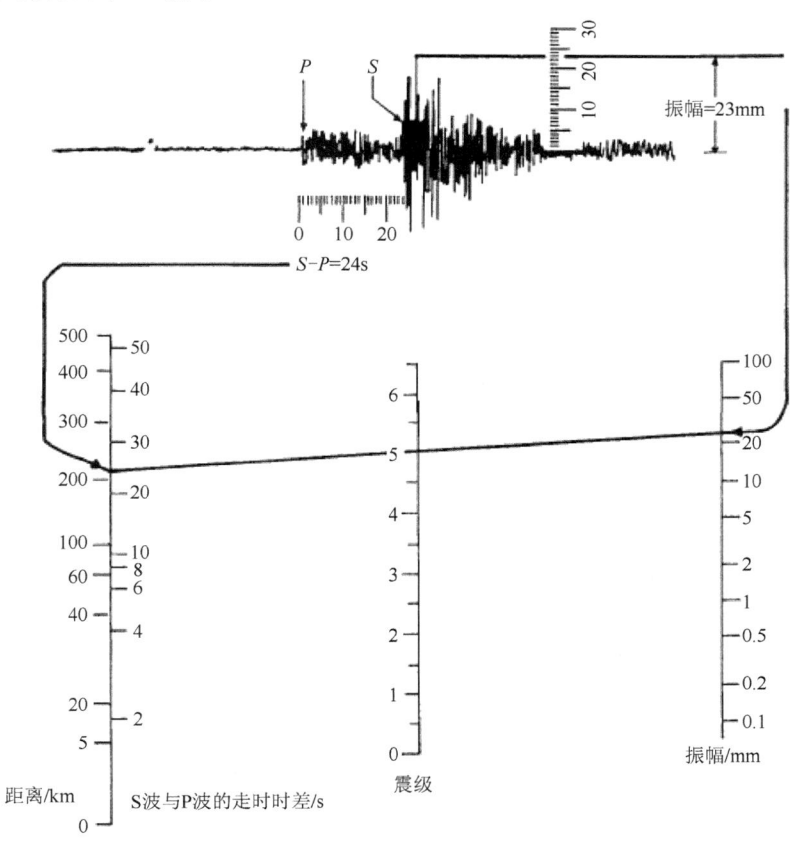

图5.7　里氏震级计算

地震波的振幅 A 随距离的衰减可表达为对数（$\log A$），且两个地震的衰减曲线彼此平行，差值基本为常数：$C = \log A - \log A_0$。里克特提出只要把震中距 100km 处标准地震仪的 1μm 振幅的 $\log A_0$ 规定为 0 级震级，就可以把其差值常数 C 定义为里氏震级 M_L，即

$$M_\mathrm{L} = \log A(\mathrm{mm}) + 3\log[8\Delta t(\mathrm{s})] - 2.92 \tag{5.25}$$

2. 面波震级

面波与体波震级计算如图 5.8 所示。

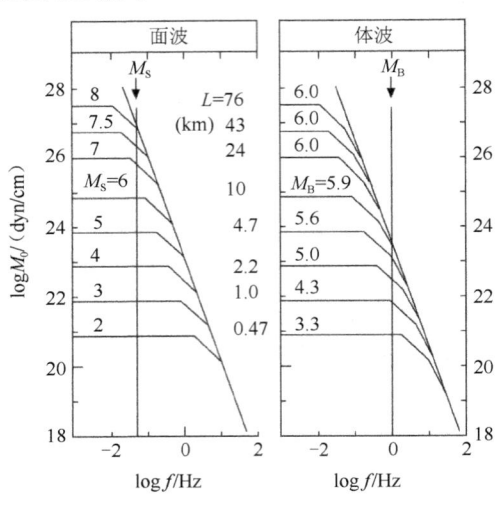

图 5.8 面波与体波震级计算

当震中距较大时，面波占据主要成分。面波震级通常采用周期在 20s 左右的瑞利波进行计算：

$$M_\mathrm{S} = \log A_{20} + 1.66 \log \Delta + 2.0 \tag{5.26}$$

式中，A_{20} 为瑞利波位移最大振幅；Δ 为以°为单位的震中距。

3. 体波震级

对于深震，面波不发育，以至于难以获得可信的面波震级。体波震级通常采用最初几个周期的横波来计算：

$$M_\mathrm{B} = \log\left(\frac{A}{T}\right) + 0.01\Delta + 5.9 \tag{5.27}$$

式中，A 为以 μm 为单位的横波的振幅；T 为横波的周期；Δ 为震中距。

5.2.4 天然地震数据的获取和使用

1. EarthScope Consortium 简介

EarthScope Consortium（地球观测联盟）是由美国地震学研究联合会（IRIS）、美国卫星导航系统与地壳形变观测研究大学联盟（UNAVCO）于 2023 年 1 月合并组成的全球性组织。该组织由数以万计的科学家、学者及相关教育工作者组成，并致力于为全球具有变革性的地球物理研究与教育提供支持。

该组织继续运营着由美国国家科学基金会支持的为推进地球科学研究建立的大地测量

设施（GAGE）与地震测量设施（SAGE），通过先进的数据处理网络工作站，处理和分享从全球各地收集的大量实时地震数据。这些数据主要来源于全球地震台网（GSN）和大陆岩石圈地震台阵网（PASSCAL）。由于 IRIS 处理的地震数据量巨大，超出了其成员大学计算机资源的处理能力，因此于 1986 年在美国西雅图成立了数据管理中心（Data Management Center，DMC），负责数据的管理和处理，提供包括数据处理、成员间的数据共享等功能。

DMC 作为如今的 EarthScope Consortium 数据管理系统的核心部分，是全球最大的地震数据服务机构，为全球研究人员提供包括 GSN、宽频带数字地震台网联盟（FDSN）、美国及其他国家的区域台网、地震台阵等实验类数据的服务。此外，DMC 还为全球提供数据资源和地震数据服务，其提供的地震数据种类繁多，服务工具丰富，因而受到地球物理学界的广泛关注。

2. 数据来源

1）GSN

GSN 是在国际社会的广泛合作下，由 NSF（National Science Foundation）和 USGS（U.S. Geological Survey）建立并运行的一个全球多用途科学应用台网，用于地球的观测、监测、研究和教育。GSN 由均匀布设的、覆盖全球的、装配宽频带三分向数字地震仪器的永久地震台站组成，这些地震台站主要由 IDA（International Deployment of Accelerometers）和 USGS 管理运行，还有少量地震台站由大学管理运行。现有 152 个 DMS（Data Management Service，数据管理服务）控制的地震台站，进行实时数据传输和访问。

2）FDSN

FDSN 是一个全球组织，它的成员是由在美国本土或在全球范围内负责安装和维护宽频带地震仪的小组构成的。FDSN 的目标是使其地震台站在空间上有合理的分布。FDSN 致力于帮助全球的科学家推进地球科学，特别是全球地震活动性的研究。

3）区域台网

区域台网包括阿拉斯加区域台网等 16 个美国的区域台网，土库曼斯坦区域台网等 5 个非美国的区域台网，它们共同向 DMC 提供数据。

4）PASSCAL

PASSCAL 为地震研究团队提供了现代化的便携式仪器和先进的数据管理工具，在全球范围内支持地震实验。PASSCAL 管理着 1000 多台便携式地震仪。PASSCAL 可以作为地震研究团体的资源运作，相当于一个"可以借用的仪器库"，同时提供技术支持和用户培训。从 1984 年到本书成书时，PASSCAL 支持的实验超过 500 次，带来了很多关于地球的新发现。

3. 数据类型

1）波形数据

DMC 的大多数波形数据都是宽频带地震台站记录的天然地震事件数据。一些地震台站连续地进行记录，一些地震台站只有在事件触发时才进行记录，DMC 的波形数据包括被动源数据（Passive Source）和主动源数据（Active Source）。大多数天然地震数据来自永久地震台站，并且数据为 SEED 格式；但也有一些数据来自临时地震台站，除了 SEED 格式，还有 SEG-Y、SAC、AH 等其他格式。

2）地震事件数据

（1）NEICALRT。

NEICALRT 是 USGS NEIS（National Earthquake Information Service）通过 Email 分发的。这些事件目录并不是首选的目录，因为它们是冗余的，不包括从 FINGER 来的所有目录。

（2）FINGER。

FINGER 是 USGS NEIS 通过 finger quake@ gldfs. cr. usgs. gov 服务分发的事件目录。事件列表经过分析人员检查，包括最近 7 天的目录。

（3）QED（Quick Epicenter Determinations）。

QED 是 USGS NEIS 在事件发生 7 天后分发的目录。这些目录是初步的目录，用更多的数据重新定位后，要进行修正。

（4）WHDF（Weekly Hypocenter Data File）。

WHDF 是 USGS NEIS 分发的事件发生几星期后的定位结果。此处的 PDE（Preliminary Determinations of Epicenters）数据会被下面的 MHDF 分发的 PDE 数据替换。

（5）MHDF（Monthly Hypocenter Data File）。

MHDF 是 USGS NEIS 分发的，是 USGS NEIS 所做的对震源和震级最完整的计算结果，通常在事件发生后 4 个月分发。但是，此目录也被称为初级（Preliminary Determinations of Epicenters）目录，这是因为最终要看 ISC（International Seismological Center）分发的结果，一般在事件发生 2 年后分发。

4. 数据请求工具

在 DMC 的数据服务网站，可以方便地浏览、查询和下载需要的数据。数据表现形式多样，图表、图形等美观大方。除此之外，DMC 还提供了丰富的数据请求工具，供研究人员下载使用地震数据。这些工具主要分为三大类，即基于客户端的、基于浏览器的和基于波形库的。基于客户端（DHI Clients）的数据请求工具常用的有 JWEED、SOD、VASE 等。基于浏览器（DHI Servers）的数据请求工具常用的有 IRIS_Data Center、IRIS_BudDataCenter、IRIS_PondDataCenter、IRIS_ArchiveDataCenter 等。

在天然地震研究中，对地震震源的研究除定位外，还有对震源产生机理的研究。也有大量学者从事利用天然地震对地球和地壳结构做精细分析与成像的研究，这部分工作和后面涉及的地震探测的数据处理与成像类似。

5.3 地震探测

地震探测是利用人工激发产生的地震波在弹性不同的地层内的传播规律来勘测地下地质情况的。地震波在地下传播的过程中，当地层岩石的弹性参数发生变化时，会引起地震波场发生变化，并产生反射、折射和透射现象，人工接收变化后的地震波，经数据处理、解释后即可反演出地下地质结构及岩性，达到地质勘查的目的。由于地震探测是一种利用地层岩石的弹性参数差异进行勘探的地球物理方法，因此该方法在油气勘探、煤田勘探和工程地质勘探，以及地壳和上地幔深部结构探测中发挥着重要的作用。它与其他地球物理方法相比，具有精度高、分辨率高、探测深度大的优势，尤其在油气勘探中是一种不可取代的地球物理方法。国内外现有的油气田 95% 都是用地震探测方法发现的。

5.3.1 勘探环节

（1）野外数据采集。
（2）室内数据处理。
（3）地震资料解释。

勘探环节示意图如图 5.9 所示。

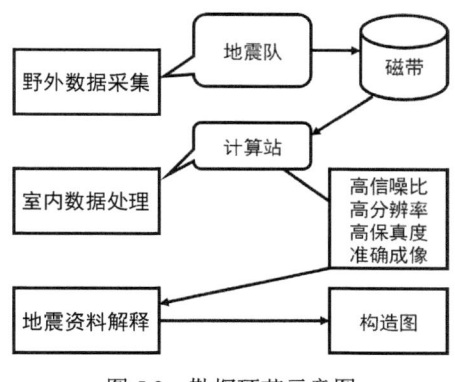

图 5.9 勘探环节示意图

1．野外数据采集

在地质工作和其他物探工作初步确定的有含油气希望的地区布设测线，人工激发地震波，并用野外地震仪把地震波传播的情况记录下来。

2．室内数据处理

根据地震波的传播规律，利用计算机，对野外获得的原始数据进行各种去伪存真的加工处理工作，并计算地震波在地层内的传播速度等。

3．地震资料解释

运用地震波的传播规律和石油地质学的原理，综合地质、钻井和其他物探资料，对地震剖面进行深入的分析和研究，对各反射层相当于什么地质层位做出正确的判断，对地下地质构造的特点做出说明，并绘制某些主要地质层位的构造图。

5.3.2 地震探测的发展历程

地震探测的发展历程也可以说是电子信息技术的发展历程，历史上几乎所有的最新的电子信息技术都在第一时间应用到地震探测领域。

1．地震探测资料记录方法的发展

1）光点记录

光点记录反射地震剖面的解释只利用反射波的旅行时间 T 和波的传播速度 V 确定构造的深度与形态，寻找较为简单的构造。光点记录示意图如图 5.10 所示。我国的大庆油田就是由光点地震仪发现的。

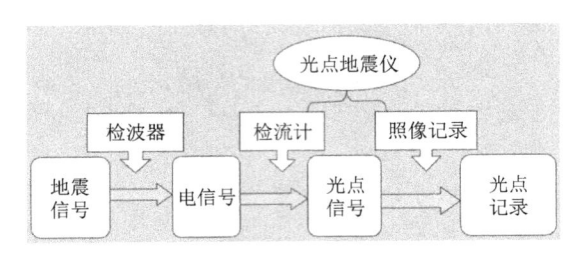

图 5.10　光点记录示意图

2）模拟磁带记录

模拟磁带记录示意图如图 5.11 所示。

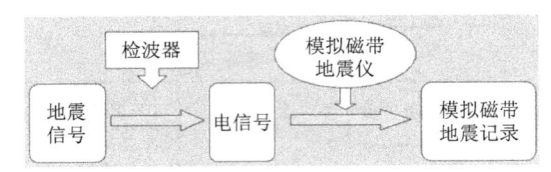

图 5.11　模拟磁带记录示意图

模拟磁带地震仪出现于 1952 年左右。模拟磁带记录的主要优点是在回放时能够使用不同的滤波器。1955 年，开始使用可动磁头，使对模拟记录做静校正及正常时差校正（动校正）成为可能。地震仪的改进推动了观测方法的发展，如出现了共中心点记录方法（CMP）、CRP、CDP。模拟磁带记录还允许将地震道叠加，因此可以使用小药量来激发，因为将几个弱震源激发得到的地震道叠加在一起的效果与强震源激发得到的地震道的效果一样。

3）数字磁带记录

20 世纪 60 年代，数字式记录发明后，数据处理的全部潜力才真正得以发掘。而最早广泛应用于地震探测的数字式记录是数字磁带记录。与模拟磁带记录不同，数字磁带记录只需记录"0""1"（二进制编码）两种状态，读取时进行解码得到原本的信息。数字磁带记录具有高保真度，可以进行数字地震资料的处理和解释工作。数字技术带来的"数字革命"可能是地震探测中的最大进步。数字磁带记录示意图如图 5.12 所示。

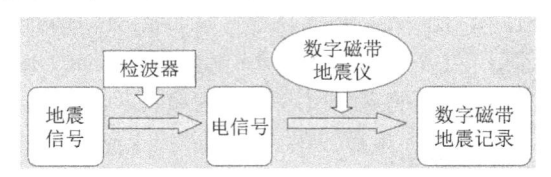

图 5.12　数字磁带记录示意图

2. 地震探测技术的发展

20 世纪 60 年代以来，地震探测技术得到了迅速发展。其中有 3 项技术具有突破性。

（1）野外数据采集系统，出现了第一台数字地震仪。

（2）可控震源。

（3）多次覆盖采集技术。

20 世纪 80 年代后，标志性的地震探测技术概括如下。

（1）地震属性分析技术。

① 振幅属性（幅距分析 AVO）。

② 速度参数。
③ 频率信息——三瞬（瞬时振幅、瞬时频率和瞬时相位）剖面。
（2）井中观测技术。
① 垂直地震剖面（VSP）技术（关于该技术的具体内容将在 8.4.3 节进行详细介绍）。
② 井间地震技术。
（3）三维地震探测技术。

在一个平面上采集随时间变化的地震信息，并在(x,y,t)三维空间进行处理和解释，这种地震探测方法称为三维地震探测技术。从二维向三维方向发展是地震探测方法的又一次重大变革。通过三维地震探测技术，可以得到更清楚、更正确的地质图像。

（4）多波多分量技术。

多波多分量技术在相同的勘探区域，在纵波勘探的基础上利用了横波和转换波技术。

20 世纪 90 年代的地震探测技术概括如下。

（1）高分辨率地震探测技术。

高分辨率地震探测技术是一种通过提高震源频率，以高采样率和高覆盖次数等数据采集方法与相应的处理技术达到大幅度提高勘探精度的技术。

（2）时移地震技术。

时移地震（Time Lapse Seismic，TLS）技术是在不同时间对油气田进行地震观测、监测油气开发状态、探明剩余油气的分布、调整注采方案、提高油气采收率的一整套技术。利用时移地震技术进行观测时，通常以三维地震为基础，时移地震又称四维地震。

（3）叠前深度偏移技术。

叠前深度偏移技术在原始数据叠加之前进行深度偏移处理，是能实现对复杂构造准确偏移成像的技术，是复杂构造油气勘探的关键技术之一。

5.3.3 地震探测的分类

1. 折射波法

如图 5.13 所示，在有两层介质（双层介质）的情况下，用折射波法进行观测可以得到直达波和折射波时距曲线。

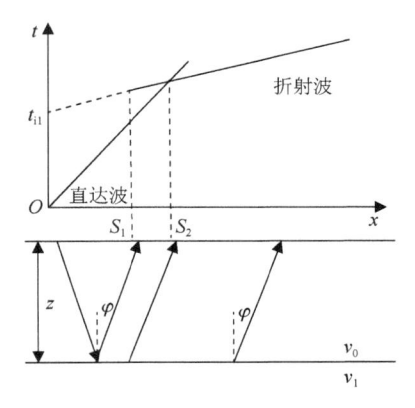

图 5.13 直达波和折射波时距曲线

（1）由直达波时距曲线可求出第一层（低速带）的速度 v_0：

$$v_0 = \left(\frac{\Delta x}{\Delta t}\right)_{直达波} \tag{5.28}$$

（2）由折射波时距曲线可求出第二层（高速带）的速度 v_1：

$$v_1 = \left(\frac{\Delta x}{\Delta t}\right)_{折射波} \tag{5.29}$$

（3）把折射波时距曲线延长至与 t 轴相交，得交叉时 t_{i1}，因为 $t_{i1} = 2h_0\cos\varphi/v_0$，又有 $\sin\varphi = \dfrac{v_0}{v_1}$，所以有

$$h_0 = \frac{v_0 t_{i1}}{2\cos\varphi} = \frac{v_0 t_{i1}}{2\sqrt{1-\left(\dfrac{v_0}{v_1}\right)^2}} \tag{5.30}$$

求出 v_0、v_1、t_{i1} 后就可计算出 h_0。

从折射波法的时距曲线中不难看出，当接收器与震源的距离小于 S_2 时，折射波会先于直达波到达接收器，成为初至波，因此接收器与震源的距离小于 S_2 的区域被称为折射波初至区。当接收器与震源的距离大于 S_2 时，直达波会先于折射波到达接收器，成为初至波，因此接收器与震源的距离大于 S_2 的区域被称为直达波初至区。在实际应用中，可以通过接收器阵列提取不同距离下的初至波到时，获得折射波法的时距曲线，并利用上述计算方法得到下层（多层）介质信息。下面简要介绍多层介质折射波法的计算公式。

对于三层介质，即同时存在低速带、降速带的情况，可按下列步骤求得低速带和降速带的参数。

（1）用直达波时距曲线计算出低速带的速度 v_0。
（2）用折射波 I 时距曲线计算出降速带的速度 v_1。
（3）用折射波 II 时距曲线计算出基岩的速度 v_2。
（4）用折射波 I 的交叉时 t_{i1} 求得低速带的厚度 h_0。
（5）延长折射波 II 时距曲线，得交叉时 t_{i2}。
（6）求降速带的厚度 h_1。

两条时距曲线的交叉时为

$$t_{i2} = \frac{2h_0}{v_0}\sqrt{1-\left(\frac{v_0}{v_1}\right)^2} + \frac{2h_1}{v_1}\sqrt{1-\left(\frac{v_1}{v_2}\right)^2} \tag{5.31}$$

整理后得

$$h_1 = \frac{v_1 t_{i2}}{2\sqrt{1-\left(\dfrac{v_1}{v_2}\right)^2}} - \frac{v_1 h_0}{v_0}\frac{\sqrt{1-\left(\dfrac{v_0}{v_1}\right)^2}}{\sqrt{1-\left(\dfrac{v_1}{v_2}\right)^2}} \tag{5.32}$$

在多层（n 层）介质情况下，若向深处各层速度递增，则由此可产生 $n-1$ 个折射界面，第 n 个界面上的折射波时距曲线方程可由 3 层结构类比得到，其通式如下：

$$t = \frac{x}{v_n} + \frac{2h_1\sqrt{v_n^2 - v_1^2}}{v_n v_1} + \frac{2h_2\sqrt{v_n^2 - v_2^2}}{v_n v_2} + \cdots + \frac{2h_{n-1}\sqrt{v_n^2 - v_{n-1}^2}}{v_n v_{n-1}} \tag{5.33}$$

以上便是关于多层介质的折射波法，但在实际应用中，经常会出现地表与地下层状结构不平行的状况，这使得我们铺设的阵列检波器与介质变化的交界面间存在夹角。倾斜界面时距曲线如图 5.14 所示。

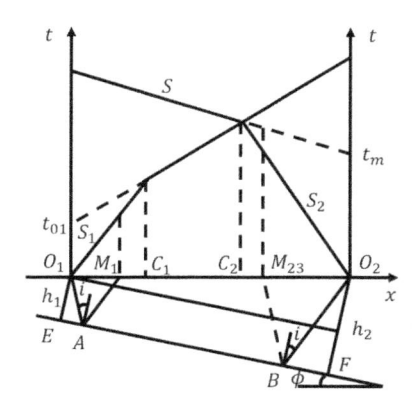

图 5.14 倾斜界面时距曲线

根据图 5.14，声源在 O_1 处被激发，在 O_2 处被接收，EF 为倾斜界面，倾斜界面与 O_1O_2 的夹角为 ϕ，h_1 为 O_1 与倾斜界面的距离，h_2 为 O_2 与倾斜界面的距离，折射波的射线路径为 O_1ABO_2，折射角为 i，上层介质的速度为 v_1，下层介质的速度为 v_2。于是，可以得到折射波从发出到被接收的时间：

$$t = \frac{EF}{v_2} + \frac{h_1 \cos i}{v_1} + \frac{h_2 \cos i}{v_1} \tag{5.34}$$

根据几何关系与折射定律，式（5.34）转化为

$$t = \frac{x \sin(i+\phi)}{v_1} + \frac{2h_1 \cos i}{v_1} \tag{5.35}$$

在图 5.14 中，倾斜界面为下倾界面，若为上倾界面，则倾斜角 ϕ 取负。

同理，类比多层介质折射波法，可以得到多层倾斜界面时距曲线方程：

$$t = \frac{x}{v_1} \sin(i_{n-1} + \phi_{n-1}) + \sum_{k=1}^{n-1} \frac{h_k}{v_k} \left[\cos(i_k + \phi_k) + \cos(i_k - \phi_k) \right] \tag{5.36}$$

根据该方程，可以计算出多层倾斜界面的时距曲线。

浅层折射法的排列形式一般有以下两种。

① 排列中的接收道距两端小中间大。这是由于在激发点附近，直达波时距曲线的视速度很小，只有用较小的接收道距才能清楚地反映直达波时距曲线的形状，便于波的对比识别；对于低速带底界，高速带的折射波因视速度大，所以只有用较大的接收道距才能满足精度要求。这种方法的优点是可以两端激发，获得互换的折射波时距曲线；而缺点则是远离激发点处的接收道距太大，排列长度受到限制。

② 排列中的接收道距一端小一端大，即近激发点的接收道距较小，远离激发点的接收道距较大。这种方法的优点是可以增大排列长度，有利于记录直达波和追踪高速带，充分利用每个接收道；缺点是效率很低，且单端激发精度不高。

浅层折射法的排列长度一般为低速带总厚度的 8～10 倍。排列长度和接收道距的选择以保证低速带的直达波及高速带的折射波都能被记录到为原则。浅层折射法一般采用浅坑爆炸方式，药量一般为 0.2kg 至数千克，坑深为 20～50cm。

浅层折射资料整理的目的是得到低速带的厚度、速度，关键是通过时距曲线求出各层速度和折射波交叉时。求取交叉时的方法：延长时距曲线法、相遇法、追逐法、复合时距曲线法；求各层速度的方法：差异时距曲线法等。

2. 反射波法

与折射波法相比，地震波向地下深部传播时，在两种地层的界面上，无论界面的波阻抗是增大还是减小，都会产生反射信号。即使上、下岩层介质的波速不变，只要密度发生变化，其界面就能产生反射波。反射波法能够较直观地反映地层界面的起伏变化，还能探测折射波法无法探测的隐伏低速带、空洞及其他异常物体。

工程勘查中使用的浅层反射波法与中、深层反射波法的基本原理相同，但在所研究的问题上有很大的区别。中、深层反射波法研究的是地下数百米至数千米深的较大的地质构造，而浅层反射波法的勘探对象则经常是地下几米以内的较小的地质构造，要求有很高的分辨率。为了获得较高的分辨率，浅层反射波法的工作频率要比中、深层反射波法的工作频率高一个数量级，一般为几百赫兹。

在浅层反射波法中，还会碰到很多在中、深层反射波法中不存在的干扰和困难。例如，较强的面波干扰、折射波初至区引起的麻烦、近地表物质的不均匀性，以及震源脉冲的持续振动信号使得多种波重叠、干涉等，构成了浅层反射波法本身的特点。此外，在较浅的部位，界面常常有破裂和局部不规则变化，如逐渐变化的风化带、含水层等都会降低反射质量。这些和中、深层反射是不同的。

反射波法的数据采集和资料处理都比折射波法的复杂得多，尤其在干扰较大的市区开展浅层或超浅层地震探测时，复杂的外界条件加大了施工及解释的难度。近年来，在高频地震脉冲的激发和接收、数据处理、解释技术、仪器的分辨率、压制和消除各种干扰波方面都有了很大的提高与发展，反射波法已经成为工程地震中最为重要的、较成熟的方法之一。

对于双层介质，反射波法的原理是非常简单的。我们仅仅需要知道上层介质的速度 V 及厚度 h 即可得到反射波的理论时距曲线：

$$t = \frac{1}{V}\sqrt{(2h)^2 + x^2} \tag{5.37}$$

也可以写为

$$\frac{t^2}{t_0^2} - \frac{x^2}{(2h)^2} = 1 \tag{5.38}$$

式中，$t_0 = 2h/V$ 称为零炮检距时间或自激自收时间。

可以看出，双层介质反射波时距曲线为双曲线，并且它的渐近线为直达波时距曲线。

双层介质反射波法原理示意图如图 5.15 所示。

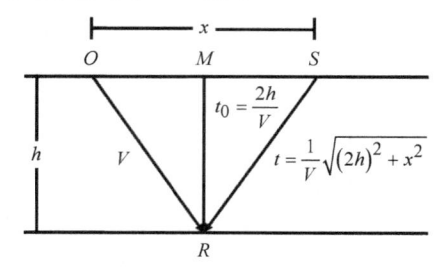

图 5.15 双层介质反射波法原理示意图

由于在实际勘探中我们需要的是 t_0，而对于实际得到的时距曲线，时间随炮检距的改变而变化，因此这里需要引入正常时差的概念：在水平界面上，对界面上的某点以炮检距 x 进行观测得到的反射波旅行时与在零炮检距处进行观测得到的反射波旅行时之差。正常时差的概念非常重要，它是判断地震记录上观察到反射波的主要标准。

于是，可以得到正常时差的理论精确计算式：

$$\Delta t = \sqrt{\frac{x^2}{V^2} + t_0} - t_0 \qquad (5.39)$$

但是，这个精确计算式有时讨论问题不够直观。在一定的条件下，用二项式展开可以得到简单的近似公式：

$$t = \frac{1}{V}\sqrt{(2h)^2 + x^2} = t_0\left[1 + \left(\frac{x}{2h}\right)^2\right]^{\frac{1}{2}} \qquad (5.40)$$

当 $x/2h \ll 1$ 时，有

$$t = t_0\left[1 + \frac{1}{2}\left(\frac{x}{Vt_0}\right)^2 + \cdots\right] \approx t_0 + \frac{x^2}{2V^2 t_0} \qquad (5.41)$$

因此

$$\Delta t \approx \frac{x^2}{2V^2 t_0} \qquad (5.42)$$

为了消除正常时差产生的影响，要对反射时间做时间校正。经过校正，反射波的同相轴一般就能反映界面的形态了。在水平界面上，从观测得到的反射波旅行时中减去正常时差 Δt，得到 $x/2$ 处的 t_0。这一过程叫正常时差校正或动校正。

3. 瑞利波法

瑞利波法主要是通过定量解释，由实测波形得到频散曲线，从而研究介质物理性质的一种方法。关于波的群速度、相速度与频散曲线，在 5.1.5 节中已经做过简要介绍。

利用瑞利波法，既可以通过天然地震中的瑞利波研究诸如地球的内部结构、地壳及地幔的物质组成、大地构造、地震灾害等基本地学问题，又能解决诸如工程地质勘查、地基加固处理效果评价、岩土的物理力学参数原位测试、地下空洞及掩埋物探测、公路机场跑道质量无损检测、饱和砂土层的液化判别等工程地质问题。此外，与其他地震波法相比，瑞利波法还有如下几方面的特点。

（1）浅层分辨率高。在同一介质中，瑞利波较其他类型弹性波的传播速度小，且只在表层某一深度内传播。在稳态激振条件下，频率的范围和频率的变化间隔均可根据勘查目的自主确定。波长变化可以控制在毫米级范围，即以深度变化数毫米的间隔由浅向深探测。该方法可以确定路面厚度及探测到地面上厘米级宽度的裂隙，这样的精度是其他弹性波方法无法比拟的。

（2）不受各地层速度关系的影响。折射波法要求下伏层速度大于上覆层速度，反射波法要求各层具有波阻抗差异。这两种方法都要求各层速度或波阻抗具有较大的差异。瑞利波法只要求各层具有速度差异，即使差异只有 10%，也可以精确地进行分辨。

（3）工作条件简便易行。现场施工简便，只需五六人即可高效施工，易于组织。

为了能够利用瑞利波法完成勘探任务，需要对瑞利波有一定的了解。瑞利波是一种沿介质表面传播的波，它的主要能量集中于介质表面一个波长的范围内，随着深入介质内部而迅速衰减。瑞利波的传播速度一般接近横波的传播速度。对于最简单的均匀半空间介质模型，可以得到瑞利波的传播速度与横波的传播速度的比值和泊松比之间的关系：

$$r^3 - 8r^2 + \frac{8(2-\sigma)}{1-\sigma}r - \frac{8}{1-\sigma} = 0 \tag{5.43}$$

式中，$r = (v_R/v_s)^2$ 是瑞利波的传播速度与横波的传播速度的比值的平方，当泊松比取 0.25 时，$r = 0.8453$，即 $v_R = \sqrt{0.8453}v_s \approx 0.919v_s$。

用图解法可以了解瑞利波的传播速度与横波的传播速度的比值和泊松比之间的关系，如图 5.16 所示。

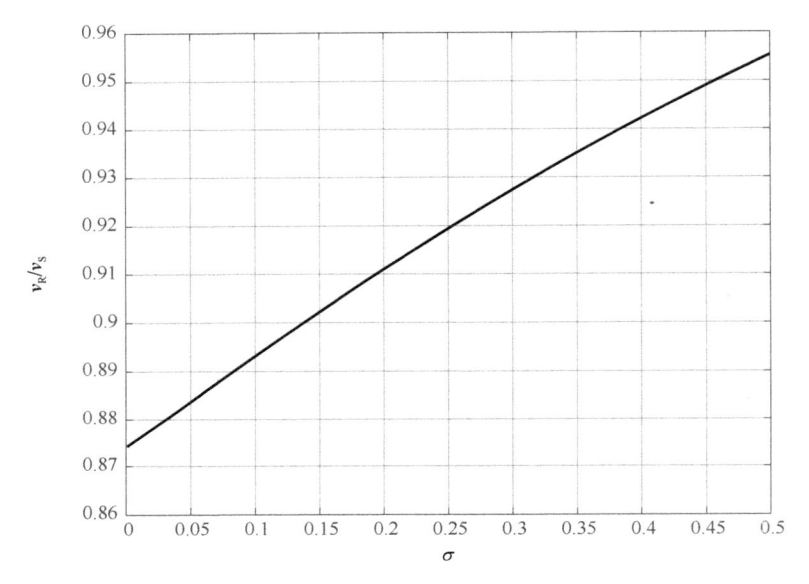

图 5.16　瑞利波的传播速度与横波的传播速度的比值和泊松比之间的关系

从图 5.16 中可以看出，当泊松比为 0～0.5 时，瑞利波的传播速度与横波的传播速度的比值为 0.874～0.955。下面给出一个例子来介绍瑞利波频散曲线的变化规律。

图 5.17 所示为一个双层无限半空间介质模型。

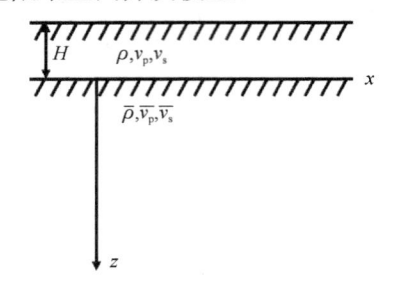

图 5.17　双层无限半空间介质模型

假设第一层介质的厚度为 $H = 2\text{m}$，密度为 $\rho = 1.8\text{g/cm}^3$，横波的传播速度为 $v_s = 95\text{m/s}$，纵波的传播速度为 $v_p = 250\text{m/s}$；第二层介质为无限半空间介质，密度为 $\overline{\rho} = 1.9\text{g/cm}^3$，横波的传播速度为 $\overline{v_s} = 240\text{m/s}$，纵波的传播速度为 $\overline{v_p} = 500\text{m/s}$。

通过物理计算可以得到该模型的瑞利波频散曲线，如图 5.18 所示。具体计算方法由于较为复杂，在此不做详细说明。（计算方法参见 LOWE M J S. Matrix techniques for modeling ultrasonic waves in multilayered media[J]. Ultrasonics, Ferroelectrics, and Frequency Control, IEEE Transactions on, 1995, 42(4): 525-542.）

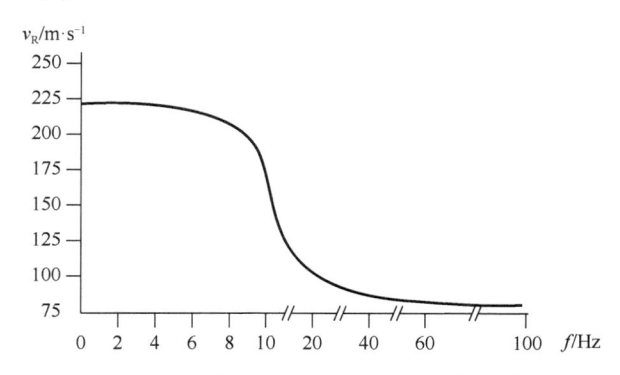

图 5.18　双层无限半空间介质模型的瑞利波频散曲线

从图 5.18 中不难看出，频率越低，瑞利波的传播速度越接近深层介质横波的传播速度；频率越高，瑞利波的传播速度越接近浅层介质横波的传播速度。有了上面对瑞利波的传播速度与介质横波的传播速度关系的铺垫，严谨地来说，上面的结论应为，频率越低，瑞利波的传播速度越接近深层介质瑞利波的传播速度；频率越高，瑞利波的传播速度越接近浅层介质瑞利波的传播速度。这是因为高频弹性波的穿透性较弱，主要在浅层传播，容易诱导产生浅层介质瑞利波；而低频弹性波则趋于向深层传播，容易诱导产生深层介质瑞利波。

5.4　地震资料采集方法与技术

5.4.1　陆地施工简介

1. 试验工作

试验工作的具体内容根据地质任务、工区的地质构造的特点、干扰波的情况、地震地质条件，以及以往的勘探程度来拟定。试验项目通常有以下几项。

（1）干扰波调查，了解工区内干扰波的类型与特点。

（2）地震地质条件调查，了解低速带的特点、潜水面的位置、地震界面的存在情况、地震界面的质量（是否存在地震标志层）、速度剖面的特点等。

（3）选择激发地震波的最佳条件，如激发岩性、激发药量、激发方式等。

（4）选择接收和记录地震波的最佳条件，包括最合适的观测系统、组合形式和仪器的选择等。

2. 生产工作过程

1）测量

测量是地球物理探测工作的基础和先行，其主要任务是根据野外施工设计方案，应用测量设备和相应的测量方法，将勘探部署图上的点、线、网放样到实地，为物理勘探的野外施工、资料处理和解释提供符合一定要求的测量成果与图件。地震观测排列上的炮点和检波点的布设一般采用量距、红外测距、实时差分 GPS（Global Positioning System）等技术。

2)地震波的激发

陆上地震探测的震源类型：炸药震源和可控震源。

激发方式：炸药震源的井中激发、土坑等。

激发井深：潜水面以下 1~3m。

激发药量：几千克至十几千克。激发时必须严格做好安全警戒工作。

3)地震波的接收

在各检波点上准确埋置检波器，连通电缆，仪器操作员通知爆炸组进行激发，在发出爆炸信号的同时，启动记录系统。每天所获得的地震记录、填写的班报等原始资料经整理后交计算中心，进行资料处理。

3．干扰波调查

在生产实践中，通常采用以下几种观测方法来了解干扰波的类型、性质及特点。

1)小排列观测方法

采用 3~5m 道距、土坑爆炸的小排列观测方法，并使用不混波、不加振幅控制、宽频带等仪器因素进行连续观测，其目的是连续记录、追踪各种规则干扰波，分析并研究规则干扰波的类型和分布规律。

从图 5.19 中可以看到浅层折射波、声波和几组面波等规则干扰波。对记录数据进行量化分析，可以得到这些干扰波的视周期、视速度等基本特征参数。

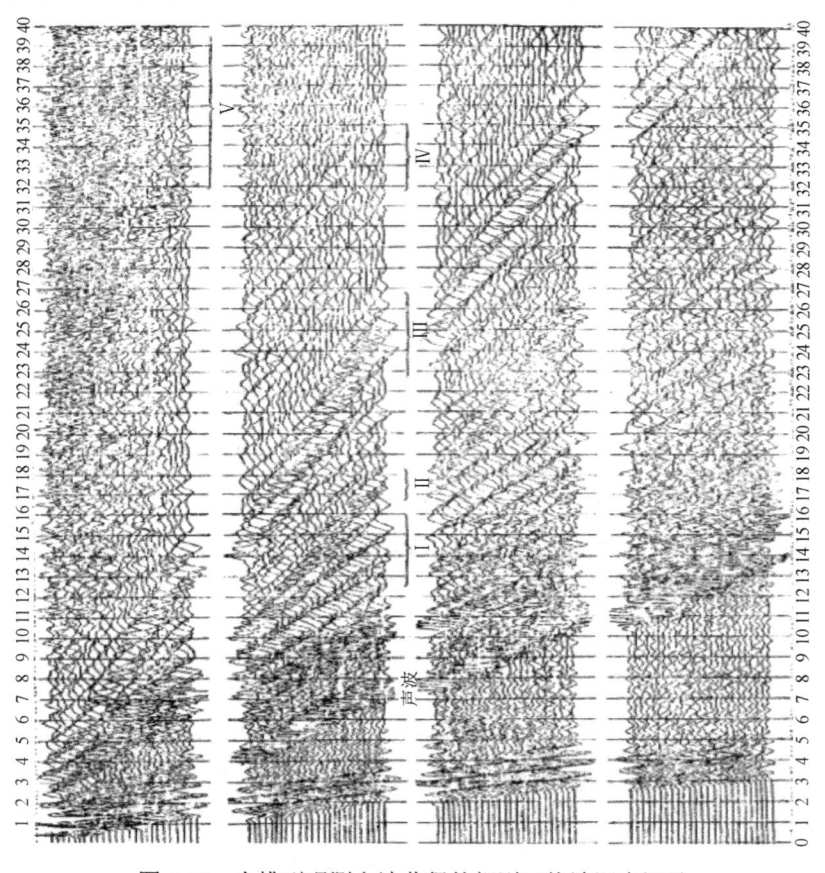

图 5.19　小排列观测方法获得的规则干扰波调查记录

2) 直角排列观测方法

直角排列观测方法示意图如图 5.20 所示，它适用于不知道干扰波的传播方向的情况。它将排列布置成 T 形 [见图 5.20（a）]，激发点 O 与 A 点之间有一定的距离，从地震记录 [见图 5.20（b）] 中求得两个方向各自的时差 Δt_1 和 Δt_2，在图上沿两个方向按一定比例尺标出矢量，各自的方向指向时间延长方向，求合矢量，其方向近似为干扰波的传播方向，如图 5.20（c）所示。

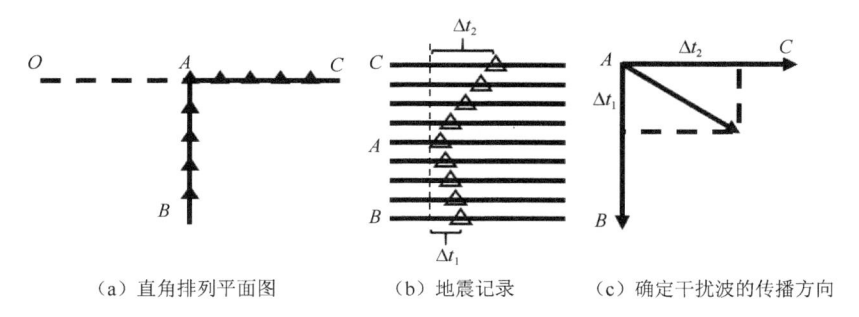

（a）直角排列平面图　　（b）地震记录　　（c）确定干扰波的传播方向

图 5.20　直角排列观测方法示意图

3) 三分量检波器观测法

在进行井孔地震 [（VSP-Vertical Seismic Profile，垂直地震剖面）、（CWS-Cross Well Seismic，井间地震）] 观测或地面多波勘探时，使用三分量检波器收到的记录，可识别波的类型和传播方向，以及提取多种地震参数。三分量检波器可视为在同一点上沿 3 个轴向安置 3 个垂直检波器，3 个轴向的取法可以是 x-y-z 正交型，也可以是 54°正交型。在分析三分量检波器的观测资料时，应抓住波的射线方向、质点振动方向和检波器轴向间的相互关系，并考虑某个波到达三分量检波器时引起的位移分量的大小及方向。

4) 环境噪声调查

在高分辨率地震探测中，环境噪声是主要噪声。环境噪声调查大致可分成以下 3 类：①环境噪声基本情况调查——用单个检波器，不滤波、不激发，在不同环境条件（如公路、堤坝、耕地、树林、居民点等）下记录噪声并分析记录的振幅谱；②组合对环境噪声的作用调查——在相同的条件下，分别采用组合与不组合方式，用同样数目的检波器进行记录，对观测结果做振幅谱分析，比较组合对噪声的衰减作用；③生产条件下的噪声调查——选择有代表性的记录分析初至波到达前的噪声振幅谱，对目的层附近的时窗做振幅谱分析，比较两者的振幅谱，估算不同频率的信噪比，有助于最佳采集参数的确定。

4．干扰波的类型和特点

1）规则干扰波

规则干扰波指具有一定主频和视速度的干扰波，如面波、声波、浅层折射波、侧面波等。

面波：地震探测中称为地滚波，存在于地表附近，其振幅随深度的增加呈指数级衰减。它的主要特点：①低频，几赫兹到 20Hz；②频散（Dispersion），速度随频率而变化；③低速，100～1000m/s，通常为 200～500m/s；④质点的振动轨迹为逆时针方向的椭圆。面波时距曲线是直线，记录呈扫帚状，面波能量的高低与激发岩性、激发深度及表层地震地质条件有关。

声波：在坑中、浅水池中或干井中爆炸，都会出现强烈的声波。声波是空气中传播的弹性波，速度在 340m/s 左右，比较稳定，频率较高，延续时间较短，呈窄带出现。

浅层折射波：当表层存在高速带或第四系下面的老地层埋藏浅时，可能观测到同相轴为直线的浅层折射波。

工业电干扰：当地震测线通过高压输电线路时，地震检波器电缆会感应到频率为50Hz的电压，形成整张记录或部分记录道上出现频率为50Hz的正弦干扰波。

侧面波：在地表条件比较复杂的地区进行地震探测时，常出现侧面波干扰。例如，在黄土塬地区，塬和沟的相对高差为几百米，塬和沟的交界为陡峻的黄土与空气的接触面，形成具有较大波阻抗的界面，记录上可能出现来自不同方向的、具有不同视速度的侧面波。在水平叠加剖面上会出现由地下大倾角界面产生的侧面波。

虚反射波：从震源先到达地面或浅水面发生反射，再向下传播到地下界面形成的反射波。

多次反射波：当地下存在大波阻抗界面时，可能产生多种形式的多次反射波，其特点与正常反射波的特点相似，时距曲线斜率较一次反射波的大。

2）无规则干扰波或随机干扰波

无规则干扰波主要是指没有一定频率，也没有一定传播方向的波，它们在记录上形成杂乱无章的干扰背景，包括微震（与激发震源无关的地面扰动统称微震），主要由于风吹草动、人畜走动、机器开动等外界因素随机产生。低频和高频干扰背景：在沼泽、流沙、泥潭等松散介质中激发地震波时，这些介质的固有振动构成低频（10~30Hz）干扰背景；在坚硬岩石中激发地震波时，地震波传到浅层不均匀体（如砾岩、多孔石灰岩等）中产生的散射构成高频（80~200Hz）干扰背景。低频和高频干扰背景的特点是在整张记录上出现，而且杂乱无章。

关于干扰波类型的小结：干扰波可分为规则干扰波和无规则干扰波两大类。规则干扰波包括：①沿水平方向传播的面波，沿垂直方向传播的多次反射波；②具有重复性的面波，不具有重复性的由于人为因素产生的干扰波。无规则干扰波也可以分为重复出现的，如由地表不均匀性引起的散射波；不重复出现的，如由风吹草动等自然因素引起的无规则干扰波。

5.4.2 海上施工简介

1．工作概述

海上地震探测作业示意图如图5.21所示。

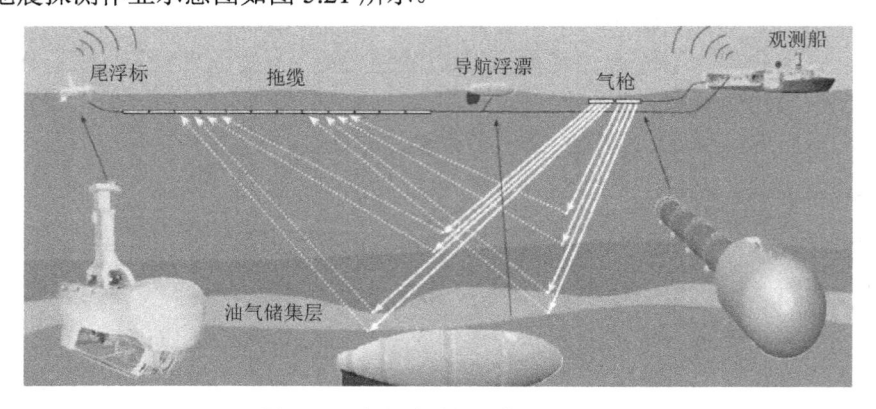

图5.21 海上地震探测作业示意图

海上地震探测把地震仪安装在船上，使用海上专用的电缆和检波器，在观测船航行中连续进行地震波的激发和接收。

海上地震探测具有如下特点。

（1）广泛使用非炸药震源，根据 HSE（Health－健康，Safety－安全，Environment－环保）的倡导，炸药震源已杜绝使用。

（2）比陆上更早实现了野外记录数字化。

（3）使用等浮组合电缆。

（4）单船作业，记录仪器和震源在同一艘船上，不需要采取松放电缆的措施就能保证连续工作。

（5）全部采用多次覆盖技术，且覆盖次数较多，等浮电缆的道数不断增加。

相对于陆上地震探测工作，海上地震探测工作的特殊性如下。

（1）观测船的前进速度为常数，使用多普勒声呐及时调节船速以保持船速恒定。船速受风浪、涌流等多种因素的影响。

（2）海流和激发点间距不均匀是影响多次覆盖的因素。海流导致电缆与测线往往具有一定的夹角，称为电缆偏角。

（3）需要进行导航定位。目前广泛使用卫星定位技术。

2．特殊干扰波

在海上地震探测中，可能观测到的干扰波主要有重复冲击波、交混回响（Reverberation）或鸣震（Ringing）、侧反射波、底波等。

1）重复冲击波

震源在海水中激发产生的气泡于静水作用下将产生胀缩运动（气泡效应），每次胀缩都可视为一个新震源。重复冲击波在记录上最明显的表现是在初至波到达以后的一定时间内，再次出现与初至波的视速度及方向相同的振动。选用合适的气枪沉放深度或采用无气泡蒸汽枪震源可避免重复冲击波的产生。

典型的重复冲击波记录如图 5.22 所示。

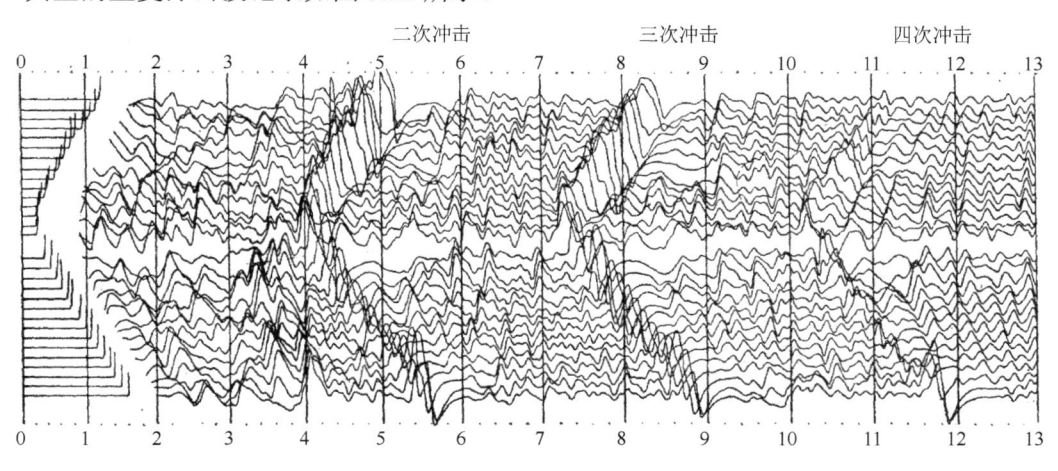

图 5.22 典型的重复冲击波记录

2）交混回响和鸣震

海面和海底是两个反射系数较大的界面，会形成多次反射；当海底起伏不平时，由于地震波的散射和水层内多次反射波相互干涉造成的干扰称为交混回响。图 5.23（a）所示为高频交混回响记录。如果海底是比较平坦的、反射系数比较稳定的界面，则进入水层内的能量会产生多次反射造成水层共振，称为鸣震，其记录如图 5.23（b）所示。

(a) 高频交混回响记录　　　　　　(b) 鸣震记录

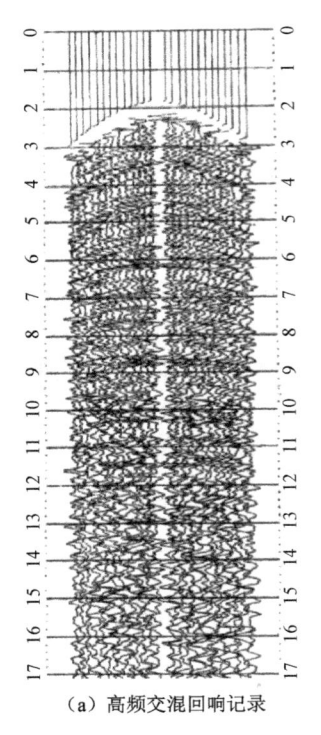

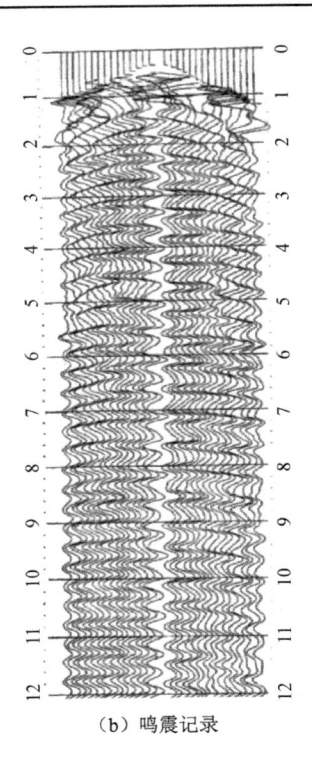

图 5.23　高频交混回响与鸣震记录

3) 侧反射波

侧反射波是由海底潜山、水下暗礁等产生的反射波，由于它不是石油勘探中的研究对象，因此成为一种干扰波。它的强度衰减较慢，以各种不同的视速度在整张记录上出现，有时可以连续很长。在三维地震探测中，使用全三维偏移技术可以使侧反射波准确归位。

4) 底波

底波是与海底界面有关的面波，在浅海域，当淤泥较厚时，经常观测到底波，其特点是频率较低、视速度较小，而且离开海底后其能量迅速衰减。

3. 海上震源

海上地震探测与陆地地震探测具有诸多差异，如震源、检波器、观测方式等。前面提到，目前海上地震探测主要使用非炸药震源，包括电火花震源、无气泡蒸汽枪震源、空气枪震源等。

1) 电火花震源

电火花震源是指利用高压电极在水中的放电效应，使其间的水介质形成通路，电极间放电产生的热能使海水汽化，对海水产生巨大的冲击力，激发出地震信号。

2) 无气泡蒸汽枪震源

无气泡蒸汽枪震源是指在海水中释放高温蒸汽造成振动。蒸汽在海水中迅速散热，并恢复其体积，可以消除气泡效应，并达到良好的地震效果。

3) 空气枪震源

将压缩空气在短暂的瞬间释放于水中，形成气泡，造成强烈的振动。它的工作原理：将空气压缩后送进气枪的气室，并达到一定的压力；工作时用电磁阀打开气室，其中的压缩空气迅速进入水中，形成气泡，产生振动。空气枪的主要类型：①按工作压力可分为高压枪和低压枪；②按用途可分为深水工作枪、浅水工作枪、泥枪、陆地枪等；③按结构可分为 BOLT 枪、G 枪、GI 枪、套筒枪、RLS-6000 高压枪等。空气枪震源的基本参数：①主脉冲；②峰峰值；③气泡比；④气泡周期；⑤系统压力；⑥工作压力；⑦空气枪总容量。

4．海上定位

1）无线电定位系统

无线电定位系统的实现需要岸台具备已知经纬度的岸台设备，并且能够通过发射无线电波与海上船只进行通信。岸台发射的无线电波的传播速度为常数，观测船接收无线电波并精确地确定其到达参数，由此可求得观测船相对于岸台的位置线（以岸台为圆心、$\rho=0.5V(t_2-t_1)$ 为半径作圆，观测船的可能位置就在该圆弧上，其中，t_1 和 t_2 分别为观测船发射与接收无线电波的时间），两条位置线的交点就是所求的观测船的位置。

2）卫星导航系统

卫星导航系统最显著的优点是不受离岸距离的限制，而且不分昼夜，并具有较高的精度。有效利用卫星导航系统进行定位，必须具有下列设备和条件：①要有足够的、轨道适当的导航卫星；②必须对卫星的运行进行跟踪并及时向卫星精确地预报其轨道参数，以提高定位精度；③卫星高速运行中发射的无线电波的频率有多普勒频移，必须采用专门的设备进行接收；④轨道参数和定位的计算都必须由电子计算机完成。

3）综合卫星导航系统

对海上地震探测工作来说，对导航定位的要求应当是在观测船上能实时计算航迹，并连续显示航线，以及能自动控制并记录地震震源的位置。为了全面地满足这些要求，当前主要采用由计算机控制并进行数据采集和处理的综合卫星导航系统。该系统在 1967—1970 年出现并逐步得到广泛应用，取得了良好的效果。该系统中包括用计算机使之与海洋物探设备连接起来的卫星接收机、多普勒声呐、陀螺罗经和劳兰 C，并实行自动控制。在卫星接收机测定的观测船的位置之间，使用多普勒声呐提供速度资料，使用陀螺罗经（或惯性导航系统）提供航向资料，由计算机适时地进行计算、校正并进行内插。

5.4.3 野外观测系统

1．地震测线的布设

地震测线的布设必须考虑地质任务、干扰波与有效波的特点、地表施工条件等诸多因素。具体有两个基本要求：①测线应为直线，保证所反映的构造形态比较真实；②测线应该垂直构造走向，其目的是更加真实地反映构造形态，为绘制构造图提供方便。

测线布设的原则：①正确地详细分析工区以前完成的全部地质-地球物理勘查结果；②主测线最好垂直于构造走向，联络线平行于构造走向，这样能更好地反映构造形态；③测线最好是直线；④测线的间距随着勘探程度提高，由疏至密；⑤如果工区有钻井，则地震测线最好通过钻井，以进行地震层位和钻井层位的对比。

1）区域概查阶段

区域概查一般在勘探程度低，未做过地震探测工作的地区进行，其地质任务是了解区域性地质构造的分布情况，确定含油气远景区或含油气盆地。布设测线的依据是从地质测量或重磁电物探资料中了解到的区域构造的初步资料，如构造线的方向、区域构造单元的预测范围等。布设测线的要求：在垂直区域地质构造走向的原则下，尽可能穿过较多的构造单元，测线尽量为直线，也可根据地表条件沿道路、河流布设；线距大小根据工区内区域地质构造规模的大小而定，一般为几十千米或近百千米。

2）区域普查阶段（路线普查）

区域普查一般在未做过地震探测工作的新区域开展区域调查。

（1）目的：研究区域地质构造特征（包括基岩的起伏、岩性、沉积厚度，沉积盆地边界；有利的含油气远景区及各级构造分布带）。

（2）测线布设：若干区域地震大剖面测线，且尽可能穿过较多的构造单元；线距一般为几十千米或几百千米。

（3）测网比例尺：$1:20 \times 10^4$。

3）面积普查阶段

地质任务：在含油气远景区寻找可能的油气储集层，研究地层分布规律，查明较大的局部构造。测网布置要求：此阶段测网布置较稀疏，通常以二维地震探测方式将测线布设为丰字形。具体要求：主测线垂直于构造走向，线距以不漏掉局部构造为原则，且不应大于预测构造长轴的一半，一般是十几千米。在构造顶部或断裂带部位，应适当加密测线，并做一定数量的联络线，联络线一般垂直于主测线，与主测线组成具有一定面积的测网。

面积普查阶段：对在区域普查阶段发现的含油气远景区进行调查。

（1）目的：研究地层分布规律，查明大的局部构造带（可能的储油构造）。

（2）测线布设：丰字形测网，一个局部构造有 3 条以上的主测线；联络线的线距可较大些。

（3）测网比例尺：$1:10 \times 10^4$ 或 $1:5 \times 10^4$。

4）面积详查阶段

地质任务：在已知构造单元上查明其构造特点，如分布范围、空间形态、目的层厚度、上下地层的接触关系、高点位置、闭合度、与相邻构造的关系、断层的大小及其分布等，提供最有利的含油气圈闭，为钻探提供井位。具体要求：主测线垂直于构造走向，二维地震探测的测网线距为 2～3km，也可根据需要直接进行三维地震探测。

面积详查阶段：对面积普查阶段发现的局部构造进行详查。

（1）目的：研究已知构造的地质构造特点，提供最有利的含油气圈闭。

（2）测线布设：主测线线距在 1km 左右，联络线线距为 2～4km，测线较密，形成的测网可以严格控制局部构造的探测。

（3）测网比例尺：$1:5 \times 10^4$ 或 $1:2.5 \times 10^4$。

5）构造精查细测阶段

地质任务：在含油气圈闭工作的基础上，弄清油气藏的具体地质特征，为油气藏描述提供基础资料。测网布置要求：此阶段通常以三维地震探测为主，二维地震探测测网的线距一般为几百米到 1km。

（1）目的：在面积详查阶段的基础上，查明构造的细部、构造高点位置、圈闭的闭合度、小断层的特征分布并了解油气水的分布关系，为钻探提供井位。

（2）测线布设：以三维地震探测测网为主，线距小、测线密。

（3）测网比例尺：$1:2.5 \times 10^4$ 或 $1:1 \times 10^4$ 甚至 $1:5000$。

2. 观测系统的图示方法

1）一次覆盖的简单观测系统及其图示

排列的概念：震源与检波器组中点位置（中心道）之间的关系（在同一工区，此关系应不变）。

排列的类型（二维）：纵排列（端点激发排列、中间激发排列）、非纵排列、交叉排列。

绘制步骤：①根据实际距离选定比例尺，将地表测线以 Δx 为间隔划分刻度；②从激发点出发，向接收排列方向倾斜并与测线成 45°画直线（实线或粗实线）；③从各接收点出发，与测线成 45°画直线（虚线或细实线）；④将所有炮的排列线用上述方法画成，就可得到观测系统综合平面图。

2）多次覆盖观测系统及其图示

一次覆盖或多次覆盖（Multiple Coverage）指对被追踪的界面所观测的次数。例如，对同一界面追踪两次，称为两次覆盖。在野外施工中，每激发一次，排列和激发点向前移动的道间距数 d 为 $NS/2n$。其中，N 为排列接收道；n 为覆盖次数；S 在一端激发时等于 1，两端激发时等于 2。

3. 4 种道集记录

在多次覆盖观测系统的综合平面图上，可以构成 4 条不同方向的线，得到相应的 4 种道集记录。

（1）共激发点记录。从激发点出发的 45°斜线代表一个排列，在此线上，所有的接收点有共同的激发点，属于同一激发点的各道记录，称为共激发点记录。

（2）共接收点记录。从接收点出发的 45°斜线代表地面同一接收点位置，此线上不同激发点的所有道都是同一地面接收点，由此组成的记录称为共接收点记录。

（3）共炮检距记录。与激发点线平行的水平线代表等炮检距的情况，各接收点的炮检距都相等，由此形成的记录称为共炮检距记录。

（4）共中心点记录。垂直于共炮检距线的垂线代表共中心点（界面水平时为共反射点或共深度点）的位置，此线上各点接收来自地下同一反射点的反射，由此组成的记录称为共中心点记录。

4 种道集记录在地震探测中被广泛使用。例如：①共激发点记录和共接收点记录分别用于求取激发点与检波点的静校正量；②在野外作业中，通过显示共激发点记录实现记录质量的监控；③在资料处理中，首先需要对共激发点记录进行抽道集而得到大量的共中心点记录，然后进行速度分析、动校正、水平叠加或偏移归位等处理，最终得到用于资料解释的成果数据；④在进行速度分析或某些偏移处理时，为了增加数据量或提高处理质量，需要抽取共炮检距记录，用于特殊分析和处理。

5.4.4 地震波的激发和接收

1. 地震波的激发

1）对激发的基本要求

（1）激发的地震波要有足够的能量，以利于用反射波法查明地下数千米深度范围内的一整套地层的构造形态。

（2）激发产生的有效波与干扰波在能量、频谱特性等方面要有明显的差异，有利于记录有效波。

（3）激发的地震波要有较强的分辨能力，满足精细地震探测和开发地震的要求。

（4）在同一工区内，要求使用的震源类型、激发参数（激发岩性、激发井深、药量等）、记录特征等保持基本一致，即保证记录面貌的一致性和稳定性。

2）炸药震源

药量、爆炸介质的岩性、激发井深、药包形状及其与爆炸介质的耦合等因素对地震波的形状、振幅、频率等有重要的影响。

地震波的振幅 A 与药量 Q 的关系遵循以下规律：$A \propto Q^{m_1}$。其中，当 Q 较小时，m_1 为 1～1.5；当 Q 较大时，m_1 为 0.2～0.5。

地震脉冲波的周期 T_a（或主频 f_m）与 Q 的关系为

$$\left. \begin{array}{l} T_a = CQ^{1/3} \\ f_m = CQ^{-1/3} \end{array} \right\} \tag{5.44}$$

式中，C 为比例系数。式（5.44）表明，药量越大，地震脉冲波的周期越大，主频越低。

实践表明，药包形状为球状效果最佳，长柱状药包的效果差一些。

实验表明，爆炸介质的岩性对所激发的地震脉冲波也有影响，如在低速疏松岩石中激发时产生的振动频率低，在坚硬岩石中激发时产生的振动频率偏高，在胶泥、泥岩中或潜水面以下激发时产生的振动频率比较适中。

另外，实验还表明，爆炸能量与爆炸介质之间的耦合关系影响波的能量，爆炸能量与爆炸介质存在几何耦合和阻抗耦合关系。当药包的直径与爆炸井的直径接近时，几何耦合为100%。炸药的特性阻抗（炸药密度×炸药起爆速度）与爆炸介质的特性阻抗（岩石密度×岩石中纵波的传播速度）的比值称为阻抗耦合。当该比值等于 1 时，激发地震波的能量最高。

3）非炸药震源

地震探测使用的非炸药震源有气动震源、重锤及可控震源等，其中，可控震源的使用最为广泛。

为了说明可控震源的工作原理及优点，下面首先讨论关于提高地震波能量的问题。根据脉冲信号总能量的计算公式可知，一个延续时间为 $dt = t_2 - t_1$ 的地震脉冲 $S(t)$ 的能量 E_S 为

$$E_S = \int_{t_1}^{t_2} S^2(t) dt \tag{5.45}$$

显然，E_S 的大小与信号的振幅有关，也与信号的延续时间有关。因此，要提高有效波的能量有两个途径：①增大振幅，如适当加大药量，但受到一定的限制；②延长信号的延续时间，但信号的延续时间过长又会减弱地震探测的分辨能力。

基于相关分析原理的脉冲压缩记录方法，即连续振动法：向地下输入一延续时间很长的脉冲信号，记录的地震响应在资料处理阶段将其压缩成短脉冲，从而达到既提高信号能量，又不减弱地震探测的分辨能力的目的。

可控震源使用液压驱动的震动器装置，将不同的压力作用在底盘钢板上，钢板是利用车辆自身的质量与地面紧密耦合的，压力的变化过程满足

$$p(t) = A(t)\sin 2\pi t\left[f_1 + (\mathrm{d}f/\mathrm{d}t)t\right] \tag{5.46}$$

式中，$\mathrm{d}f/\mathrm{d}t$ 可正（升频扫描）可负（降频扫描），如果是线性扫描，则为常数；$A(t)$ 为振幅；f_1 为起始频率；频率 $f = f_1 + (\mathrm{d}f/\mathrm{d}t)t$ 的变化范围为 12~60Hz，扫描长度一般为 7~35s。可控震源的工作原理如图 5.24 所示。

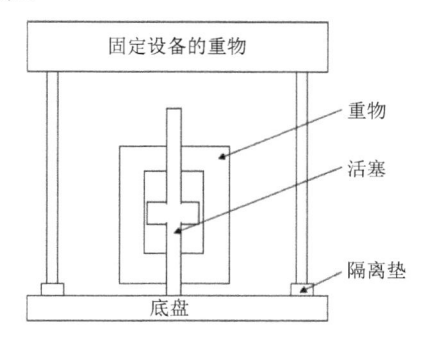

图 5.24 可控震源的工作原理

可控震源往地下发射的是一个延续时间较长、频率随时间变化的"简谐信号"。目前用于地震探测的线性扫描信号为

$$\sin ft = \sin(f_1 \pm at)t \tag{5.47}$$
$$f = f_1 \pm at \tag{5.48}$$

式中，f 为 t 时刻的扫描频率；a 为扫描速率，即扫描频率每秒变化多少赫兹。其中的正号表示扫描频率随时间逐渐升高——升频扫描，负号表示扫描频率随时间逐渐降低——降频扫描。

与炸药震源相比，可控震源的突出特点如下。

（1）不产生地层不传播的振动频率，从而节约能量。炸药震源记录的地震波具有带限频率，而可控震源则可以根据地层特性选择损耗最低、最适合地层传播的频带作为扫描频带。

（2）不破坏岩石，不消耗能量于岩石的破碎上。可控震源冲击地面的力量一般是 5~15t（1t=1000kg），对岩石的破坏较小。

（3）抗干扰能力强。

（4）可控震源引起的地面损害小，特别适用于居民稠密的工区，但缺点是结构庞大复杂，对于地表复杂的地区使用不便。

2．地震波的接收

1）接收的基本要求

（1）具备强大的信号放大功能，对微米量级的地面位移进行可变倍数放大。

（2）记录的原始地震资料要有良好的信噪比，地震仪器必须有频率选择功能。

（3）具备足够的动态范围，地震波在地层内传播时，由于波前的扩散、界面的透过损失、介质的吸收等原因，其能量表现为浅层很高、深层很低。在地震探测中，把地震波振幅大小差别的变化范围称为地震波的动态范围。

（4）记录的原始地震信息具有较强的分辨能力，即具有在地震记录上区分某地层顶/底反射波的能力。在仪器设计方面，应该合理选取仪器参数，使仪器的固有振动延续时间不要太长，具有较强的分辨能力。

（5）对记录仪器的一些技术要求：要求仪器是多道的，且各道应是高度一致的；原始记录长度应是任意的，但必须大于 5s；把记录数据准确地传输到计算机处理中心，便于进行各种分析与处理；具有精确的计时装置，便于地震资料的地质解释；地震探测野外作业的自然环境千变万化，要求地震仪器在结构上具备轻便、稳定、耗电低、操作简单、维修方便等特点，还能经得起颠簸和恶劣的气候变化等。

2）地震检波器

地震检波器是安置在地面、水中或井下以拾取大地震动的地震探测器或接收器，其实质是将机械振动转换为电信号。

（1）动圈式地震检波器。

动圈式地震检波器的机电转换通过线圈相对于磁铁往复运动实现。

动圈式地震检波器示意图如图 5.25 所示。

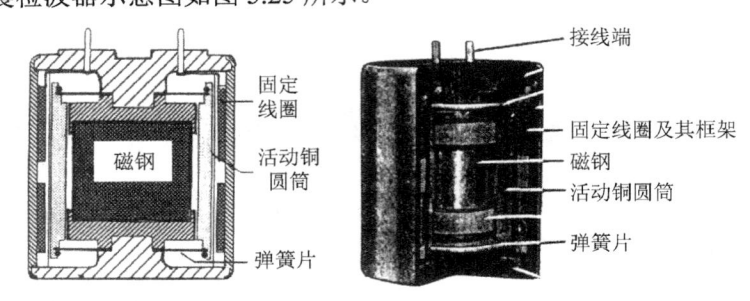

图 5.25　动圈式地震检波器示意图

（2）涡流地震检波器。

涡流地震检波器是由美国 OYO 公司于 1984 年研制的一种检波器，如图 5.26 所示。它是利用惯性部件和固定在机壳里的永久磁场做相对运动产生涡流，涡流又使固定在机壳里的线圈感应出电流的原理制成的。

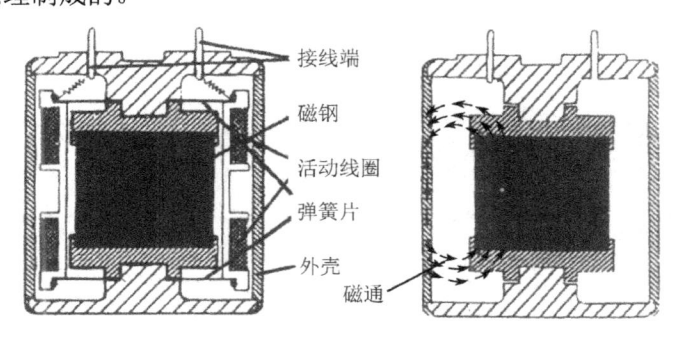

图 5.26　涡流地震检波器示意图

（3）压电式水听器。

压电式水听器用压电晶体或类似的陶瓷活化元件制成的薄片作为压力传感元件，当薄片受到外力（如水压变化）作用时发生弯曲，在薄片的两面产生电压差，其每面上都有薄的电镀层和电路连接，用来测量这个电压差，该电压差与瞬时水压（与地震信号有关）成正比。在海洋地震探测中，压电式水听器通常安置在一条或多条拖缆内，拖缆拖在观测船船尾，距水面的深度为 10~20m。压电式水听器示意图如图 5.27 所示。

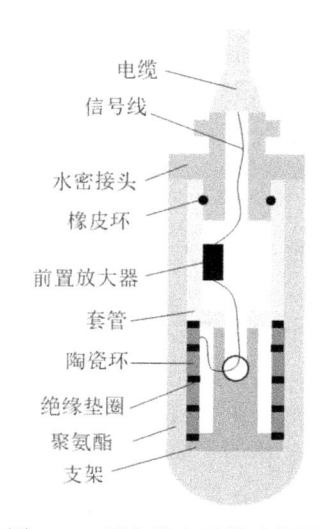

图 5.27　压电式水听器示意图

（4）数字检波器。

被成功研制出的数字检波器产品有美国 I/O 公司的 VectorSeis 和法国 SERCEL 公司的 ViborSeis。这种检波器利用硅片受到振动会发生相对形变，从而改变控制电路电压的机理，将这一变化的电压放大并数字化，彻底改变了地震探测使用了几十年的以机电转换为主的传感器。

由于加速度型数字检波器采用微电子技术（MEMS-Micro Electron Mechanical Systems，微电子机械系统），因此硅片的质量小、失真小、对振动非常敏感，加上微电子线路的整形，动态范围大。另外，它利用电子线路来识别检波器的方位，用软件区分不同方向的波，省去了过去三分量检波器用水泡来定位的麻烦，提高了矢量保真度（每个分量互相耦合的信号量度）。

数字检波器（见图 5.28）的所有线路都利用光刻工艺制造，线路稳定性能好。使用这种检波器将大大简化野外采集站的功能，减小体积，提高野外施工效益，为多波多分量勘探提供了工具。

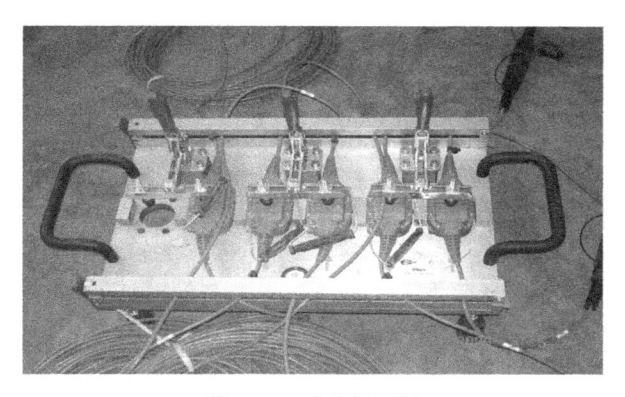

图 5.28　数字检波器

5.4.5　低速带测定与静校正

1. 低速带的存在及影响

低速带测定在地震探测的野外工作中又称表层调查、低速带调查。在地表附近一定深度范围内,地震波的传播速度往往比其下面地层的传播速度小得多,该深度范围的地层称为低速带。某些地区,在低速带与相对高速带之间,还有一层速度偏低的过渡区,称为降速带。

低速带参数:层数、厚度、传播速度等。

低速带测定是野外工作的重要内容之一,准确测定低速带参数有助于地震资料的静校正,满足地震探测原理的基本假设条件。

我国东西部地区低(降)速带的差异很大,西部地区由于表层结构的复杂性,低(降)速带测定存在的问题如下。

(1)山地地形起伏较大,小折射排列摆放困难,密度难以保证。

(2)山前洪积扇表层砾石较厚,追逐放炮困难,很难追踪相对稳定的高速带。

(3)表层砾石堆积巨厚,大部分微测井难以打到高速带。

(4)工区内表层结构复杂,基于折射波理论的小折射解释精度有所下降。

综上所述,在地面地震探测中,复杂多变的低(降)速带的存在对地震波能量有强烈的吸收作用,并且会产生散射及噪声,还会导致反射波旅行时显著增大。由于低速带的厚度和传播速度都会沿测线方向变化,因此造成反射波时距曲线形状的畸变,即得到非标准双曲线型。为了校正低速带的存在对地震波传播时间和其他特点的畸变影响,就要对低速带的厚度、传播速度进行测定,为进行必要的校正提供处理参数。

2. 低速带测定的基本方法

低速带测定的基本方法一般分为地震探测方法和非地震探测方法。

地震探测方法常用的有浅层折射法、微地震测井法,近几年又发展了反射法和面波法,以及大折射、深井微测井、小折射结合大炮初至的方法与基于初至的回折波法和层析反演法等。

非地震探测方法常用的有地面地质调查、地质雷达、大地电磁测深等方法。

1)浅层折射法

浅层折射法(时距曲线法)的基本原理与5.3.3节中折射波法的基本原理相同。

2)微地震测井法

通过钻井实现井中接收、地面激发或井中激发、地面接收,或者一井激发另一井接收的双井微测井,利用记录的透射波初至求取表层厚度模型、介质模型与透射波垂直旅行时的对应关系,如图5.29所示。其中,每个速度层对应一条线段,其斜率为该层的层速度。不同速度层对应的斜率不同,两线段的交点对应介质的界面。

双井微测井:布设两口深40m的井,其中,一口为激发井,另一口为接收井,井间距为6m。在接收井井底埋置一个检波器以接收信息;在激发井中布设40个激发点,间隔1m,统一采用5发雷管串联激发,地震记录如图5.30所示。

根据双井微测井地震记录进行资料解释,6.6m和20.2m处为不同速度层界面,分别解释为低速底界面和高速顶界面。

深井微测井的井深一般为60~300m;激发和接收方式通常采用井中激发、地面接收;震源为雷管或小炸药;激发点距:0~30m井深的点距为2m,30~60m井深的点距为3m,60~100m井深的点距为4m,100~200m井深的点距为5m,200~300m井深的点距为6m;接收点十字排开,偏移距为0~55m,点距为5m,点点实测。

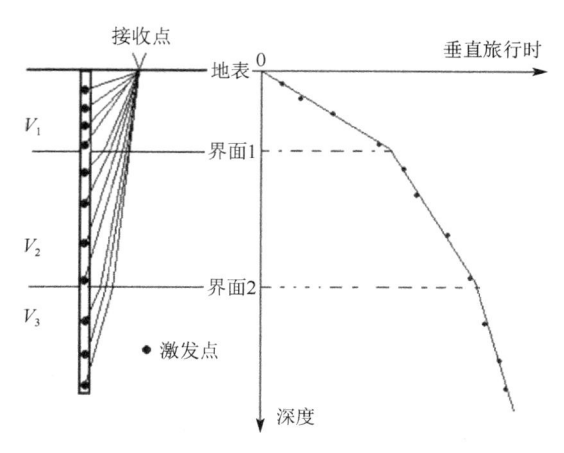

图 5.29 微地震测井原理示意图 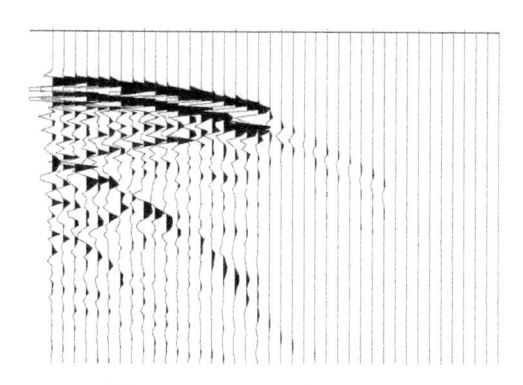　　　　图 5.30 双井微测井地震记录

深井微测井资料的解释工作如下。

（1）原始资料初至拾取：拾取各炮初至，并进行分析对比，选取质量较好的初至。

（2）垂直校正：读取的初至时间是从激发点 O 到接收点 A 的时间 t_a，由于接收点与深井之间有一定的距离（d），因此从激发点到接收点的射线路径并不是垂直的，如果地下为均匀介质，则 t_a 是波沿 OA 传播的时间，需要换算为沿 OB 传播的垂直时间 t_b。

（3）制作时深曲线：根据垂直时间 t_b 和对应的深度 h，可以将其绘在 t-h 坐标图上，得到透过波垂直时距曲线与时深曲线本质上完全相同，实际测井时，由于接收器沿深度方向排列，因此一般称为时深曲线。根据曲线斜率的不同，划分出不同的速度层，完成深井微测井资料解释。

3）其他方法

对于低速带测定，还有其他方法，如层析成像法和地质雷达法等。

（1）层析成像法。

层析成像法的原理是建立在对地层进行网格化的基础上的，利用最小旅行时射线路径的全局算法，即利用费马原理与网络理论构建网络中的最小旅行时树，可以同时计算出与某点震源相关的所有初至旅行时及相应的射线路径；波速模型的复杂性（包括横向或纵向速度变化剧烈的情况）与维数不会影响算法的实现，而且所得初至旅行时保证了全局最小的特性，算法高效灵活。层析成像法采用非线性反演理论，其解不依赖初始模型。该方法适用于各种复杂地区，是解决复杂地区长波长静校正问题最有效的方法之一。但该方法成本较高，小道距施工，对于小折射要求，只有多道仪器才能满足；而对于大道距，其数值太大会影响反演精度。该方法的反演精度依赖初至拾取的准确度。

（2）地质雷达法。

地质雷达（Ground-Penetrating Radar，GPR）法是利用超高频（$10^6 \sim 10^9$Hz）脉冲电磁波探测地下介质分布的一种地球物理探测方法，其工作原理是，利用天线发射超高频脉冲电磁波，而用另一天线接收反射回来的电磁波，根据反射波的波形及波的强弱确定地下介质的分布情况。

地质雷达法在工程勘探中得到了较为广泛的应用，但是电性界面和波阻抗界面存在差异，使得该方法在地震探测静校正领域的应用还处于试验阶段，有待进行进一步的研究和开发。

3．静校正

静校正一般分为野外（一次）静校正和剩余静校正。

剩余静校正的内容在"数字处理方法"课程中介绍，这里只介绍一次静校正。利用野外实测的表层资料直接进行的静校正称为一次静校正，也称为基准面静校正。具体方法：人为选定一个海拔高程作为基准面，利用野外实测得到的各点高程、低速带的厚度/波速或井口时间等资料，将所有激发点和检波点都校正到此基准面上，用基岩波速替代低速带波速，从而去掉表层因素的影响。一次静校正包括井深校正、地形校正及低速带校正等。

1）井深校正

井深校正是指将激发源的位置由井底校正到地面，有以下两种方法。

（1）τ 值时间或井口时间校正：在地表较平坦的地区，静校正简化为井深校正。具体实现时，在激发井口附近安置一个 τ 值检波器，记录从井底到井口的直达波传播时间 τ。把每炮实际记录的旅行时加上 τ 值就完成了井深校正。

（2）根据已知的表层参数及井深数据，按以下公式计算井深校正量：

$$\Delta \tau_j = -\frac{h_0}{V_0} \tag{5.49}$$

式中，V_0 是低速带波速；h_0 是激发井深。因为井深校正总是向时间增大的方向校正，所以此式前面取负号。

2）地形校正

地形校正是指将测线上位于不同地形处的激发点 S 和检波点 R 校正到基准面上。激发点 S 在基准面上的高程为 h_S，激发点 S 处的地形校正量为 $\Delta \tau_S = h_S/V_0$，而检波点 R 处的地形校正量为 $\Delta \tau_R = h_R/V_0$，故此道（第 j 炮第 n 道）总的地形校正量为

$$\Delta \tau_{jn} = \Delta \tau_S + \Delta \tau_R = \frac{1}{V_0}(h_S + h_R) \tag{5.50}$$

地形校正量有正有负，通过 h_S、h_R 的正负体现出来。通常规定测点高于基准面时为正，低于基准面时为负。

井深校正与地形校正原理示意图如图 5.31 所示。

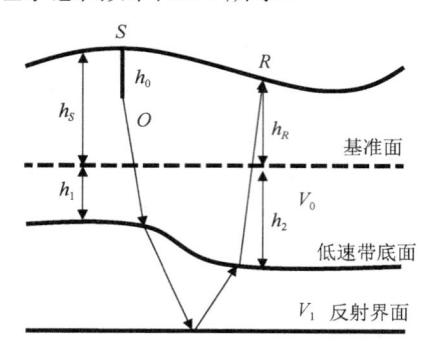

图 5.31 井深校正与地形校正原理示意图

3）低速带校正

低速带校正用于消除将基准面下的低速带弹性波速度用基岩速度 V_1 代替造成的旅行时影响。在激发点处求取低速带校正量的公式为

$$\Delta \tau'_j = h_j \left(\frac{1}{V_0} - \frac{1}{V_1} \right) \tag{5.51}$$

式中，下标 j 表示任意激发点位置；h_j 表示激发点处的基准面到低速带底面的高程。在检波

点处求取低速带校正量的公式为

$$\Delta \tau'_n = h_n \left(\frac{1}{V_0} - \frac{1}{V_1} \right) \tag{5.52}$$

式中，下标 n 表示任意检波点位置；h_n 表示检波点处的基准面到低速带底面的高程。

综合考虑激发点和检波点处的低速带校正量，此道总的低速带校正量为

$$\Delta \tau'_{jn} = \left(\frac{1}{V_0} - \frac{1}{V_1} \right)(h_j + h_n) \tag{5.53}$$

因为基岩速度 V_1 总是高于低速带弹性波速度 V_0，所以低速带校正量总为正。第 j 炮第 n 道的总一次静校正量为

$$\begin{aligned}
\Delta t_{\text{静}} &= \Delta \tau_j + \Delta \tau_{jn} + \Delta \tau'_{jn} \\
&= -\frac{h_0}{V_0} + \frac{1}{V_0}(h_S + h_R) + \left(\frac{1}{V_0} - \frac{1}{V_1} \right)(h_j + h_n) \\
&= \frac{1}{V_0}(h_S + h_R + h_j + h_n - h_0) - \frac{1}{V_1}(h_j + h_n)
\end{aligned} \tag{5.54}$$

用计算机进行一次静校正，只需将各激发点和检波点的高程，以及低速带的厚度/波速、井口时间等资料输入计算机，专用处理模块会按公式自动计算相应的静校正量，并按静校正量的正负和大小将整道记录向前或向后"搬家"。

5.5 井中声波

研究弹性波在井孔附近一定范围内介质中的传播特性的测井方法称为**声学测井**。声学测井与地震探测虽然都建立在弹性理论基础之上，但两种探测技术有着完全不同的概念。首先，声学测井所用的弹性波并不是由震源产生的，而是一种由声源产生的频率在几千赫兹以上的高频声波，且与地震震源的能量相差极大；其次，声学测井测量的既不是反射波，又不是折射波，而是一种沿壁滑行的滑行波；最后，声学测井的探测范围十分有限，只能探测井孔附近数十厘米范围内介质的特性。声学测井发射的声波能量较低，作用在岩石上的时间也较短，故对声学测井来说，岩石可看作弹性体。因此，研究声波在岩石中的传播规律可以应用弹性波在物质中的传播规律。

由于不同岩石的弹性力学性质不同，因此其声波的传播速度、衰减规律不同，即声波在不同介质中传播时，其速度、幅度衰减及频率变化等声学特性是不同的。声学测井在井内发射声波，使声波在地层或井内的其他介质中传播，测量声波在传播时的速度或幅度变化。声学测井可以用于确定岩性、地层弹性参数，计算孔隙度，判断气层，检查固井质量等。

声学测井主要分为两大类，即声速测井和声幅测井。声速测井是测量声波在地层中的传播速度的测井方法。声波在岩石中的传播速度与岩性、孔隙度及孔隙流体的性质有关，因此，研究声波在岩石中的传播速度或传播时间，就可以确定岩石的孔隙度，判断岩性和孔隙流体的性质。声幅测井是研究声波在地层或套管内传播过程中幅度的变化，从而认识地层及固井水泥胶结情况的一种声学测井方法。

5.5.1 井筒声学测量的基本概念与发展趋势

声学测井最早于 20 世纪 30 年代被应用于测量地层纵波速度。最早的声学测井仪器是将

声学检波器连接在缆绳上垂入井中，通过测量由地面声源发出的声波到达声学检波器的时间来确定地层纵波速度。后来，声源与接收器被一同并入声学测井仪器并送入井下进行作业。

图 5.32 展示了声学测井仪器的演变过程。最早也是最简单的声学测井仪器只由单个发射器与单个接收器组成[见图 5.32（a）]；后来，为了减小仪器倾斜与井孔半径不均匀给测量带来的影响，声学测井仪器引入了更多的发射器与接收器来减小误差[见图 5.32（b）、（c）]。

在最初的地层声速测量中，人们用接收器收到由发射器发出的声波信号首波到时来直接计算地层纵波速度。后来，随着电子信息技术的发展，声学测井仪器可以搭载阵列接收器并接收与存储一段时间里的声波信号[见图 5.32（d）]，这也使得人们可以通过声学测井仪器获得更加丰富的地层信息，提高测量精度与空间分辨率。声学测井仪器的设计理念与有关的信号处理技术也因此发生了巨大改变。除用沿井轴方向排布的阵列接收器代替单个接收器以外，声学测井仪器还引入了声学隔离器用于减小在仪器结构内部传播的声波对信号接收的影响。目前主要的声学隔离方法是通过在接收器与发射器之间设计凹槽并结合声吸收材料来衰减仪器内部传播的声波。而随着对井孔声波研究的深入，人们可以从更多种类的井孔模式波中分析出所需的信息。为了满足更多实际工程的需要，沿井轴方向排布的，同时沿不同方位角排布的二维接收器阵列开始在较新的声学测井仪器上配置[见图 5.32（e）]。

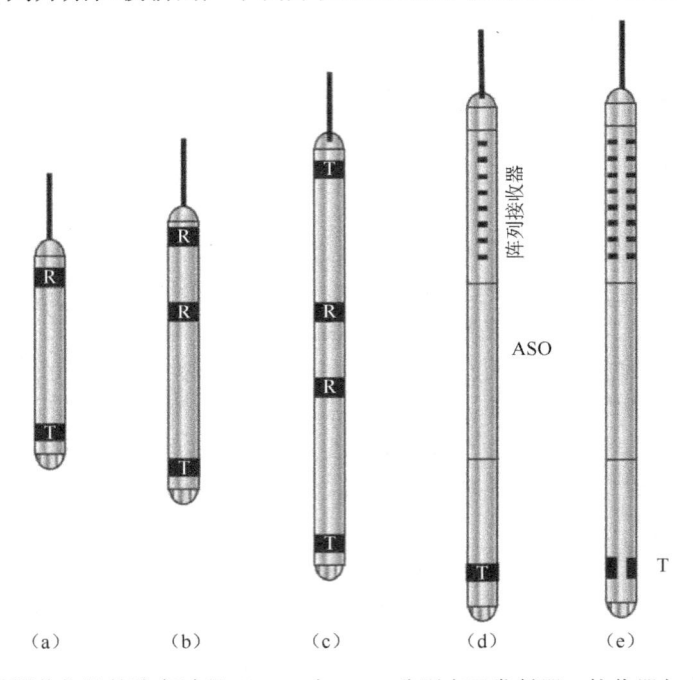

图 5.32　声学测井仪器的演变过程（T、R 与 ASO 分别表示发射器、接收器与声学隔离器）

在最新的声学测井仪器中，为了满足各种测井需求，仪器上会设置不同类型的多个声源（单极子、偶极子和四极子，如图 5.33 所示），并通过设置多组声源来得到不同源距下的接收结果。

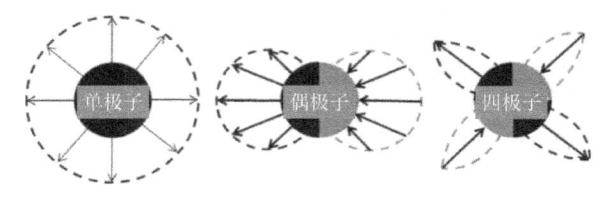

图 5.33　不同类型声源示意图

单极子声源激发的声场沿周向是对称的，主要用于测量快地层（横波速度高于井中流体声速的地层）的纵波与横波速度。偶极子与四极子由于激发声场的不对称性，可激发出弯曲波用于测量快速或慢速地层的横波速度。除此之外，对于超声波（频率超过 100kHz）测井，其声源具有很强的方向性（能量集中于某个方向），主要应用于方位成像。

所谓源距，就是指声源到与它最近的接收器的距离。较大的源距可以使具有不同相速度的不同井筒模式波更清晰地分离开，但由于具有较长的传播距离，接收信号的信噪比会降低。

对于阵列接收器，还有一个重要的仪器指标——接收器间距。较小的接收器间距可以获得较高的空间分辨率，但是较小的接收器阵列长度会降低测量精度。

从实际生产应用的角度来看，目前声学测井的发展主要集中于两个方向：一个是套管井声学测井，另一个是随钻声学测井（Acoustic Logging-While-Drilling，ALWD）。套管井环境（见图 5.34）指的是实际生产中为了保证生产安全，需要在井中下金属套管，并将金属套管与地层用水泥胶结，在有些应用场景下甚至会出现多层套管的情形。为了保证生产安全，进行水泥胶结质量的评价是非常重要的，而声学测井目前是最有效的固井质量评价方法。随钻声学测井是 20 世纪 90 年代发展起来的一种与实际钻井工程同时进行的测井方法。它们的共同点在于，实际应用场景的物理模型沿井径方向介质分层变化，结构复杂，因此声场特征复杂，难以分辨，并且很多有用信号的强度较弱，难以提取。目前，很多测井领域的专家学者和工程师都在努力利用电子信息技术解决在套管井声学测井与随钻声学测井中的难题。其中，信号处理与人工智能相关技术在声学测井中的应用极大地促进了行业的发展，电子信息技术与传统地球科学领域应用的结合展现出光明的前景。

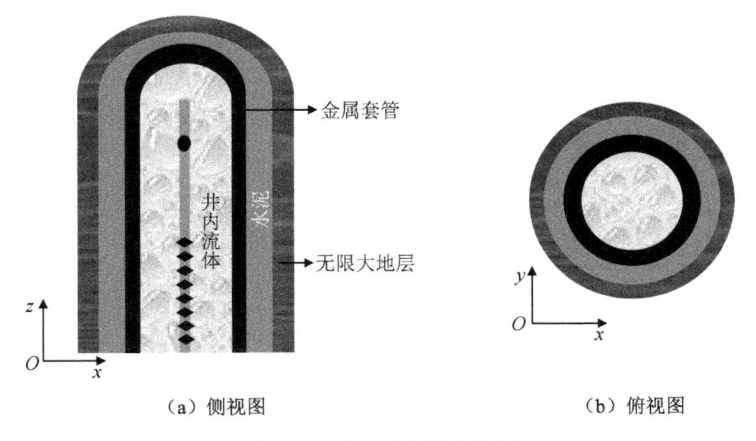

（a）侧视图　　　（b）俯视图

图 5.34　套管井结构示意图

5.5.2　井筒声场的特征

在裸眼井中，用单极子仪器进行测量时，接收换能器可以收到声波全波列的成分，包括滑行纵波（P 波）、滑行横波（S 波）、伪瑞利波（pR 波）和斯通利波（ST 波）等。这些成分有着各自的物理意义，产生的原因各不相同，且各自依据自己的特性进行传播。最终收到的波形是这些波的叠加。图 5.35 给出了用单极子仪器进行测量时，模式波的传播路径及波形特征。

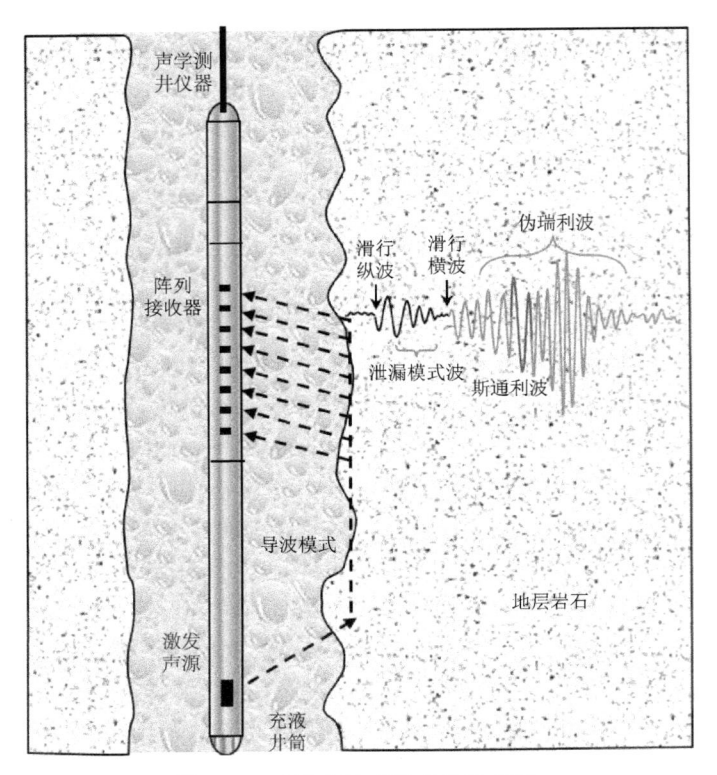

图 5.35 声波全波列的成分示意图

1. 滑行横波与滑行纵波

前面引入了折射定律并介绍了在不同介质界面上会产生的滑行波。而在声学测井的应用场景中,由于不同介质界面的存在,会产生滑行横波与滑行纵波。根据折射定律,产生滑行横波与滑行纵波的临界角分别为

$$i_p = \arcsin \frac{v_1}{v_p} \tag{5.55}$$

$$i_s = \arcsin \frac{v_1}{v_s} \tag{5.56}$$

式中,产生滑行纵波的入射角称为第一临界角 i_p;产生滑行横波的入射角称为第二临界角 i_s;v_1 为井内流体速度;v_p 为地层纵波速度;v_s 为地层横波速度。

常见测井环境下的滑行波临界角如表 5.2 所示。

表 5.2 常见测井环境下的滑行波临界角

岩层	纵波速度/(m/s)	横波速度/(m/s)	第一临界角	第二临界角
泥岩	1800	950	63°42′	不产生滑行横波
砂层(疏松)	2630	1518	37°28′	不产生滑行横波
砂岩(疏松)	3850	2300	24°33′	44°05′
砂岩(致密)	5500	3200	16°55′	30°00′
石灰岩(骨架)	7000	3700	13°13′	25°37′
白云岩(骨架)	7900	4400	11°41′	21°19′
钢管	5400	3100	17°14′	31°04′

滑行波不是均匀波，其 63%的能量集中在 1 个波长内，3 个波长内的能量占 98%，这就决定了声速测井的探测深度，大约是 1 个波长，为 0.2~0.3m，相当于储集层的冲洗带厚度。其中，滑行纵波往往是测井数据中的首波，它的幅度较小，基本无频散（相速度不随频率而变化）；而滑行横波则往往是次首波，其幅度比滑行纵波的幅度大，且同样无频散。

2. 伪瑞利波

伪瑞利波在井下地层与井内液体界面上产生，沿地层表面传播，并不断向液体内泄漏能量；质点的运动轨迹是椭圆，短轴在井轴方向，长轴垂直于井轴。但与滑行横波一样的是，伪瑞利波仅在快地层中出现，不会在慢地层中出现。伪瑞利波紧跟在横波后，无明显的波至点，很难提取，其波速与横波的相近，幅度不大，对横波来说是噪声。伪瑞利波的频散曲线如图 5.36 所示。可以看出，伪瑞利波有频散，其相速度随频率的升高收敛于流体速度，且拥有截止频率。

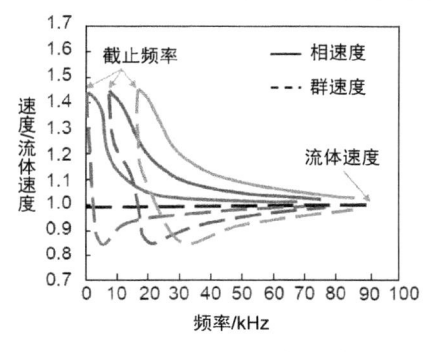

图 5.36 伪瑞利波的频散曲线

3. 斯通利波

斯通利波是沿井轴方向传播的流体纵波与井壁地层滑行横波相互作用产生的，质点的运动轨迹也是椭圆，长轴在井轴方向。与伪瑞利波不同，斯通利波无论在快地层还是慢地层中都会出现，且幅度很大，相速度几乎不随频率而变化，无截止频率。它的能量主要集中于低频段，理想情况下（介质完全弹性）不随传播距离衰减，是一种导波。

三维有限差分模拟得到的快地层与慢地层井筒声场的波场快照如图 5.37 所示。

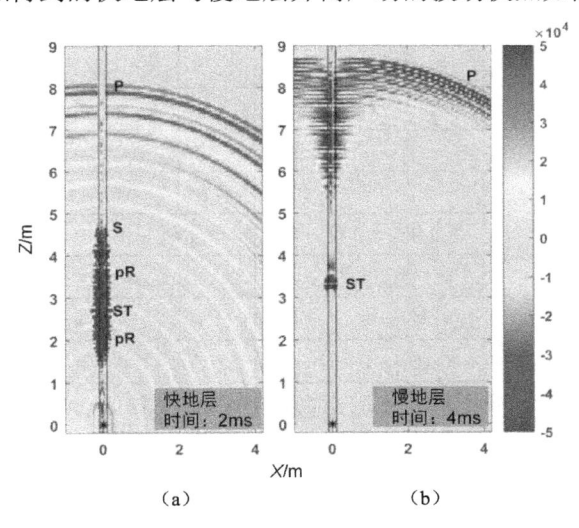

图 5.37 三维有限差分模拟得到的快地层与慢地层井筒声场的波场快照

4. 泄漏模式波

测井领域对泄漏模式波的研究较少，目前认为它是大于第一临界角的入射波产生的全反射滑行纵波与井壁地层相互作用得到的沿井壁在地层中传播的诱导波，可以将其看作纵波与横波合成，以纵波为主的波。这种波一般有较强的频散，且其能量会随着传播距离的增大而衰减。套管井声学测井中的套管波、随钻声学测井中的钻铤波都属于泄漏模式波。在目前的声学测井应用中，这种波往往作为噪声出现。

5.5.3 声速测井

早期的声速测井主要针对地层纵波速度，后期随着电子信息技术的发展，人们有能力在井下使用更多的记录单元，记录全波形数据，从而获得除纵波信息之外的地层横波和斯通利波等信息，形成全波速测井。

声速测井测量滑行波通过地层传播的时差 Δt（声速的倒数，单位是 μs/m），是目前用于估算孔隙度、判断气层和研究岩性等的主要测井方法之一。它的井下仪器主要由声波脉冲发射器和声波接收器构成的声系及电子线路组成。声系主要有 3 种类型，即单发射双接收声系、双发射双接收声系、双发射四接收声系。

1. 单发射双接收声速测井仪

1）单发射双接收声速测井仪的简单介绍

单发射双接收声速测井仪包括 3 部分：声系、电子线路和隔声体。其中，声系由一个发射换能器（发射头）T 和两个接收换能器（接收探头）R1、R2 组成，如图 5.38 所示。

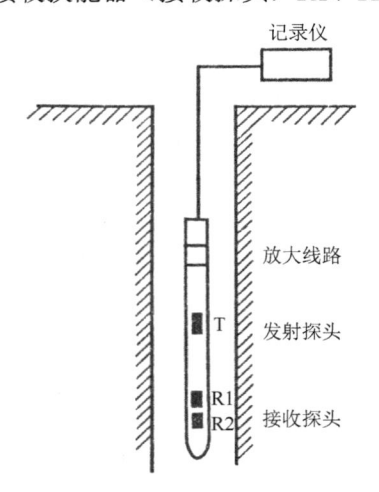

图 5.38 单发射双接收声速测井仪

电子线路用来提供脉冲电信号，触发发射换能器发射声波，接收换能器接收信号并将其转换成电信号。发射换能器与接收换能器是由具有压电效应物理性质的锆钛酸铅陶瓷晶体制成的。在脉冲电信号的作用下，发射换能器以其压电效应的逆效应产生声振动，发射声波；在声波信号的作用下，接收换能器以其压电效应的正效应接收声波，形成电信号，待放大后经电缆送至地面仪器进行记录。

实际测井时，电子线路每隔一定的时间给发射换能器一次强的脉冲电流，使发射换能器晶体受到激发而振动，其振动频率由晶体的体积和形状决定。目前，声速测井所用的晶体的固有振动频率为20kHz。

在井下仪器的外壳上有很多刻槽,称为隔声体,用于防止发射换能器发射的声波经仪器外壳传至接收换能器,造成对地层测量的干扰。

2) 单发射双接收声速测井仪的测量原理

井下仪器的发射换能器的晶体振动,引起周围介质的质点振动,产生向井内泥浆及地层中传播的声波,由于泥浆的声速v_1与地层的声速v_2不同,且$v_2 > v_1$,因此在泥浆和地层的界面(井壁)上将发生反射与折射,由于发射换能器可在较大的角度范围内向外发射声波,因此,必有以临界角i入射到界面上的声波折射产生沿井壁在地层中传播的滑行波。由于泥浆与地层接触良好,因此滑行波传播使井壁地层质点振动(视为滑行波到达该点时的新震源),这必然引起泥浆质点的振动,在泥浆中传播。因此,在井中就可以用接收换能器R1、R2先后收到滑行波,进而测量地层的弹性波速度。

此外,还有经过仪器外壳和泥浆传到接收换能器的直达波与反射波,只要在仪器外壳上刻槽和适当选择较大的源距(发射换能器与接收换能器之间的距离),就可以使滑行波首先到达接收换能器,声速测井仪就可以只接收并记录与地层性质有关的滑行波。

发射换能器发射的声波以泥浆的纵波形式传播到地层,地层受到应力的作用不仅会产生压缩形变,还会产生切变形变,因此地层中既有滑行纵波产生又有滑行横波产生。无论是滑行纵波还是滑行横波,它们在传播时都会引起泥浆质点振动,以泥浆纵波、横波的形式分别为接收换能器所接收,只不过,地层滑行纵波最先到达接收换能器,较后到达的是地层滑行横波并迭加在滑行波的尾部。声速测井测量的是滑行纵波。

如果发射换能器在某一时刻t_0发射声波,声经过井内流体、地层、井内流体传播到接收换能器,其传播路径如图5.39所示,即沿ABCE路径传播到接收换能器R1,经ABCDF路径传播到R2,到达R1和R2的时间分别为t_1与t_2,那么到达两个接收换能器的时间差ΔT为

$$\begin{aligned}\Delta T &= t_2 - t_1 \\ &= \left(\frac{AB}{v_1} + \frac{BC}{v_2} + \frac{CD}{v_2} + \frac{DF}{v_1}\right) - \left(\frac{AB}{v_1} + \frac{BC}{v_2} + \frac{CE}{v_1}\right) \\ &= \frac{CD}{v_2} + \frac{DF - CE}{v_1}\end{aligned} \quad (5.57)$$

如果在两个接收换能器之间的距离l(称为间距)内,对着的井段井径没有明显变化且仪器居中,则可认为$CE=DF$,故$\Delta T = CD/v_2 = l/v_2$。仪器的间距是固定的(我国采用的间距为0.5m),ΔT的大小只随地层声速而变化,因此ΔT的大小反映了地层声速的高低。声速测井实际上测量记录的是时差Δt(声波传播1m所用的时间,即当$l = 0.5$m时,$\Delta t = 2\Delta T$)。测量时,由地面仪器把两接收器接收信号的时间差ΔT转变成与其成比例的电位差的方式来记录时差Δt。记录点在两个接收换能器的中点处,井下仪器在井内自下而上移动测量,从而记录出一条随深度变化的声速测井时差曲线。

2. 影响声速测井时差曲线的主要因素

声速测井时差曲线主要反映地层的岩性、孔隙度和孔隙流体的性质,但也受到其他一些因素的影响。

1) 井径变化的影响

单发射双接收声速测井受井径变化的影响,声速测井时差曲线出现假异常,如图5.40所

示。这是由于当 R1 进入井径扩大井段而 R2 仍在井径扩大井段的下界面之下时，$CE > DF$，此时时差 Δt 减小，因此在井径扩大井段的下界面会出现声速测井时差曲线减小的假异常；在 R1、R2 均进入井径扩大井段时，$CE = DF$，声速测井时差曲线不会有异常出现；而当 R1、R2 跨井径扩大井段的上界面时，$DF > CE$，Δt 增大，因此在井径扩大井段的上界面会出现声速测井时差曲线增大的假异常。

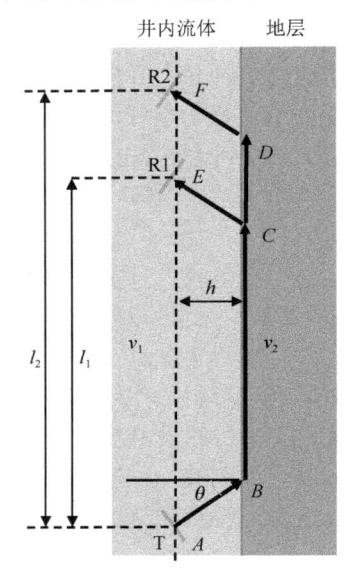

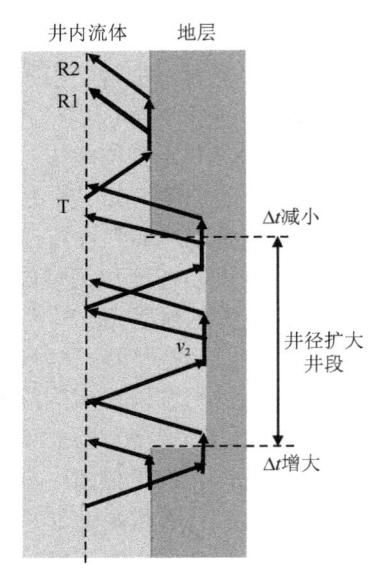

图 5.39　声速测井原理图　　　　图 5.40　井径变化对声速测井时差曲线的影响示意图

在一些砂泥岩的界面处，常常发生井径变化，砂岩一般缩径而泥岩扩径，因此在砂岩层的顶部（相当于井径扩大井段的下界面）出现声速测井时差曲线减小的尖锋，在砂岩层的底界面（相当于井径扩大井段的上界面）出现声速测井时差曲线增大的尖锋。显然，在声速测井时差曲线上取值时，要参考井径曲线，避开井径变化引起的声速测井时差曲线的假异常，以便正确取值。

2）地层厚度的影响

地层厚度的大小是相对声速测井仪的间距来说的，地层厚度大于间距的称为厚层，小于间距的称为薄层。它们在声速测井时差曲线上的显示是有差别的。

3）周波跳跃的影响

在一般情况下，声速测井仪的两个接收换能器是被同一脉冲首波触发的，但是在含气疏松地层下，地层大量吸收声波能量，声波发生较大的衰减，这时常常是声波信号只能触发路径较短的接收换能器的线路。而当首波到达第二接收换能器时，由于经过更长时间的衰减而不能使接收换能器的线路被触发。第二接收换能器的线路只能被续至波触发，因而在声速测井时差曲线上出现"忽大忽小"的幅度急剧变化现象，这种现象就叫作周波跳跃。

在泥浆气侵的井段、疏松的含气砂岩井段，以及井壁坍塌与裂缝发育地层，由于声波能量的严重衰减，经常出现这种周波跳跃现象。由于周波跳跃现象的存在，人们无法由声速测井时差曲线正确读出地层的时差值。但是，周波跳跃这个特征可以作为判断裂缝发育地层和寻找气层的主要依据。

3. 井眼补偿声速测井

前面提到，单发射双接收声速测井受井径变化的影响，声速测井时差曲线出现假异常。为了克服这种影响，采用双发射双接收声速测井仪，图 5.41 所示为双发射双接收声速测井仪对井径变化影响的补偿示意图。测井时，T1、T2 交替发射声脉冲，两个接收换能器接收交替发射产生的滑行波，得到时差 Δt_1 和 Δt_2 曲线，地面仪器的计算电路对 Δt_1 和 Δt_2 取平均值，记录仪记录时差 Δt 曲线。由图 5.41 可以看出，双发射双接收声速测井仪的 T1 发射得到的时差 Δt_1 曲线和 T2 发射得到的时差 Δt_2 曲线在井径变化处产生的假异常的变化方向相反，因此，取平均值得到的时差 Δt 曲线恰好补偿了井径变化的影响。双发射双接收声速测井仪测量的时差 Δt 曲线还可以补偿仪器在井中倾斜时对时差造成的影响。

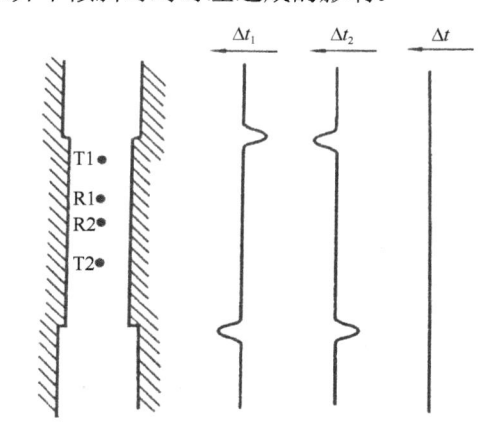

图 5.41　双发射双接收声速测井仪对井径变化影响的补偿示意图

5.5.4　声幅测井

声幅测井测量的是声波信号的幅度。声波在介质中传播时，其能量被逐渐吸收，声波幅度逐渐衰减。在声波频率一定的情况下，声波幅度的衰减和介质的密度、弹性等因素有关。声幅测井就是通过测量声波幅度的变化来认识地层性质和水泥胶结情况的一种声学测井方法。

声波在岩石等介质中传播时，由于质点振动要克服相互间的摩擦力，即由于介质的黏滞，声波能量转化成热能而衰减，这种现象也就是所谓的介质吸收声波能量。因此，声波在传播过程中，其能量不断降低，直到最后消失。声波能量被地层吸收的情况与声波频率和地层的密度等因素有关。对于同一地层，声波频率越高，其能量越容易被吸收；对于一定的频率，地层越疏松（密度小、声速小），声波能量被吸收得越严重，声波幅度衰减越大。因此，测量声波幅度可以了解岩层的特点和固井质量。

在不同介质形成的界面上，声波将发生反射和折射（透射）。入射波的能量一部分被界面反射，返回第一介质；另一部分透过界面传到第二介质，在第二介质中继续传播。声波在界面上的反射波和折射波的幅度取决于声耦合率，即两种介质的声阻抗之比 z_1/z_2。介质间的声阻抗相差越大，声耦合越差，声波能量就不容易从第一介质折射到第二介质，透过界面在第二介质中传播的声波能量就低，在第一介质中传播的反射波能量就高；如果介质的声阻抗相近，则声耦合好，能量很容易由第一介质传播到第二介质，这时折射波的能量高，而第一介质中的反射波能量低；当两种介质的声阻抗相同时，声耦合最好，这时声波能量全部由第一介质传播到第二介质。

综上所述，声波在地层中传播能量（或幅度）的变化有两种形式，一种是因地层吸收声波能量而使幅度衰减；另一种是存在声阻抗不同的两种介质的界面的反射、折射，使声波幅度发生变化。这两种形式往往同时存在，究竟以哪种变化形式为主，要根据具体情况加以分析。例如，在裂缝发育及疏松岩石井段，声波幅度的衰减主要是地层吸收声波能量所致的；在下套管井中，各种波的幅度变化主要和套管与地层之间的界面引起的声波能量分布有关。因此，在裸眼井中测量声波幅度就可能划分出裂缝带和疏松岩性的地层。在下套管井中测量声波幅度变化可以检查固井质量。声幅测井测量声波幅度随井深的变化曲线，从而检查固井质量，以及研究地层的裂缝带。声幅测井有裸眼井声幅测井、水泥胶结测井、声波变密度测井（VDL）等。

1. 裸眼井声幅测井

在裸眼井中进行声幅测井的主要目的是寻找碳酸盐岩及坚硬的砂岩地层中的裂缝带和研究岩性。

这种测井方法的井下仪器有两种类型，一种是单发射单接收声幅测井仪，记录首波的第一个半周的峰值幅度 A；另一种是单发射双接收声幅测井仪，测量的是两个接收换能器首波的第一个半周幅度 A_1 与 A_2 之差 ΔA 或比值 A_1/A_2。

发射换能器发射能量一定的声波，经过泥浆传到地层，产生滑行波，它在地层中传播，能量将逐渐衰减，这种衰减和地层情况有着密切的关系。

对于裂缝性地层，克洛波夫等在实验室中进行的模拟实验结果表明，垂直裂缝主要衰减纵波，而水平裂缝则主要衰减横波。把有裂缝和无裂缝时的声波幅度的比值作为相对幅度。图 5.42 就用相对幅度和裂缝倾角的关系曲线描述了纵/横波衰减和裂缝倾角的关系。可以看出，裂缝倾角在 0°附近（水平裂缝）时，纵波的衰减很小，而它在裂缝倾角为 50°~80°（大倾角裂缝）时衰减较大；但是横波在水平裂缝和小倾角裂缝处的衰减最大。

声波通过裂缝（声阻抗界面）时，只有部分能量透过。另外，裂缝内所含物质对声波能量也有衰减作用，声波能量在通过裂缝后有较大的衰减，因此收到的地层波幅度比非裂缝地层时的要小得多。

裂缝对声波幅度的衰减与裂缝倾角、开口及发育程度有关。对于纵波，裂缝倾角为 50°~80°时衰减大；开口越宽，衰减越大；发育程度越好，衰减越大。

对于溶洞性地层，声波传播时将绕过溶洞，过溶洞后会复原，结果增加了传播路程并产生波的干涉，造成声波能量的较大衰减。同时，由溶洞引起的声波散射增大了声波的衰减。因此在溶洞性地层处，地层波幅度很小。正因为声波在裂缝性、溶洞性地层中有较大的衰减，地层波幅度很小，所以可以利用声幅测井将这两种地层从碳酸盐岩及坚硬的砂岩地层剖面中寻找出来。

2. 水泥胶结测井

1）水泥胶结测井的原理

水泥胶结测井（Cement Bond Log，CBL）原理图如图 5.43 所示，其井下仪器由声系和电子线路组成，源距为 1m。发射换能器发出声波，其中以临界角入射的声波在泥浆和套管的界面上发生折射，产生沿这个界面在套管中传播的滑行波（又叫套管波）；套管波又以临界角折射进入井内泥浆，到达接收换能器而被接收。仪器测量记录套管波的第一负峰的幅度（以 mV 为单位），即水泥胶结测井曲线。这个幅度的大小除决定套管与水泥的胶结程度外，还受套管尺寸、水泥环强度和厚度及仪器居中情况的影响。

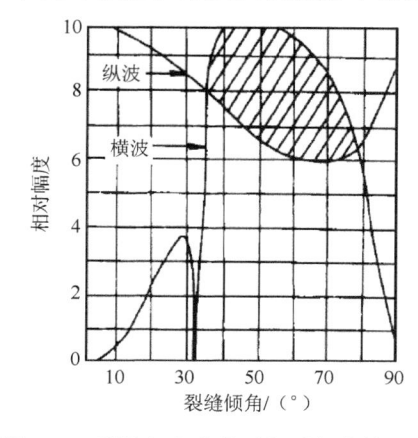

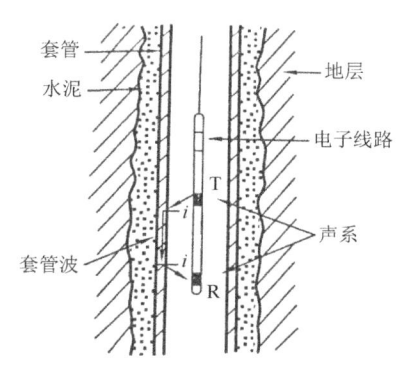

图 5.42　裂缝倾角变化对相对幅度的影响　　　　图 5.43　水泥胶结测井原理图

若套管与水泥胶结良好，则套管与水泥环的声阻抗差较小，声耦合较好，套管波的能量容易通过水泥环向外传播，因此，套管波能量有较大的衰减，测量记录到的水泥胶结测井值就很小；若套管与水泥胶结不好，套管外有泥浆存在，则套管与管外泥浆的声阻抗差很大，声耦合较差，套管波能量不容易通过套管外泥浆传播到地层，因此套管波能量衰减较小，测量记录到的水泥胶结测井值很大。综上，利用水泥胶结测井曲线可以判断固井质量。

2）影响水泥胶结测井曲线的因素

（1）测井时间的影响。

水泥灌注到管外环形空间后，有一个凝固过程，这个过程是水泥强度不断增大的过程。套管波能量的衰减和水泥强度有关，水泥强度小，衰减小，因此在凝固过程中，套管波能量衰减不断增大。在未凝固、封固好的井段测井都会出现大幅度值，因此，要待凝固后测井。测井过晚，会因为泥浆沉淀固结、井壁坍塌造成无水泥井段声波幅度小的假现象。一般在固井后 24 小时到 48 小时之间测井最好。

（2）水泥环厚度的影响。

实验证明，水泥环厚度大于 2cm。水泥环厚度对水泥胶结测井曲线的影响是一个固定值。当水泥环厚度小于 2cm 时，水泥环厚度越小，水泥胶结测井值越大，因此，在应用水泥胶结测井曲线判断固井质量时，应参考井径曲线进行。

（3）泥浆气侵的影响。

井筒内泥浆气侵会使声波能量发生较大的衰减，造成水泥胶结测井值小的现象，在这种情况下，容易把没有胶结好的井段误认为胶结良好。

3）水泥胶结测井曲线的应用

图 5.44 给出了一个水泥胶结测井曲线实例，可以看出：

（1）最上方部分固井声波幅度最大，这是因为这里位于水泥面以上，套管外没有水泥胶结。在这一段可以观察到幅度变小的尖峰，这是因为在尖峰处出现了套管接箍，套管接箍会使声波能量衰减增大、幅度减小。

（2）深度由浅到深、曲线首次由大幅度向小幅度变化处为水泥面上返高度位置。

（3）在套管外水泥胶结良好处，曲线幅度小。

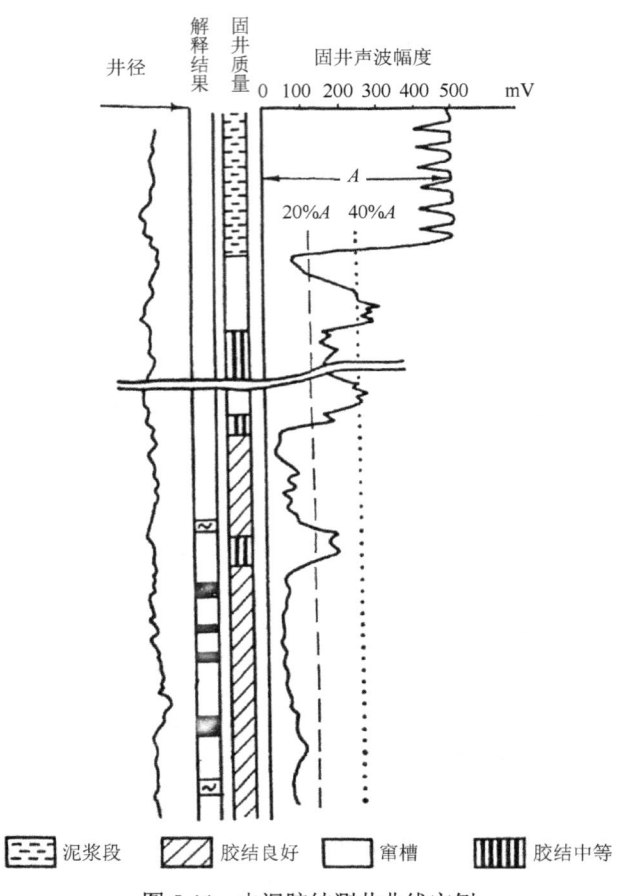

图 5.44　水泥胶结测井曲线实例

水泥胶结测井已广泛用于判断固井质量，并总结出一套解释方法。利用相对幅度来判断固井质量：

$$相对幅度 = \frac{目的井段曲线幅度}{泥浆井段曲线幅度} \times 100\%$$

相对幅度越大，说明固井质量越差，一般规定如下 3 个质量段。
（1）相对幅度小于 20%为胶结良好。
（2）相对幅度介于 20%~40%之间为胶结中等。
（3）相对幅度大于 40%为胶结不好（窜槽）。

根据相对幅度定性判断固井质量固然是水泥胶结测井解释的依据，但不能生搬硬套，还要参考井径等曲线，同时要了解固井施工情况，如水灰比、水泥上返速度和使用的添加剂类型等，只有综合各方面的资料，才能做出准确、可靠的判断。

3．声波变密度测井

声波变密度测井也是一种测量套管外水泥胶结情况，从而判断固井质量的声学测井方法。它可以提供更多的水泥胶结信息，反映水泥环的第一界面和第二界面的胶结情况。

声波变密度测井的声系由一个发射换能器和一个接收换能器组成，源距为 1.5m，声系还可以附加另一个源距为 1m 的接收换能器，以便同时记录一条水泥胶结测井曲线。在套管井中，从发射换能器到接收换能器的声波信号有 4 种传播途径，即沿套管、水泥环、地层及直接通过泥浆传播。

直接通过泥浆传播的直达波最晚到达接收换能器，最早到达接收换能器的一般是沿套管传播的套管波，水泥对声波能量的衰减大，声波不易沿水泥环传播，因此水泥环波很弱而可以忽略。当水泥环的第一界面和第二界面胶结良好时，通过地层返回接收换能器的地层波较强。若地层速度小于套管速度，则地层波在套管波之后到达接收换能器。也就是说，到达接收换能器的声波信号次序首先是套管波，其次是地层波，最后是泥浆波。声波变密度测井就是依据时间的先后次序，将这种波全部记录下来的一种测井方法，因为它记录的是全波列，所以又叫它全波列测井。该方法与水泥胶结测井组合在一起，可以较为准确地判断水泥胶结情况。

经过模拟实验发现，在不同的固井质量下，套管波与地层波的幅度变化有一定的规律。

（1）在自由套管（套管外无水泥）和第一界面、第二界面均未胶结的情况下，大部分声波能量将通过套管传到接收换能器而很少耦合到地层中，因此套管波很强，地层波很弱或完全没有。

（2）在有良好的水泥环，且第一界面、第二界面均胶结良好的情况下，声波能量很容易传到地层，这样，套管波很弱，地层波很强。

（3）在水泥与套管胶结良好但与地层胶结不好（第一界面胶结良好，第二界面胶结不好）的情况下，声波能量大部分传至水泥环，套管中剩余的声波能量很低，传到水泥环的声波能量由于与地层胶结不好，传入地层的声波能量是很低的，大部分声波能量在水泥环中衰减，因此出现套管波、地层波均很弱的情况。

声波变密度测井采用两种不同的方式处理收到的声波信号，因而可以得到两种不同形式的记录，即调辉记录和调宽记录。

调辉记录是将收到的波形检波去掉负半周，用其正半周做幅度调辉，控制示波器荧光屏的辉度，信号幅度大，即辉度强；反之，信号幅度小，辉度弱。接收换能器每接收一个波列，就在荧光屏上按时间先后自左向右水平扫描一次，由照相机连续拍摄荧光屏上的图像，照相胶片与电缆以一定的速度比例同步移动拍摄，于是就得到了声波变密度测井调辉记录图，黑色相线表示声波信号的正半周，其颜色深浅表示幅度大小，声信号幅度大，颜色深；相线间的空白为声波信号的负半周。

调宽记录和调辉记录不同的是，它将声波信号波列的正半周的大小变成与之成比例的相线的宽度，以宽度表示声信号幅度的大小。

套管波和地层波可根据相线出现的时间与特点加以区别。因为套管的声波速度不变，而且通常大于地层速度，所以套管波的相线显示为一组平行的直线，且在图的左侧。由于不同地层的声速不同，因此地层波到达接收换能器的时间是变化的。于是，可将套管波与地层波区分开。在强的套管波相线（自由套管）上，可以看到人字形的套管接箍显示，这是因为套管接箍处存在缝隙，使套管波到达的时间推迟、幅度变小。

当套管未与水泥胶结时，套管波强，在声波变密度测井调辉记录图上显示出明显的黑白相带，且可见到套管接箍的人字形图形；而地层波则很弱。

当套管与水泥（第一界面）胶结良好，且水泥与地层（第二界面）胶结良好时，声波能量大部分传到水泥和地层，因此套管波弱而地层波强。如果地层波在到达时间范围内显示不清楚，则可能是第二界面胶结不好或地层本身对声波能量的衰减比较大所致的。

如果水泥与地层未胶结，而第一界面胶结良好，那么当水泥环厚度小于 2cm 时，套管波的衰减程度与水泥环厚度有关，水泥环厚度减小，套管波衰减减小。当水泥环厚度大于 2cm 时，套管波的衰减达到最大，而且基本不变化。

目前，在套管井中，声波变密度测井图主要用于定性解释固井质量。不同固井质量下的声波变密度测井图的特点如表 5.3 所示。

表 5.3　不同固井质量下的声波变密度测井图的特点

固井质量	波列特征	声波变密度测井图的特点
第一界面、第二界面均胶结良好	套管波弱 地层波强	左浅 右深
第一界面胶结良好而第二界面未胶结	套管波弱 地层波弱	左浅 右浅
第一界面未胶结或套管外为泥浆	套管波强 地层波弱	左深 右浅

5.5.5　超声波测井

超声波测井是一种直接观察井下套管和地层情况的声学测井方法。它利用反射波的能量与反射界面的声阻抗差有关的原理，通过测量超声波的反射波的强度来了解套管射孔与裂缝及地层裂缝状况。

测井时，在井中，发射换能器垂直向井壁或套管发射超声波，超声波遇到井壁或套管后产生反射波，在两次发射超声波的间隙时间，发射换能器又作为接收换能器接收反射波，在接收换能器内产生的电信号的强弱与反射波的幅度成正比；把电信号送入电子线路，其进入阴极射线示波管，把电信号转变成荧光屏上的亮点，其辉度大小和电信号的强弱成正比。换能器以恒定的转速在井中绕仪器轴旋转并发射和接收超声波。换能器每旋转一周，在荧光屏上就产生一条扫描线，仪器同时以较小的速度增大，并让照相胶片与电缆成一定的比例移动，于是照相胶片上便留下了井眼的连续图像，即超声波测井记录。

在裸眼井中，当井壁平滑时，反射波能量取决于泥浆与地层的声阻抗的比值。由于同一口井内泥浆的密度和声速是不变的，因此反射波能量主要取决于地层的密度和声速。高速致密地层的反射波能量高，在超声波测井图上显示为亮区；低速疏松地层的反射波能量低，在超声波测井图上显示为灰暗区。当井壁凹凸不平时，发射的超声波不能垂直入射到井壁，而是以一定的角度入射，反射波能量与入射角的大小有很大的关系，入射角越大，收到的反射波能量越低，因此，当井壁不平、有裂缝和洞穴时，反射波能量很低，甚至接收不到反射波，在超声波测井图上显示为灰暗至黑色的图像。

由上述内容可知，根据超声波测井图可以区分高速地层和低速地层，识别碳酸盐岩地层的裂缝带或洞穴，并可确定裂缝面或层理面的倾角。图 5.45 所示为与井眼斜交的裂缝面的立体图及超声波测井图（原理示意图）。

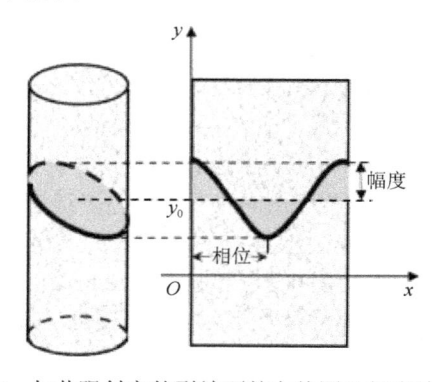

图 5.45　与井眼斜交的裂缝面的立体图及超声波测井图

可见，一个与井眼斜交的裂缝在超声波测井图上将显示为正弦形状，裂缝与水平面的夹角 α 可以通过下式来计算：

$$\alpha = \arctan \frac{l}{d} \tag{5.58}$$

式中，d 为井径；l 为超声波测井图 S 形的最高点与最低点的垂直距离。

5.5.6 噪声测井

在油井中，通过测量噪声信号的幅度来检测管外窜槽位置和流量等油井生产问题的一类测井方法是噪声测井。

1. 噪声测井的基本原理

井下液流或气流通过阻流位置或发生泄漏时会产生湍流噪声，通过测定其频率和幅度，可以确定管外流体的流动位置、流量及类型等。

如图 5.46 所示，灰色区段由于存在管外流动（泄漏）而产生噪声，其幅度大于上、下井段的噪声幅度。

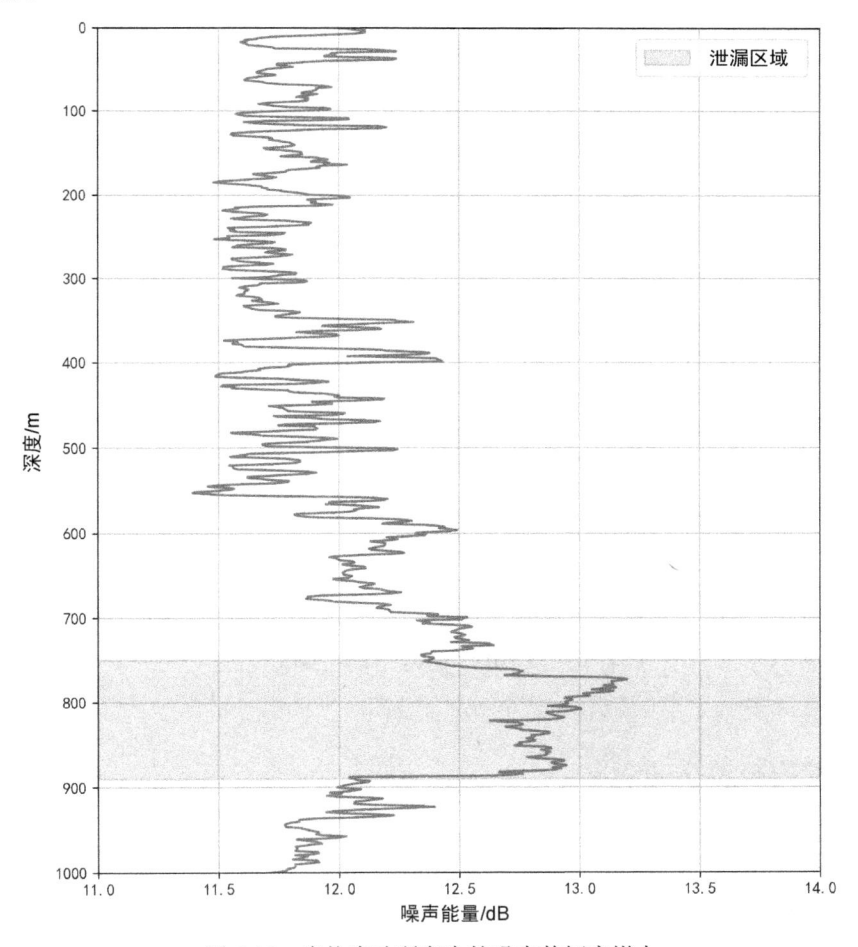

图 5.46 流体流动所产生的噪声其幅度增大

地层中有油、气、水 3 种流体，故通道内流体的流动有单相、两相、多相 3 种类型，不同类型流体流动时产生的噪声频谱不同，如图 5.47 所示。可以看出，对于单相流体，噪声频谱的最高能量主要分布在 1000Hz 左右；对于两相流体，噪声频谱的最高能量向 200Hz 靠近。因此，可以根据噪声频谱区分单相流体和两相流体。

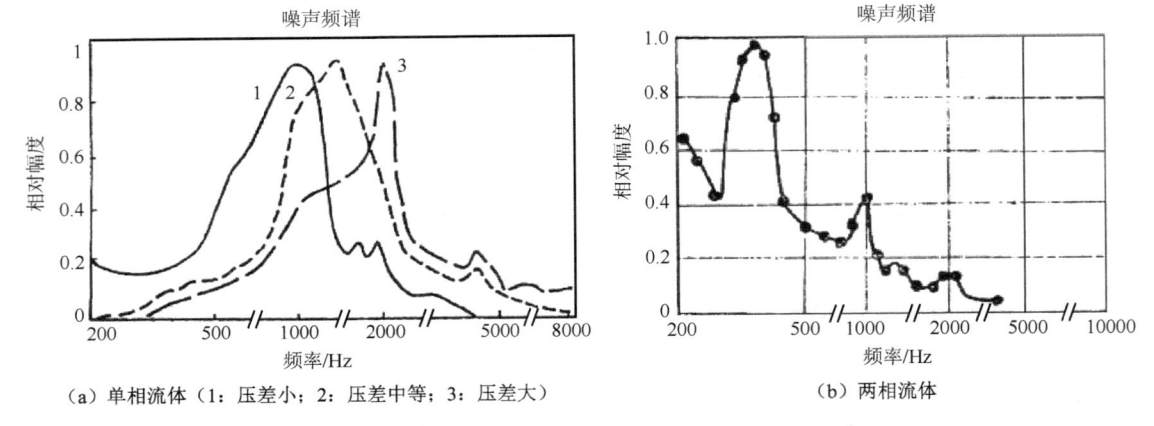

（a）单相流体（1：压差小；2：压差中等；3：压差大）　（b）两相流体

图 5.47　单相流体和两相流体流动时产生的噪声频谱

实验证明，流体湍流噪声的强弱与流体的流量 q 及流经管道的压差 ΔP 成正比，即

$$A = F(\Delta P q) \tag{5.59}$$

式中，A 为噪声幅度；F 为系数。由此可见，流体的流量可由噪声幅度确定。

噪声测井仪由井下仪器和地面仪器组成。井下仪器接收并放大噪声，噪声信号由电缆传输至地面仪器，经地面仪器的频率分析网络（采用截止频率分别为 200Hz、600Hz、1000Hz、2000Hz 的高通滤波器）进行频谱分析，分别记录 4 道的噪声电压峰值。测井时，采取点测，一般每隔 1～2ft（0.304～0.609m）取一测点。

2．噪声测井资料的应用

（1）辨别裸眼井中的出液层位。

（2）在注水井中测量注水量。

注入水沿井轴通过噪声测井仪时产生湍流噪声，根据噪声测井的 600Hz 曲线值 N_{600}，可以由下列井眼公式计算注水量：

$$q = \left(\frac{A_s^2 K N_{600}}{\rho} \right)^{\frac{1}{3}} \tag{5.60}$$

式中，q 是流量，m^3/d；A_s 是垂直于水流的截面积，m^2；ρ 是注入水的密度，kg/m^3；K 是一个系数，采用公制单位时 $K=0.18$，采用英制单位时 $K=63$。

（3）在套管井中确定套管破裂位置和出水位置。

5.5.7　阵列声波全波测井

前面提到，随着电子信息技术的发展，阵列接收器被引入测井仪器。早期的声学测井仪器由于数据采集速率、数据存储、数据传输等多种因素的影响，只能记录纵波首波的速度信息，即 5.5.3 节中的声速测井。随着电子信息技术的不断发展，所研制的仪器有能力采集更多的全波数据、更快地传输数据，同时，机械制作工艺、传感器技术的发展使得阵列声波全波测井仪器出现，它可以在空间不同位置记录声波的整个波列。因此，现在不仅可以获得纵波的速度和幅度信息，以及横波的速度和幅度信息，还可以获得波列中的其他波成分，如伪瑞利波和斯通利波等。可以说，正是电子信息技术的赋能，才使得这种现代测井方法可以为石油勘探和开发提供更多信息。但与此同时，如图5.35所展现的全波信号那样，接收信号复杂性的提升也对信号处理方法提出了更高的要求。为了从复杂的阵列全波信号中分离出有用的信息，声学测井领域的专家学者利用信号处理相关的技术方法开发出了时间域、频率域的多种速度提取方法，有力地推动了阵列声波全波测井方法的应用。

本节对阵列声波全波测井资料处理中应用的时间域与频率域的重要方法进行简要介绍。本节涉及的内容参考了专著 *Borehole Acoustic Logging—Theory and Methods*，并选取其中最基本的方法进行介绍。

1. 时间域阵列声波全波速度提取方法

目前，最为测井领域的专家学者所广泛接受的一种从时间域中提取阵列全波中模式波相速度的方法叫作速度-时间相干（Velocity-Time Coherence）法，工业界经常用速度的倒数（慢度）来替代速度，也称为STC（Slowness-Time Coherence）法。下面对该算法的原理进行简要介绍。

速度-时间相干法的核心思想如下：阵列接收器沿井轴方向（波的传播方向）等间隔排列，因此不同的接收器收到的信号可近似看作不同模式波以各自的相速度传播不同距离后叠加组合得到的信号。当取窗口长度与相应模式波长度相近的时窗时，针对不同的接收器，对时窗做时移并计算二者的相干系数，这个时移与接收器间隔可对应地计算出一个速度，选择不同的时移实质上是在选择不同的相速度，于是，计算出的相干系数越大，证明该模式波的相速度越接近这个选择出的速度。

这样的描述或许有些抽象，我们可以结合该算法的具体操作步骤进行理解：取距离发射器最近的1号接收器收到的信号，以一定长度的时窗对该信号从t_0处进行截取，而后对接下来的2号、3号、4号接收器收到的信号以相同的时窗做时间间隔分别为δt、$2\delta t$、$3\delta t$的时移（从$t_0+\delta t$、$t_0+2\delta t$、$t_0+3\delta t$处向后截取相同长度的时窗），依次类推，得到所有阵列接收器的截取时窗，对这些时窗信号计算相干度，得到时移为δt时的相干度。假设阵列接收器的间隔为δz，则该时移操作对应的速度为$\delta z/\delta t$。通过选取不同的δt，选取不同的速度$\delta z/\delta t$，于是可以得到t_0起始的阵列信号时窗在不同速度下的相干度。改变t_0，得到不同的时窗，覆盖整个信号范围。重复上面的操作，即可得到不同的t_0与速度下的相干度大小图，即速度-时间相干图。从速度-时间相干图中相干系数大的地方可以发现模式波的相速度及其对应的出现时间。相干度的计算公式如下：

$$\rho^2(s,\tau)=\frac{\dfrac{1}{M}\int_{t=0}^{T_w}\left\{\sum_{m=1}^{M}r_m\left[t+s(z_m-z_1)+t_0\right]\right\}^2 \mathrm{d}t}{\sum_{m=1}^{M}\int_{t=0}^{T_w}\left\{r_m\left[t+s(z_m-z_1)+t_0\right]\right\}^2 \mathrm{d}t} \tag{5.61}$$

式中，M为接收器总数；m为接收器序号；T_w为选择的时窗长度；$r_m(t)$为第m个接收器在t时刻收到的信号幅度；s为慢度；z_m为第m个接收器的位置坐标；t_0为1号接收器时窗的起始位置。图5.48给出了利用单极子阵列声学测井信号求速度-时间相干图的结果。其中，图5.48（a）所示为单极子声学测井仪器在某地层中采集的声波信号，不同的模式波均用不同斜率的矩形框标出；图5.48（b）所示为计算得到的不同模式波的速度-时间相干图；图5.48（c）所示为将图5.48（b）中的相干信息投影到时间-速度平面的结果；图5.48（d）所示为从每种模式波的最大相干系数中拾取对应模式波的相速度的结果。该方法可以较好地区分阵列全波信号中的不同模式波,并计算出不同模式波的相速度及其在信号中的大致出现位置。在实际应用中,往往选取对应时间相关性系数的极大值点作为相速度的估计值。图 5.49 展示了利用速度-时间相干法从某口井的实际数据中提取各模式波慢度的效果图。

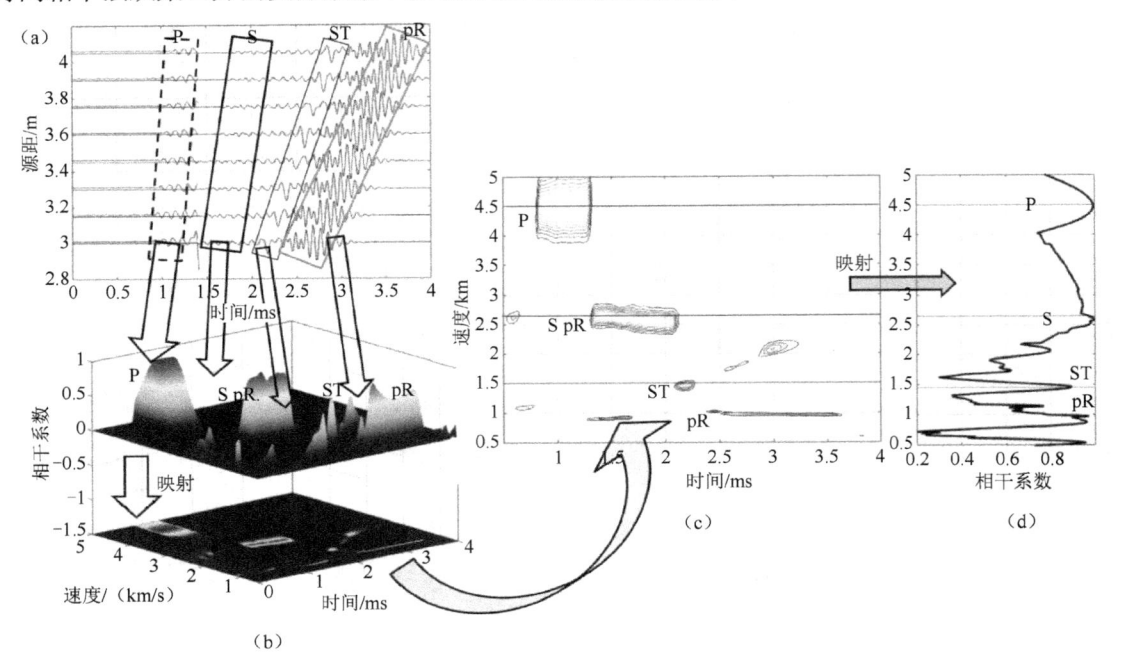

图 5.48　速度-时间相干法对某单极子阵列声波信号的处理流程

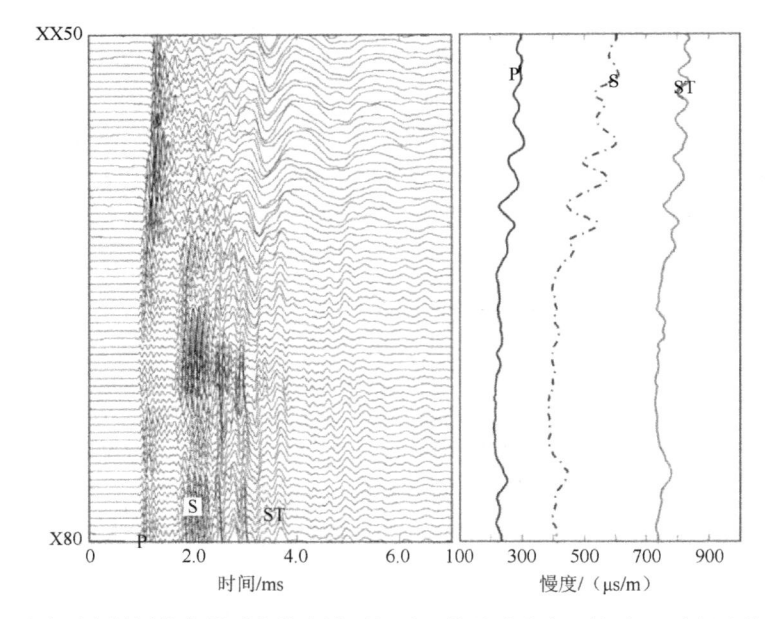

图 5.49　单极子阵列声学测井仪器采集的全波形记录及其通过速度-时间相干法提取的各模式波慢度

2. 频率域阵列声波全波速度提取方法

1)频率-波数域(F-K)变换法

5.1.5 节介绍了频散曲线的相关知识,并在 5.5.2 节中结合井筒声波对频散曲线进行了应用。对于阵列声波全波信号，利用频散曲线进行速度提取同样是一种非常直接的解决问题的思路。

正如在介绍频散曲线时提到的，对阵列声波全波信号做频率-波数域变换可以得到频率-波数域谱，如图 5.50 所示。

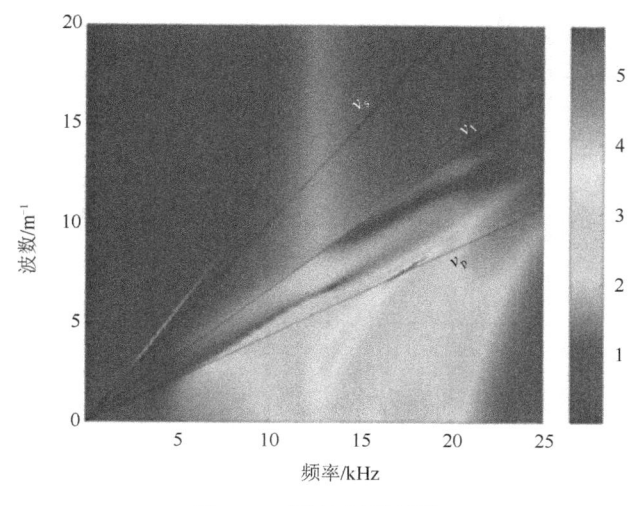

图 5.50　频率-波数域谱

图 5.50 中存在一些具有一定斜率的能量峰值线，它们代表声波信号中具有相应相速度的导波成分。理论上，利用式（5.18）可以将能谱从频率-波数域变换到频率-相速度域，从而得到不同模式波的相速度。但在实际应用中，由于能量高低不同的模式波在时间域和频率域相互混叠，一些较弱的模式波的相速度可能难以用这种方法成功提取。实际应用中常用一些信号变换手段（如高分辨率拉登变换）将频率-波数域谱变换为频率-相速度谱。

频率-波数域变换法是一种简单而直接的阵列声波全波信号速度提取方法，它的主要缺点是当接收器数量不足时会导致分辨率降低。

2）频率域加权相似法

频率域加权相似（WSS）法是频率域的速度-时间相干法。它主要包含两个步骤：计算频率域相似度和分配权重。首先，与速度-时间相干法相似，在频率域定义如下相似度函数：

$$\rho(V,\omega) = \frac{\left|\sum_{m=1}^{N} R_m^*(\omega) z^{m-1}\right|}{\sqrt{N \sum_{m=1}^{N} R_m^*(\omega) R_m(\omega)}} \qquad (5.62)$$

式中，"*"代表在复数域上取共轭。

为了压制噪声、提高数据的分辨率，还需要引入权重函数 $W(\omega_\xi, \omega_\zeta)$，从而得到相关性函数：

$$F(V_j, \omega) = \sum_{\xi=l-\zeta}^{l+\zeta} W(\omega_\xi, \omega_\zeta) \rho(V_j, \omega) \qquad (5.63)$$

式中，权重函数 $W(\omega_\xi, \omega_\zeta)$ 通过高斯函数来表示：

$$W(\omega_\xi, \omega_\zeta) = \exp\left[-\frac{(\omega_\zeta - \omega_\xi)^2}{2\sigma^2}\right] \tag{5.64}$$

式中，$\sigma = N_\omega \Delta\omega$，$N_\omega$ 代表频率谱的点数，$\Delta\omega$ 为频率间隔。对于给定的速度范围，可以通过提取相关性函数 $F(V, \omega)$ 的最大值来得到相应的速度 $V(\omega)$。遍历所有频率，即可从阵列声波全波测井资料中提取出频散曲线。图 5.51 所示为用 WSS 法提取的频散曲线。

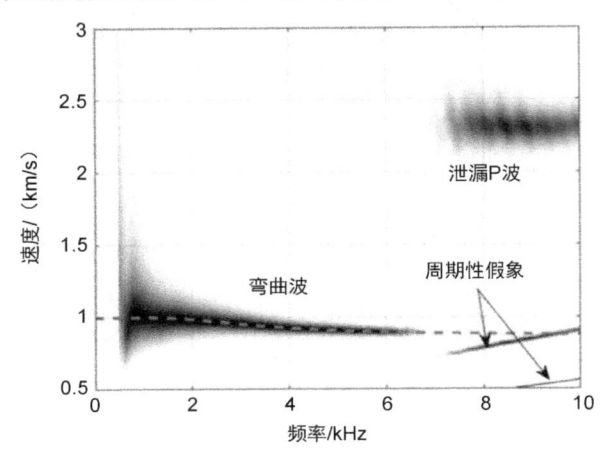

图 5.51 用 WSS 法提取的频散曲线

WSS 法的缺点在于，当在同一频率下存在多种模式波时，该方法无法将这些模式波区分开，并且会出现周期性假象（见图 5.51）。而在低频区域，WSS 法的分辨率也会降低。对于低频区域分辨率降低的问题，一些学者提出了非线性信号比较（NLSC）法。

3. 阵列声波全波测井资料的应用

1）估算储集层的孔隙度

岩石声速与孔隙度有关，通过理论计算和实验可以确定储集层声速或时差与孔隙度的关系，因此，由声速测井的时差可以估算出岩石的孔隙度。注意：声速测井的时差反映的是岩层的总孔隙度。

大量的实践表明，在固结、压实的存地层中，若有小的均匀分布的粒间孔隙，则孔隙度和声波时差之间存在线性关系，其关系式称为平均时间公式或威利公式：

$$\Delta t = \varphi \Delta t_f + (1-\varphi)\Delta t_{ma} \tag{5.65}$$

或

$$\varphi = \frac{\Delta t - \Delta t_{ma}}{\Delta t_f - \Delta t_{ma}} \tag{5.66}$$

式中，Δt 是由声波时差曲线读出的地层声波时差，μs/m；Δt_f 是孔隙流体的声波时差，μs/m；Δt_{ma} 是岩石骨架中的声波时差，μs/m。

当岩石骨架成分和孔隙流体的性质已知时，Δt_{ma} 和 Δt_f 是常数，于是 Δt 和孔隙度的关系为线性关系，即

$$\Delta t = A\varphi + B \tag{5.67}$$

式中

$$A = \Delta t_f - \Delta t_{ma}, \quad B = \Delta t_{ma} \tag{5.68}$$

由于不同地区、不同地层的 A 和 B 可能不同，因此必须按地区，针对某一地层或某一层段，用岩心分析资料和测井资料建立岩石孔隙度和声波时差的统计关系。

利用雷依曼时间平均公式修正式，可以用横波时差估算储集层的孔隙度，修正式为

$$\Delta t_s = \frac{\Delta t_s / \Delta t_p}{(1-\varphi)^m v_{mas} + \varphi v_f} \tag{5.69}$$

式中，v_{mas} 为骨架的横波速度；v_f 为孔隙流体速度；m 为经验系数，可以根据现场资料确定，当 $\varphi \leqslant 37\%$ 时，取 $m=2$。

2）确定岩性

不同岩性的岩石，其时差比（DTR）、幅度衰减和泊松比均有不同的数值，因此，这些参数均可用来确定岩性，这里介绍时差比法。大量实验结果表明，常见砂岩的时差比为 1.58～1.78，石灰岩的时差比为 1.9，白云岩的时差比为 1.8。砂岩的泥质含量增多，时差比增大，因此可以用时差比来估算泥质含量。石灰岩的白云化程度增大，时差比减小。

岩性分析示意图如图 5.52 所示。

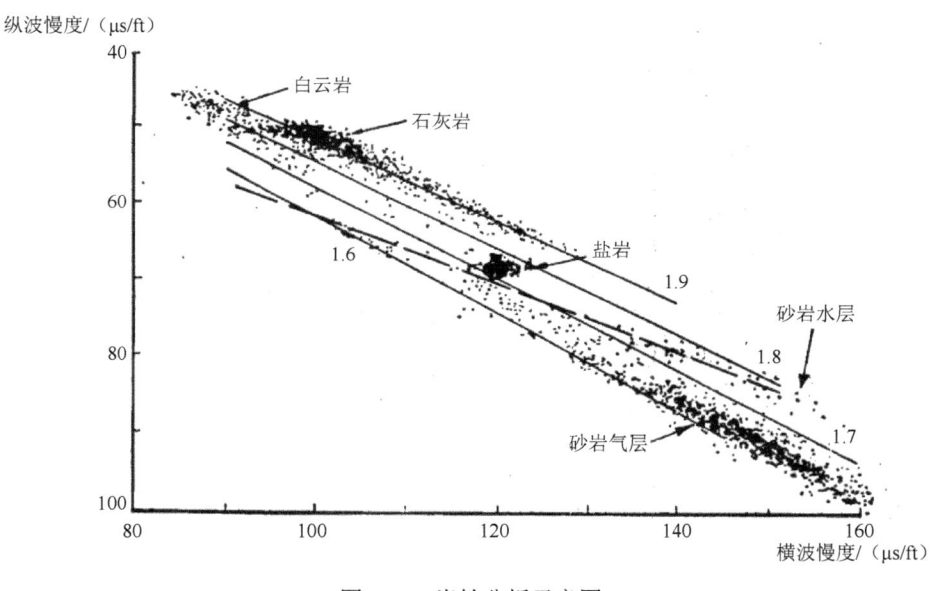

图 5.52 岩性分析示意图

3）判断含气储集层

由于油、气、水的声速不同（水的声速大于油的声速，而油的声速又大于气的声速，特别是气的声速和油、水的声速有很大的差别），因此在高孔隙度和泥浆侵入不深的条件下，通过阵列声波全波测井资料得到介质的纵/横波速度能够比较好地确定疏松砂岩的气层。

砂岩储集层含气比含水的纵波速度明显减小。例如，孔隙度为 25%～30%的纯砂岩，孔隙完全含气时比完全含水时的声速减小 40%。因此，可以根据声波时差判断含气储集层。含气砂岩和含水砂岩的时差比也不同，含气砂岩的时差比很小，因此，也可以利用时差比判断气层。

常见介质层声波纵/横波速度比的特征值范围如图 5.53 所示。

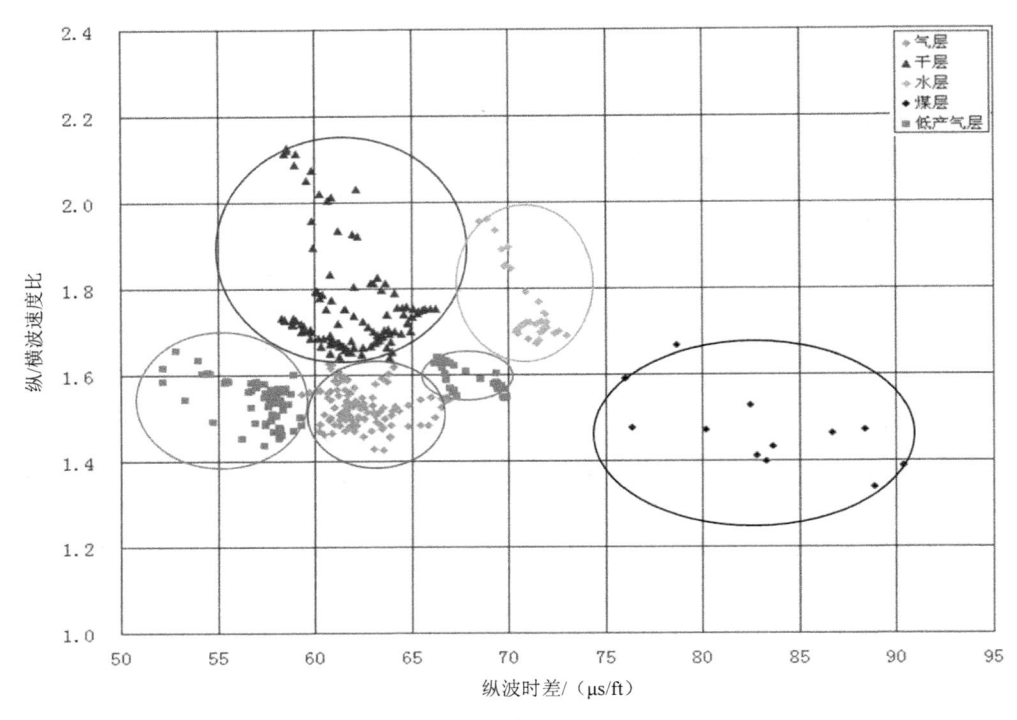

图 5.53 常见介质层声波纵/横波速度比的特征值范围

4）估算岩石的力学参数

计算等效泊松比 σ 和杨氏模量 E：

$$\sigma = \frac{0.5(\text{DTR})^2 - 1}{(\text{DTR})^2 - 1} \tag{5.70}$$

$$E = \left(\frac{1}{\Delta t_p}\right)^2 \rho \frac{(1+\sigma)(1-2\sigma)}{1-\sigma} \tag{5.71}$$

式中，ρ 为岩石密度。

计算岩石等效切变模量 μ 和体积压缩系数 β：

$$\mu = \frac{E}{2(1+\sigma)} \tag{5.72}$$

$$\beta = \frac{3(1-2\sigma)}{E} \tag{5.73}$$

第6章 放射性探测

放射性探测是根据岩石及其孔隙流体的核物理性质，研究井地质剖面，以及勘探石油、天然气、天然气水合物、煤及铀等有用矿藏的地质、工程和开发的地球物理探测方法，主要分为伽马测井和中子测井两大类。其中，伽马测井测量由天然核素衰变或人工伽马源产生的与地层相互作用的伽马射线的强度或伽马能谱，主要包含自然伽马测井和密度测井；中子测井测量经地层慢化的中子的强度、时间谱或中子诱发的伽马射线的能谱和时间谱，主要包含中子孔隙度测井、热中子寿命测井、碳氧比伽马能谱测井及元素测井等。

6.1 伽马测井核物理基础

6.1.1 放射性核素和核衰变

1. 原子和原子核

原子是由原子核和核外电子组成的。原子的中心是原子核，核外电子按一定的轨道绕原子核运动。原子核是由质子和中子（两者统称为核子）组成的，其中，质子带单位正电荷，中子不带电，电子带单位负电荷。

原子中的质子数与核外电子数相等，因此，原子显电中性。在物理学中，质子数被称为原子序数（用 Z 表示），它决定着原子的化学性质及其在元素周期表中的位置。原子核中的质子数 Z 与中子数 N 的和称为原子核的质量数，用 A 表示，即 $A=Z+N$。

2. 核素和同位素

同位素是指原子核中质子数相同而中子数不同的原子，它们在元素周期表中占同一位置。核素是指原子核中具有一定数目的质子和中子，并处在同一能态上的同类原子（或原子核）。

一种元素通常是由几种质子数相同的核素组成的，这几种核素称为该元素的同位素。例如，氢（H）元素是由 3 种核素组成的，即 $_1^1H$、$_1^2H$、$_1^3H$。某种核素在其天然同位素混合物中所占的原子核数目的百分比称为该核素的丰度，如 $_1^1H$ 的丰度是 99.98%。一种元素的核物理性质是由该元素中包含的所有核素的核物理性质及其丰度决定的。

3. 放射性衰变和射线

在人们发现的 2000 多种核素中，绝大多数是不稳定的，它们会自发地变化，变为另一种核素，同时放出各种射线，原子核的这种性质称为放射性衰变。其中，能自发发生放射性衰变的核素称为放射性核素，其余为稳定核素。

原子发生放射性衰变的过程中放出的射线有 3 种，即 α、β 和伽马射线。这 3 种射线在穿透和电离方面的特性各不相同，在测井方面有不同的应用。

（1）α 射线是高速运动的氦原子核（α 粒子），它的穿透能力最弱，但电离能力最强。在核测井中，利用 α 粒子与某些原子核的相互作用可制造中子源。

（2）β射线是高速运动的电子流，它的穿透能力较α射线的强，但其电离能力较α射线的弱。在核测井中，能发射β粒子的某些核素可作为井间监测示踪剂。

（3）伽马射线是波长很短的电磁波，它的穿透能力最强，但电离能力最弱。伽马射线能穿透几十厘米的地层、水泥环、套管和井下仪器的外壁而被探测器接收，是伽马测井的主要探测对象。

6.1.2 伽马射线与物质的相互作用

1. 3种相互作用和作用截面

在伽马测井中，伽马射线与物质的相互作用主要有3个过程：光电效应、康普顿效应、电子对效应。

1）光电效应

伽马光子与靶物质原子发生电磁相互作用，结果是吸收一个伽马光子，并将伽马光子的能量全部转移给某个束缚电子，该束缚电子摆脱原子对它的束缚后发射出来，这个过程称为光电效应。

光子从原子的K壳层打出光电子的概率最大，如果入射光子的能量超过K壳层电子的结合能，则大约80%的光电吸收发生在K壳层。

在物理中，为了描述伽马射线与物质相互作用的概率，用截面σ这个物理量来表示作用概率的大小。当$h\nu \gg m_0 c^2$时，即光子的入射能量比电子的静止质量能高得多时，K壳层电子的光电效应截面为

$$\sigma_K = Z^5 \frac{1}{h\nu} \tag{6.1}$$

而原子的光电效应总截面为

$$\sigma_{ph} = \frac{5}{4} \sigma_K \tag{6.2}$$

原子的光电效应总截面近似地与原子序数的5次方成正比，而与伽马射线的能量成反比。随着原子序数Z的增大，光电效应截面迅速增大，这一特点对核测井具有重要意义。

2）康普顿效应

伽马光子与原子的核外电子发生非弹性碰撞，一部分能量转移给电子，使其脱离原子成为反冲电子，同时光子发生散射，散射光子的能量和运动方向发生变化，即康普顿效应。

当入射光子能量较高（$h\nu \gg m_0 c^2$）时，原子的康普顿散射截面为

$$\sigma_c = \pi Z \gamma_0^2 \left(\ln \frac{2h\nu}{m_0 c^2} + \frac{1}{2} \right) \tag{6.3}$$

此时，康普顿散射截面与原子序数Z成正比，近似地与能量成反比。与光电效应截面相比，随着能量的升高，康普顿散射截面的减小要慢得多。

3）电子对效应

当能量高于1.02MeV的伽马光子从原子核旁经过时，在原子核的库仑场作用下，伽马光子转换为一个正电子和一个负电子，这个过程称为电子对效应，这是高能伽马射线与物质作用的一种主要方式。

当$h\nu \gg 2m_0 c^2$时，原子的电子对效应截面为

$$\sigma_p \propto Z^2 \ln E_\gamma \tag{6.4}$$

与康普顿效应相比，电子对效应截面与 Z^2 成正比，能量高时，电子对效应占优势。

4）3 种效应的优势区域

上述 3 种效应对于吸收物质的原子序数和入射光子能量有不同程度的依赖关系，因而对于不同的吸收物质和能量区域，每种效应的相对重要性是不同的。

图 6.1 给出了光子的 3 种效应的优势区域。可以看出，对于低能伽马射线和原子序数大的吸收物质，光电效应占优势；对于中能伽马射线和原子序数较小的吸收物质，康普顿效应占优势；对于高能伽马射线和原子序数小的吸收物质，电子对效应占优势。在进行核测井方法研究和仪器设计时，可根据这些特点选择工作区，以利用特定的效应获得所需的参数。

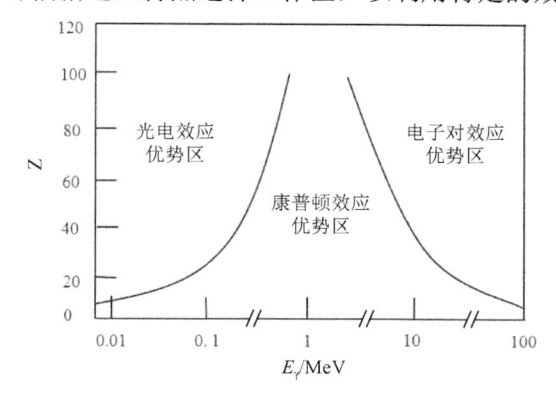

图 6.1 光子的 3 种效应的优势区域

2. 伽马射线的衰减规律

根据物理学知识，伽马射线在物质中的传输满足指数衰减规律：

$$I = I_0 e^{-\mu x} \tag{6.5}$$

式中，μ 称为线性衰减系数，也称为线性吸收系数，cm^{-1}；μ 实际上就是单位体积该物质与伽马射线相互作用的总截面，即宏观截面，或者说 μ 是单位路程上该种光子与物质发生 3 种相互作用的总概率。若分别考虑每种效应，则有

$$\mu = \mu_{ph} + \mu_c + \mu_p \tag{6.6}$$

式中，μ_{ph} 为光电吸收系数；μ_c 为康普顿吸收系数；μ_p 为电子对吸收系数。在很多情况下，用质量衰减系数 μ_m 更为方便，$\mu_m = \mu/\rho$，ρ 为介质密度。

6.1.3 伽马射线的探测

伽马射线与物质相互作用的过程中主要通过光电效应、康普顿效应和电子对效应产生次级电子，这些电子能引起组成探测器灵敏元件的原子的电离和激发，绝大多数仪器都是利用这两种物理现象探测伽马射线的，主要分为气体探测器、闪烁体晶体探测器及半导体探测器三大类。

其中，半导体探测器的探测效率和分辨率较高，但主要用于实验室测量，在井下应用较少。早期伽马测井仪器主要采用盖革−米勒计数管气体探测器，但是它只能测量射线强度而无法记录能量分布，现在已经不再使用。目前，伽马测井仪器使用最广泛的是闪烁体晶体探测器，主要包括碘化钠（铊）、碘化铯（铊）和 BGO 等晶体。

1. 闪烁体晶体探测器的工作原理

闪烁体晶体探测器主要由闪烁体晶体、光电倍增管和电子仪器 3 部分组成，如图 6.2 所示。其中，电子仪器的组成单元根据实际需要而异，通常包括线性放大器、脉冲幅度分析器、记录和处理装置、高低压电源和其他辅助电子单元。在测井仪器中，探头和脉冲幅度分析器装在井下仪器内，而其他部件则置于地面仪器中。

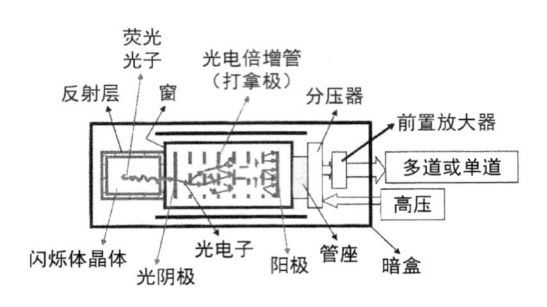

图 6.2 闪烁体晶体探测器组成示意图

测量伽马射线时，闪烁体晶体探测器的工作过程可分为下述几个相互联系的步骤。

（1）射线进入闪烁体晶体，与之发生光电效应、康普顿效应及电子对效应，产生次级电子。

（2）闪烁体晶体吸收次级电子能量，使原子、分子电离和激发；受电离和激发的原子、分子退激时产生荧光光子。

（3）利用反射物和光导将荧光光子尽可能多地收集到光电倍增管的光阴极，并经过光电效应在阴极上产生光电子。

（4）光电子在光电倍增管中倍增，数量由 1 个增加到 104～1010 个，电子流在阳极负载上产生电信号。

（5）电信号由电子仪器来记录和分析。

2. 闪烁体晶体探测器输出脉冲的幅度和能谱效应

闪烁体晶体探测器输出脉冲的幅度与入射光子在闪烁体晶体中损失的能量成正比。而光子是通过前述 3 种效应损失能量的，因此在测量单能光子时，得到的输出并不是一个单峰，更不是一条谱线，而是一幅连续的谱图。下面举例说明闪烁体晶体探测器对单能光子的能谱响应。

图 6.3 所示为 ^{137}Cs 的伽马射线谱，^{137}Cs 只发射单一能量的伽马光子（0.662MeV），其经过闪烁体晶体探测器测量后的能谱有 3 个峰和 1 个平台。

其中，A 峰为光电峰，是由光电效应及多次效应形成的，因此光电效应形成的脉冲幅度直接反映了入射粒子的能量，对应的峰称为光电峰；B 平台为康普顿平台，是光子发生康普顿散射产生的电子的连续谱，康普顿散射产生的脉冲幅度对应的能量范围为 0～0.4779MeV；C 峰为反散射峰，有一部分未被吸收而穿过闪烁体晶体，又被闪烁体晶体散射回来，发生光电效应，反散射伽马光子的能量为 0.184MeV；D 峰为 X 射线峰，是由 ^{137}Ba 的 K 壳层特征 X 射线通过光电效应产生的，$E_X = 32$keV。由于 ^{137}Cs 的能量为 0.662MeV，因此不会发生电子对效应。

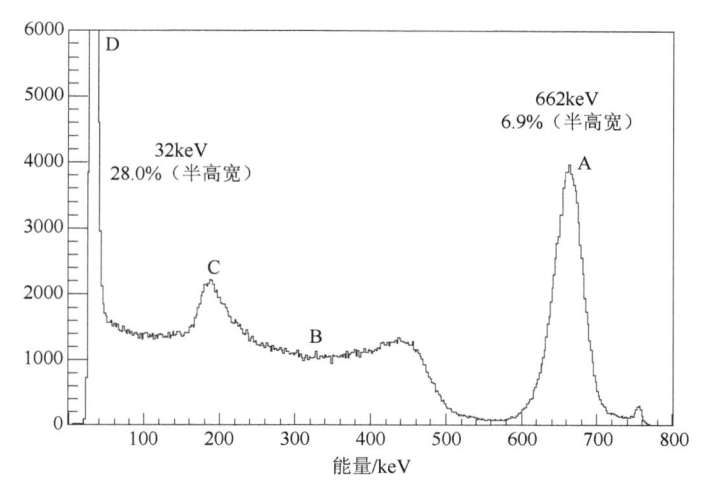

图 6.3 ^{137}Cs 的伽马射线谱

6.2 自然伽马测井和自然伽马能谱测井

自然伽马测井是放射性测井中最早提供服务并到今天仍在广泛应用的测井方法。早期的自然伽马测井只能测量岩石天然伽马射线的总强度，不能对能谱进行测量；自然伽马能谱测井是在自然伽马测井的基础上发展而来的，它不仅能测量伽马射线的强度，还能分析伽马射线的能谱，提供更为丰富的信息。本节先介绍岩石的天然放射性，再对自然伽马（能谱）测井技术及其应用进行介绍。

6.2.1 岩石的天然放射性

自然界存在的核素有 300 余种，其中 60 余种为放射性核素。据统计，$A<209$ 的核素多数是稳定核素，只有少数是放射性核素；$A>209$ 的核素全部是放射性核素，主要是铀、钍和锕三大天然放射系元素。岩石的天然（自然）伽马放射性主要来自上述天然放射性核素，其中最主要的是铀系、钍系和钾 40。

1. 天然放射性

地壳中存在 3 个放射系，每个放射系都从长半衰期核素开始（和地球年龄 4.5×10^9 年相近或更长），经过一系列放射性衰变，最终生成稳定核素，其中的放射性衰变主要是 α 衰变，很少一部分是 β 衰变，一般都伴有伽马辐射。

1）铀系

铀（U）在元素周期表中处于第 7 周期，是自然界中最重的元素。它有 3 个天然同位素，即 ^{238}U、^{235}U 和 ^{234}U，其丰度分别为 99.27%、0.01% 和 0.72%。其中，^{238}U 是铀系的起始核素，其半衰期为 4.5×10^9 年；^{234}U 只是铀系中的一个子体。

铀系由最初的 ^{238}U 经 8 次 α 衰变和 6 次 β 衰变，最终生成稳定核素 ^{206}Pb。铀系中最重要的伽马辐射体是 ^{214}Bi，其次是 ^{214}Pb，主要特征伽马射线的能量分别为 0.609MeV、1.12MeV、1.76MeV 和 2.204MeV；在自然伽马能谱测井中，主要根据 1.76MeV 这一特征峰确定铀在地层中的含量。

2）钍系

钍系由最初的 ^{232}Th 经 6 次 α 衰变和 4 次 β 衰变，最终生成稳定核素 ^{206}Pb。钍系中最重要的伽马辐射体是 ^{208}Tl，其次是 ^{228}Ac，主要特征伽马射线的能量分别为 0.239MeV、0.583MeV、0.908MeV、0.960MeV 和 2.62MeV。在自然伽马能谱测井中，主要根据 2.62MeV 这一特征峰确定钍在地层中的含量。

3）锕系

^{235}U 是锕系（由 ^{227}Ac 而得名）的起始核素，经过 7 次 α 衰变和 4 次 β 衰变，最终生成稳定核素 ^{207}Pb。虽然锕系在核物理中的地位很重要，但由于其丰度小，伽马射线能量低，与地层物质相互作用后不容易被探测，因此其对岩石的天然放射性的贡献是可以忽略的。

4）钾 40

钾有 3 个天然同位素，分别是 ^{39}K、^{40}K、^{41}K。其中，^{40}K 是放射性同位素，它发射 1.46MeV 的伽马光子。在世界范围内，雨水中的钾含量为 0.2~3ppm。岩石风化后，一部分钾被带入河流、湖泊、海洋和潜水中。钾的离子半径较大，极化率高，易于被黏土矿物吸收，因此能大量停留在陆地上，而仅有 0.038%的钾被带入海洋。

2. 铀、钍和钾在岩石中的分布

岩石按成因可分为岩浆岩、沉积岩和变质岩。变质岩是由岩浆岩或沉积岩经各种内力地质作用形成的，其物质组分与变质前的岩石直接相关。在核测井中，铀和钍的含量通常以 μg/g 为单位，记作 ppm；而钾含量用 0.01g/g 为单位，记作%。

1）岩浆岩

岩浆岩体积占地壳总体积的 64.5%左右，主要矿物为：石英，占 12%；长石，占 58%；云母，占 4%；角闪石和辉石，占 17%；橄榄石、霞石、石榴石、磁铁矿和磷灰石，占 8%；其余矿物占 1%。其中，石英是没有放射性的，长石和云母中含有地层中大部分的钾，镁铁矿物中放射性物质的含量更高。

在岩浆岩中，酸性岩的铀、钍含量最高，大约比中性岩的含量高 1 倍，比基性岩的含量高 6 倍，比超基性岩的含量高 1000 倍。酸性岩和中性岩中钾的含量比基性岩、超基性岩中钾的含量高。大体上说，岩浆岩中铀的含量随着钠、钾和硅的含量的升高而升高；花岗岩富铀，碱性岩相对富钍。

2）沉积岩

沉积岩分为三大类，即黏土岩、碎屑岩和化学岩。黏土岩是主要的生油岩；而碎屑岩和化学岩中的石灰岩，即白云岩则是主要的储集岩。

在油气测井常遇地层中，黏土岩中铀、钍和钾的含量最高。黏土岩中的黏土矿物以蒙脱石和高岭石为主，且富含有机质，容易吸附铀和钍的放射性物质，放射性物质含量高，特别是铀的含量，明显高于其他黏土岩。

碎屑岩分为砾岩、砂岩和粉砂岩。碎屑岩的放射性是由正长石（含钾）、白云母（含钾）、重矿物和泥质含量决定的，最常见的现象是随着泥质含量的升高，碎屑岩的自然放射性升高。纯石英砂岩的石英含量达 80%以上，含放射性元素的矿物很少，自然放射性很低。

化学岩和生物化学岩是通过化学与生物化学作用形成的。在这类岩石中，与石油关系最密切的是碳酸盐岩，即石灰岩和白云岩。常见的化学岩还有石膏、岩盐和钾盐。除钾盐本身具有放射性外，其他各类纯的化学岩的自然放射性都特别低，但随着泥质含量的升高，其自然放射性略有升高。另外，其自然放射性升高还与成岩作用及地层水的活动有关。

3）变质岩

变质岩的放射性与其母岩的放射性相同，这是因为各种元素形成的岩石在不同温度、不同压力条件下引起的物理的、化学的变化并不改变原子核的性质，而放射性是由原子核的变化引起的。

6.2.2 自然伽马测井

自然伽马测井记录伽马射线能量高于 100keV 的所有自然伽马射线产生的计数，自然伽马测井只反映地层中所有放射性核素产生伽马射线的总强度，不能区分这些核素的种类。

1. 自然伽马测井仪器的刻度

由于仪器的探测效率不同，以及电子线路和仪器外壳的吸收条件等有差别，会造成对于同一测量对象得到不同的计数率，因此需要统一记录单位。测井仪器的标准化就是测井仪器的刻度标准化，国际上采用 API 作为自然伽马辐射强度的标准单位。

美国休斯敦大学建造了一套三层混凝土标准模块组成的刻度井，每个模块都是直径为 1.219m、高度为 2.438m 的带井眼的圆柱体，中间一层是含有 12ppm 铀、24ppm 钍和 4%钾的高放射性层，而上、下两层则是未加放射性物质的低放射性层，将仪器在井眼中测到的高放射性和低放射性两种模块的读数差定为 200 个 API 单位。其中，上层具有低放射性物质，用来屏蔽宇宙射线；中间层为高放射性物质（相当于北美大陆中部地区页岩放射性平均值的 2 倍）；下层为低放射性物质，可以用该地层的放射性值来标定伽马测量仪的最小值。上述设置可以使北美大陆中部地区普通泥岩的读数大约为 100 个 API 单位。

按照一级刻度标准（见图 6.4），Δy 为高放射性层与低放射性层之间的差值，单位为 API；Δx 为仪器在高放射性层和低放射性层读数的差值，单位为 CPS；m 为刻度系数。利用上述方法，自然伽马测井仪记录的计数率可以经过刻度后转换为 API 标准单位。

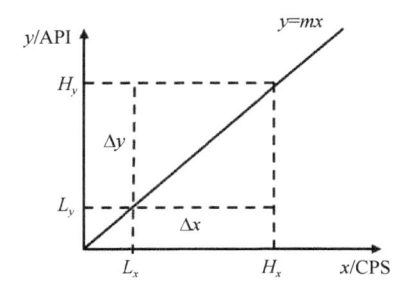

图 6.4 工程值 API 与仪器响应值 CPS 的关系图

2. 自然伽马测井仪器的探测范围

1）通量密度、射线强度和计数率

设有一球体通过球心的截面积是 s，而 N 是时间 t 内进入球体的光子数，则通量密度 ϕ_r 定义为

$$\phi_r = N/st \tag{6.7}$$

对平行射线来说，单位时间通过与射线方向垂直的单位截面的光子数称为伽马射线的强度；对非平行射线来说，也可将式（6.7）定义的通量密度称为强度。通量密度或射线强度与仪器在单位时间内的计数，即计数率（CPS）成正比。

2）无限均匀放射性地层中的自然伽马通量密度

为了简便，设无限均匀各向同性地层中只有一种发射单能光子的放射性元素（如钾），地层的密度为 ρ，每克岩石中的该种放射性元素的含量为 q（单位为g），每克该种放射性元素每秒平均发射 a 个光子，地层对光子的吸收系数为 μ，求地层中任意点保持初始能量的光子通量密度。为此，将球坐标系的原点与观察点 M 重合，计算放射性球体在球心的光子通量密度。在球坐标系中取一体积元 dV，它在与之距离为 r 的 M 点处产生的光子通量密度为

$$d\phi_r = \frac{aq\rho dV}{4\pi r^2} e^{-\mu r} = \frac{aq\rho}{4\pi}\sin\theta e^{-\mu r} d\theta d\varphi dr \tag{6.8}$$

求积分得

$$\phi_r = \frac{aq\rho}{\mu}(1 - e^{-\mu r}) = \frac{A}{\mu}(1 - e^{-\mu r}) \tag{6.9}$$

式中，$A = aq\rho$，即源强密度。若对上述无限介质求积分，即 $r \to \infty$，则可得

$$\phi_0 = \frac{A}{\mu} = \frac{A_m}{\mu_m} \tag{6.10}$$

式中，ϕ_0 为上述无限介质中任意点的光子通量密度；μ_m 为质量衰减系数，它随着光子能量的升高而减小；A_m 为单位质量的岩石每秒发射的光子数，$A_m = aq$。

沉积岩中主要矿物的质量衰减系数变化较小。例如，当伽马光子的能量为 1.5MeV 时，纯水、石英、方解石的质量衰减系数分别为 0.0575、0.0545、0.0518（cm^2/g）。混凝土的质量衰减系数为 0.0519cm^2/g。对于常遇地层，可认为 $\phi_0 \propto q$，因而可以通过测定确定能量范围内的光子通量来得到某种核素的含量。

利用式（6.9）和式（6.10）可以估计自然伽马测井的探测范围：

$$\frac{\phi_r}{\phi_0} = 1 - e^{-\mu r} \tag{6.11}$$

当 $\mu r = 4.605$ 时，这一比值为 0.99。若 μ 分别取 0.10cm^{-1} 和 0.15cm^{-1}，则相应的球体的半径分别为 46.05cm 和 30.7cm。可以认为，自然伽马测井对地层的探测范围大约是一个直径小于 1m 的球体。

3. 有限厚放射性地层的测井响应

图 6.5（a）给出了有限厚放射性地层测量示意图，其中，有限厚放射性地层的厚度为 h，井半径为 r_0，井轴与地层面垂直，M 点位于井轴上且位于放射性地层下方。放射性地层内部物理性质均匀、各向同性，只含一种发射单能光子的放射性元素（如钾），地层的密度为 ρ，每克岩石中该种放射性元素的含量为 q（单位为g），每克该种放射性元素每秒平均发射 a 个光子，地层和井内介质对光子的吸收系数均为 μ，且围岩不含放射性物质。假设 $\mu = 0.1cm^{-1}$，$r_0 = 15cm$，当地层厚度分别为 15cm、30cm、60cm、90cm 和 150cm 时，求井轴上任意点 M 处的光子通量分布，由此可以得到自然伽马测井仪器穿过不同厚度放射性地层的测井响应规律，如图 6.5（b）所示。

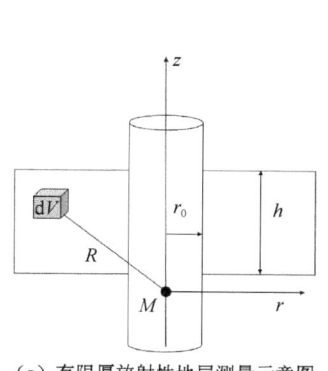

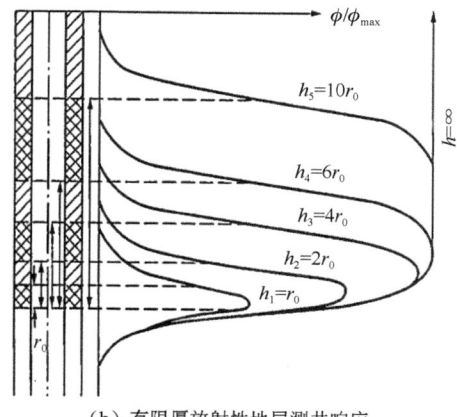

（a）有限厚放射性地层测量示意图　　（b）有限厚放射性地层测井响应

图 6.5　有限厚放射性地层沿井轴方向的光子通量密度

（1）当上、下围岩的放射性相同时，曲线对称于地层中心。

（2）对着地层中心，曲线有一极大值，且它随 h 的增大而增大；当 $h \geqslant 6r_0$ 时，它不再随 h 的变化而变化。

（3）当 $h \geqslant 6r_0$ 时，由曲线的半幅点确定的视厚度等于地层的真厚度，半幅点正对着地层界面；当 $h < 6r_0$ 时，由半幅点确定的视厚度大于地层的真厚度。

4．影响因素

环境影响是指由实际测井时遇到的井条件与仪器刻度标准条件不一致引起的测井响应的变化。

1）统计误差

对放射性测井来说，测井计数率曲线每点的读数都包含统计误差。因此，自然伽马计数率曲线的每个深度点都存在统计起伏。自然伽马测得的计数率越高，计数统计性越好，曲线统计起伏越小；自然伽马计数率越低，计数统计性越差，曲线统计起伏越大。

2）测井速度

井下仪器每移动一个采样间隔，就完成一个周期数据的采集；测井速度越快，仪器在一个采样间隔内停留的时间越短，测得的计数越小，相对误差越大，曲线统计起伏越明显。

3）井中介质

井中介质包括泥浆、套管和水泥环。若泥浆为低放射性泥浆，则测井的影响主要是对来自地层的伽马射线的散射和吸收；若泥浆中含有 KCl，则泥浆柱相当于一个附加的放射源，钾的特征道区计数率会升高；而当泥浆中含有重晶石时，泥浆的光电吸收效应增强，使自然伽马能谱严重变形。

6.2.3　自然伽马能谱测井

1．自然伽马能谱测井仪

对自然能谱信息利用最为充分的是多功能补偿自然伽马能谱测井仪（CSNG），图 6.6 所示为它的结构图。井下仪器是一套具有稳谱和数据传输功能的数控伽马能谱仪，而地面仪器则是一套计算机控制和数据处理系统。

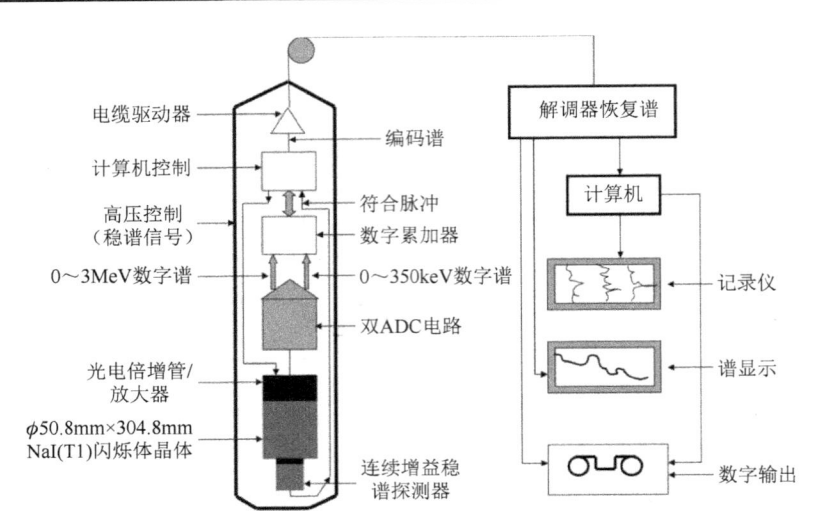

图 6.6 自然伽马能谱测井仪的结构图

它的主要部件和功能如下。

（1）伽马射线探测器。

伽马射线探测器包括大体积 NaI(Tl) 闪烁体晶体、光电倍增管、信号放大器和高压电源，主要测量来自地层的自然伽马射线，同时接收来自安置在闪烁体晶体顶端的稳谱源发射的伽马射线，并输出幅度与入射伽马光子在闪烁体晶体中损失的能量成正比的电脉冲串。

（2）脉冲幅度分析器。

从伽马射线探测器输出的电脉冲串经双 ADC 电路转换成两个 256 道的数字谱，能量段分别为 0~3MeV 和 0~350keV，并送到数字累加器做进一步处理。

（3）稳谱源和稳谱探测器。

稳谱源采用强度为 30~50μCi，即$(1.1~1.9)×10^2$kBq 的 ^{241}Am，它在发生 α 衰变时同时发射 59.5keV 的伽马射线，半衰期为 430 年。稳谱探测器测量 ^{241}Am 衰变时发射的 α 粒子，产生符合脉冲，用以将由稳谱源发射的 59.5keV 的伽马射线产生的脉冲与由自然伽马射线产生的脉冲区别开。

（4）井下仪器控制系统。

由计算机控制伽马能谱的稳谱、数据采集、数据处理和编码，形成编码谱，通过电缆驱动器经电缆传输到地面仪器接口。

（5）数据处理和记录系统。

编码谱经解调器解调恢复成数据谱，谱图由显示器显示，经计算机解谱，求出铀、钍、钾的含量和总放射性强度，连续记录在记录仪上。谱数据和处理结果均由磁带机记录，准备做进一步处理。

2．自然伽马能谱解析

1）仪器谱和标准谱

用闪烁谱仪观察到的并不是铀系、钍系和钾的伽马线谱，而是通过光子与地层及闪烁体晶体相互作用后的连续谱，称为仪器谱。

用自然伽马能谱测井仪在刻度井中测量只含铀、钍或钾一种放射性元素且尺寸足够大的模拟地层，可以得到每种放射性元素的标准仪器谱（简称标准谱）。

标准谱与混合谱如图 6.7 所示。

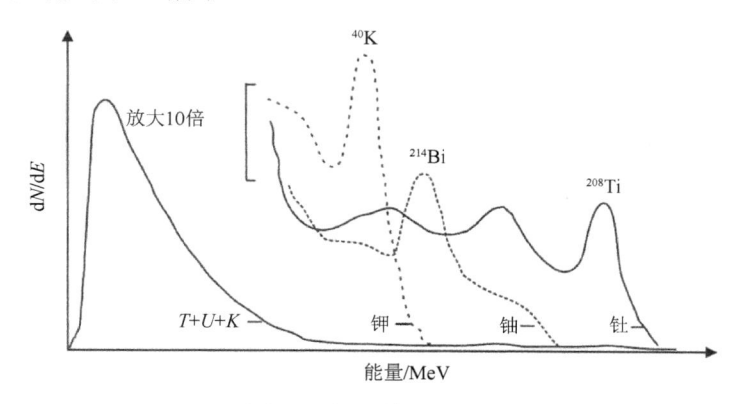

图 6.7 标准谱与混合谱

2）解谱方法

伽马能谱中包含多种能量的伽马射线，且高能伽马射线由于康普顿效应，在低能伽马射线的能窗内有计数贡献，需要进行能谱分析，常用剥谱法和最小二乘法。

（1）剥谱法。

剥谱法也叫康普顿分布除去法，首先从混合谱中找出一种容易识别的核素，求出它的能谱，并从混合谱中扣除；然后用同样的方法依次扣除其他核素的能谱。剥谱法适用的条件：①只有特征能量高的核素对特征能量低的核素的特征峰计数有贡献，而特征能量低的核素对特征能量高的核素的特征峰计数无影响；②样品（地层）的混合谱是各种核素的标准谱强度的线性叠加。

能谱解析的目的是确定对应能量为 1.46MeV、1.76MeV 和 2.62MeV 的 3 种伽马射线的特征能窗计数率与铀、钍、钾在地层中的含量之间的关系，这 3 个特征能窗分别用第 1、2、3 特征能窗表示，其在混合谱中的计数率分别是 N_1、N_2、N_3：

$$N_1 = N_{11} + N_{12} + N_{13} \tag{6.12}$$

$$N_2 = N_{11} + N_{22} + N_{23} \tag{6.13}$$

$$N_3 = N_{13} + N_{23} + N_{33} \tag{6.14}$$

式中，N_{11} 为钾在第 1 特征能窗的计数率，即钾的净计数率；N_{12}、N_{13} 分别为铀和钍在第 1 特征能窗的计数率，反映铀和钍对 1.46MeV 特征能窗计数率的影响；N_{22} 为铀在第 2 特征能窗的计数率，即铀的净计数率；N_{23} 为钍在第 2 特征能窗的计数率，反映钍对 1.76MeV 特征能窗计数率的影响；N_{33} 为钍在第 3 特征能窗的计数率，即钍的净计数率，它等于 N_3。

根据刻度井得到铀系、钍系和钾的标准谱，可以得到解谱系数：

$$\alpha = \frac{N_{023}}{N_{033}} = \frac{N_{23}}{N_{33}} \quad \beta = \frac{N_{013}}{N_{033}} = \frac{N_{13}}{N_{33}} \quad \gamma = \frac{N_{012}}{N_{022}} = \frac{N_{12}}{N_{22}}$$

根据解谱系数，可以求出 N_{33}、N_{22} 和 N_{11}：

$$N_{33} = N_3 \tag{6.15}$$

$$N_{22} = N_2 - \frac{N_{023}}{N_{033}} N_3 \tag{6.16}$$

$$N_{11} = N_1 - \frac{N_{012}}{N_{022}} \left(N_2 - \frac{N_{023}}{N_{033}} N_3 \right) - \frac{N_{013}}{N_{033}} N_3 \tag{6.17}$$

利用剥谱法得到相应的特征能窗内的净计数率来表示成钾、铀、钍的含量，即

$$U = \frac{1}{a_{22}} N_{22}, \quad \text{Th} = \frac{1}{a_{33}} N_{33}, \quad K = \frac{1}{a_{11}} N_{11} \tag{6.18}$$

式中，a 为不同放射性元素的灵敏度系数，表示地层中某种放射性元素的含量为一个单位时在基准能窗的净计数率，主要与仪器的探测效率有关。

（2）最小二乘法。

剥谱法求几个核素（或元素）就选几个特征能窗，而最小二乘法选用的能窗数则可多于待求核素数，这些能窗不一定是特征能窗。选取 3 个以上（一般是用 5 个）能窗，构建的方程就会超过 3 个（超定方程组求解问题）：

$$\begin{bmatrix} a_{11} & a_{12} & a_{13} \\ a_{21} & a_{22} & a_{23} \\ a_{31} & a_{32} & a_{33} \\ a_{41} & a_{42} & a_{43} \\ a_{51} & a_{52} & a_{53} \end{bmatrix} \begin{bmatrix} K \\ U \\ \text{Th} \end{bmatrix} = \begin{bmatrix} N_1 \\ N_2 \\ N_3 \\ N_4 \\ N_5 \end{bmatrix} \Leftrightarrow \boldsymbol{AX} = \boldsymbol{C} \tag{6.19}$$

式中，$\boldsymbol{A}$ 为 5×3 响应矩阵；$\boldsymbol{X}$ 为 3×1 列矩阵，即待求元素钾、铀和钍的含量组成的列矩阵；$\boldsymbol{C}$ 为 5×1 测量列矩阵，即由钾、铀和钍的特征能窗计数率组成的列矩阵。

式（6.19）为矛盾方程组，通过最小二乘法可以得到的解为

$$\boldsymbol{X} = \left(\boldsymbol{A}^{\mathrm{T}} \boldsymbol{A}\right)^{-1} \boldsymbol{A}^{\mathrm{T}} \boldsymbol{C} \tag{6.20}$$

3．自然伽马（能谱）测井应用

1）识别岩性和划分储集层

自然伽马测井或自然伽马能谱测井总计数率曲线是岩性识别和地层对比应用最广的测井曲线。

岩层中的 V_{sh} 不同，GR（自然伽马）读数不同。在砂泥岩剖面，砂岩显示最小值，黏土（泥岩和页岩）显示最大值；粉砂岩和泥质砂岩介于中间，随泥质含量的升高，曲线幅度变大。在碳酸盐岩剖面，泥岩、页岩的 GR 幅度最大，纯的石灰岩、白云岩的 GR 幅度最小，而泥质灰岩、泥质白云岩的 GR 幅度介于中间。在膏盐剖面，盐岩、石膏层的 GR 幅度较小，泥岩层的 GR 幅度最大。

2）计算泥质含量

若储集层中只有黏土矿物含放射性元素，且含量稳定，并忽略吸收系数对测井响应的影响，则可用下式，由自然伽马测井求出黏土体积含量的近似值：

$$I_{\mathrm{sh}} = \frac{\mathrm{GR} - \mathrm{GR}_{\min}}{\mathrm{GR}_{\max} - \mathrm{GR}_{\min}} \tag{6.21}$$

式中，GR 为自然伽马测井曲线当前地层的幅度；$\mathrm{GR}_{\max}$ 为井剖面上的最大值；$\mathrm{GR}_{\min}$ 为井剖面上的最小值。

严格地讲，地层黏土体积含量与测井值的关系并不是线性的，通常用下列井眼公式做非线性校正：

$$V_{\mathrm{sh}} = \frac{2^{HI_{\mathrm{sh}}} - 1}{2^H - 1} \tag{6.22}$$

式中，V_{sh} 为校正后的黏土体积含量；H 为 Hilchie 指数，第三系地层取 3.7，老地层取 2，具

体地区或层系可通过实验选用更合适的值。

当用自然伽马能谱测井求地层黏土体积含量时，自然伽马的计数可以用总计数率，或者铀、钍和钾的各自含量，或者去铀曲线的相应读数来代替，式（6.21）中的 GR、GR_{max} 和 GR_{min} 分别为该测量点的对应计数、整个测量深度上的最大值和最小值。

3）识别黏土矿物

根据铀、钍和钾的含量可区分黏土矿物，从而确定黏土或泥质的类型。在测井中，经常采用钍钾交会图确定黏土和泥质的类型，如图6.8所示。

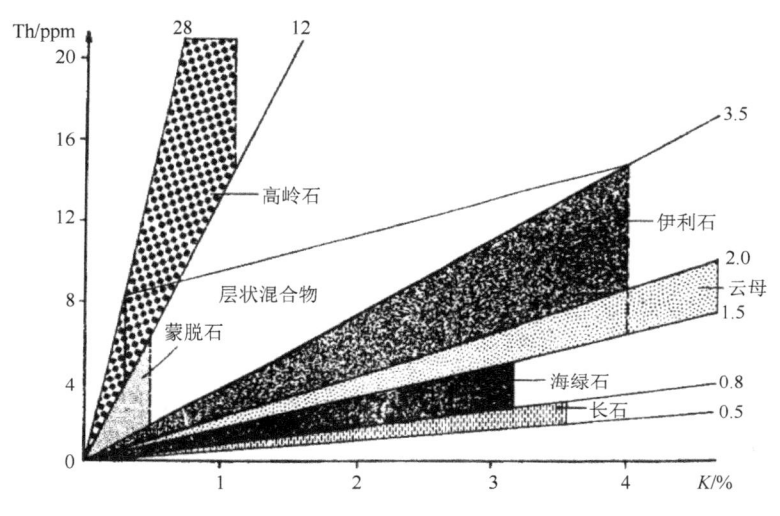

图6.8 采用钍钾交会图确定黏土或泥质的类型

4）研究沉积环境

根据统计资料：当 Th/U>7 时，沉积环境为陆相沉积环境，且为氧化环境，可能是风化层；当 2<Th/U<7 时，沉积环境为海相沉积环境，岩石主要为灰色或绿色页岩；当 Th/U<2 时，沉积环境主要为海相沉积环境，岩石为黑色页岩、磷酸盐岩。

5）研究生油岩

有机物对铀的富集起十分重要的作用，铀异常通常指示出地层富含有机物。大量资料证实，在泥岩中，铀含量与有机碳含量关系密切，因此高铀含量指示储生油岩的生油能力强，且有机碳含量与铀含量的比值和有机碳含量与钾含量的比值呈现出线性关系。

6.3 密度测井

与自然测井不同，密度测井测量的伽马射线不是地层岩石放出的天然伽马射线，而是人工伽马源作用于地层后进入探头的伽马射线。

早期的密度测井仪器是利用人工伽马源放出的伽马射线与物质相互作用（主要是康普顿效应）来测定地层密度的，称为补偿密度测井；改进后的密度测井仪器同时利用光电效应和康普顿效应测定地层的岩性与密度，称为岩性密度测井；岩性密度测井经进一步改进又发展为能谱岩性密度测井，在仪器设计、测量技术和数据处理等方面都有明显的进步，但从方法原理上来看，两者并没有本质的差别。

6.3.1 矿物的康普顿散射线性衰减系数与电子密度

1. 单一元素的电子密度和电子密度指数

原子的康普顿散射截面已由式（6.3）给出，即

$$\sigma_c = Z\sigma_{c,e} \tag{6.23}$$

式中，Z 为原子序数；$\sigma_{c,e}$ 为电子的散射截面。

若矿物是由一种原子组成的，则它的散射线性衰减系数（宏观散射截面）为

$$\mu_c = N\sigma_c \tag{6.24}$$

式中，N 为每立方厘米该矿物的原子数，即原子数密度。

将式（6.23）和计算 N 的公式代入式（6.24）可得

$$\sigma_c = \frac{N_A \rho Z}{A}\sigma_{c,e} = \sigma_{c,e} N_A \left(\frac{Z}{A}\right)\rho \tag{6.25}$$

式中，N_A 为阿伏伽德罗常数；ρ 为矿物密度；$\frac{Z}{A}$ 为荷质比。

若用 n_e 表示电子密度，即每立方厘米中的电子数，则有

$$n_e = N_A \rho \frac{Z}{A} \tag{6.26}$$

电子密度是一个很大的数，为使用方便，定义一个与它成正比的参数，即电子密度指数：

$$\rho_e = \frac{2n_e}{N_A} = 2\left(\frac{Z}{A}\right)\rho \tag{6.27}$$

由式（6.27）可知，若荷质比可近似看作常数，则测出电子密度指数后，就能确定体积密度。表 6.1 列出了几种元素的质量数 A、原子序数 Z 和 2 倍的荷质比的数值。由表 6.1 可知，除 H 以外，其他元素的 2 倍的荷质比的数值近似为 1，因此 $\rho_e \approx \rho$。

表 6.1 (Z/A)数值表

元素	A	Z	2(Z/A)
H	1.0079	1	1.9843
C	12.011	6	0.9991
O	15.999	8	1.0000
Na	22.9898	11	0.9569
Mg	24.305	12	0.9875
Al	26.9815	13	0.9636
Si	28.085	14	0.9970
S	32.06	16	0.9981
Cl	35.453	17	0.9590
K	39.039	19	0.9734
Ca	40.05	20	0.9988

2. 矿物的电子密度和电子密度指数

一个分子的电子数为

$$m_e = \sum n_i Z_i \tag{6.28}$$

式中，Z_i 为分子中第 i 种原子的原子序数；n_i 为第 i 种原子的原子数。

由一种化合物组成的矿物，其电子密度为

$$n_e = \frac{N_A \sum n_i Z_i}{M} \rho \tag{6.29}$$

式中，M 为该化合物的摩尔质量。因此，电子密度指数为

$$\rho_e = \frac{2n_e}{N_A} = \frac{2\sum n_i Z_i}{M} \rho \tag{6.30}$$

与式（6.27）类似，若比值 $\dfrac{\sum n_i Z_i}{M}$ 近似为常数，则测出电子密度指数后，就能确定其体积密度。

表 6.2 给出了一些矿物的有关值。可见，式（6.30）中的系数也近似为 1，即电子密度指数 ρ_e 在数值上与体积密度 ρ 近似相等。

表6.2 密度数据表

矿物	分子式	密度/g·cm⁻³	$2\sum n_i Z_i / M$	电子密度指数	视密度/g·cm⁻³
石英	SiO_2	2.654	0.9985	2.650	2.648
方解石	$CaCO_3$	2.710	0.9991	2.708	2.710
白云石	$CaMg(CO_3)$	2.870	0.9977	2.863	2.876
硬石膏	$CaSO_4$	2.960	0.9990	2.957	2.977
钾盐	KCl	1.984	0.9657	1.916	1.863
岩盐	$NaCl$	2.165	0.9581	2.074	2.032
石膏	$CaSO_4 \cdot 2H_2O$	2.320	1.0222	2.372	2.351
无烟煤	—	1.400 1.800	1.030	1.442 1.852	1.355 1.796
烟煤	—	1.200 1.500	1.060	1.272 1.590	1.173 1.514
淡水	H_2O	1.000	1.1101	1.110	1.000

6.3.2 矿物和岩石的光电吸收系数及光电吸收指数

1. 单一元素的光电吸收系数及光电吸收指数

已知一个原子的光电吸收截面 σ_{ph} 大约与原子序数 Z 的 5 次方成正比，且随光子能量 E 的升高而迅速增大。石油测井常见元素原子的光电吸收截面近似为

$$\sigma_{ph} = kE^{-3.15}Z^{4.6} \tag{6.31}$$

式中，k 为常数，其数值由光子能量和光电吸收截面的单位选择而定。

每个电子的平均光电吸收截面为

$$\sigma_e = \frac{\sigma_{ph}}{Z} kE^{-3.15}Z^{4.6} \tag{6.32}$$

考虑到岩性密度测井鉴别岩性时选用的能窗很窄，能量也可以看作常数，因此有

$$\sigma_e \propto Z^{3.6} \tag{6.33}$$

若矿物由单一元素组成，且其电子密度为 n_e，则其线性光电吸收系数为

$$\mu_{ph} = n_e \sigma_e \propto Z^{3.6} \tag{6.34}$$

定义一个岩性指数 P_e，称为光电吸收系数：

$$P_e = \left(\frac{Z}{10}\right)^{3.6} \quad (6.35)$$

它与 σ_e 成正比，当然也与 μ_{ph} 成正比。线性光电吸收系数是可以测量的，因此 P_e 也是可以测量的。由式（6.35）可知，P_e 无量纲，但它的数值在限定条件下与电子的平均截面相近，因此也可以说其单位是靶恩（b，$1b=10^{-24}cm^2$）每电子。

2. 矿物的光电吸收系数和光电吸收指数

当矿物由一种化合物组成时，一个分子的光电吸收截面为

$$\sigma_m = kE^{-3.15} \sum_{i=1}^{m} n_i Z_i^{4.6} \quad (6.36)$$

而电子数为 $\sum n_i Z_i$，因此每个电子的平均截面为

$$\sigma_e = kE^{-3.15} \frac{\sum n_i Z_i^{4.6}}{\sum n_i Z_i} \quad (6.37)$$

此时有

$$P_e = 10^{-3.6} \frac{\sum n_i Z_i^{4.6}}{\sum n_i Z_i} = \left(\frac{\overline{Z}}{10}\right)^{3.6} \quad (6.38)$$

式中，$\overline{Z}$ 为等效原子序数。

表 6.3 列出了几种矿物的密度和岩性指示参数。

表 6.3 几种矿物的密度和岩性指示参数

矿物	密度/g·cm⁻³	P_e
石英	2.65	1.81
方解石	2.71	5.05
白云石	2.87	3.14
硬石膏	2.96	5.08
盐岩	2.165	4.65

从表 6.3 中可以看出，石英、方解石、白云石的密度差别不大，但 P_e 差别很大。

6.3.3 补偿密度测井仪器的结构和散射伽马能谱

1. 补偿密度测井仪器的结构

密度测井中常用的伽马源主要有 ^{137}Cs 和 ^{60}Co。图 6.9 给出了 ^{137}Cs 的衰变纲图。^{137}Cs 具有伽马射线分支比大（85.1%）、半衰期长（$T_{1/2}=30.17a$）、伽马射线能量单一（$E_\gamma=0.662MeV$）的特点，因此，其发射的是理想的中能伽马射线；^{60}Co 发射的伽马射线能量相对较高，光子穿透套管后依然保留较高的能量，主要在套管井密度测量中应用。此外，利用可控 X 射线源进行密度测井也成为热门，X 射线源具有安全和环保等优势，但其本质上发射的是低能光子，其与伽马射线密度测井基本类似。

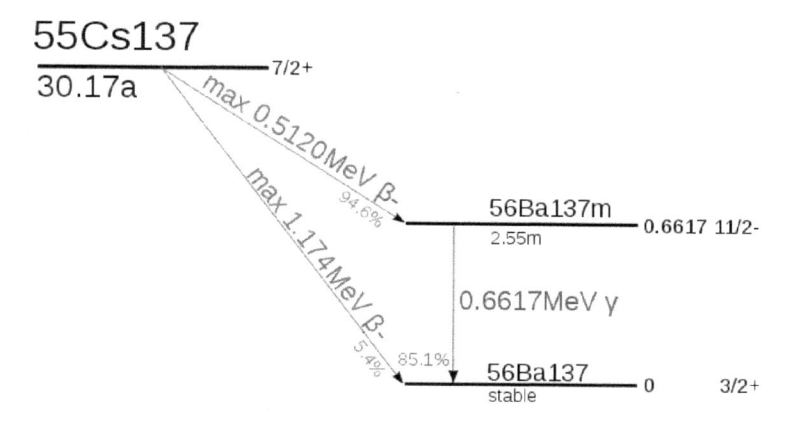

图 6.9 ^{137}Cs 的衰变纲图

现有密度测井仪器多采用补偿密度测井仪器（见图 6.10），它通常由一个人工伽马源和两个伽马探测器组成，其中，距离人工伽马源近的伽马探测器叫短源距探测器，距离人工伽马源远的伽马探测器叫长源距探测器。密度测井仪器工作时，人工伽马源向地层发射伽马光子，经地层散射吸收后，部分经过散射的光子由两个伽马探测器接收。

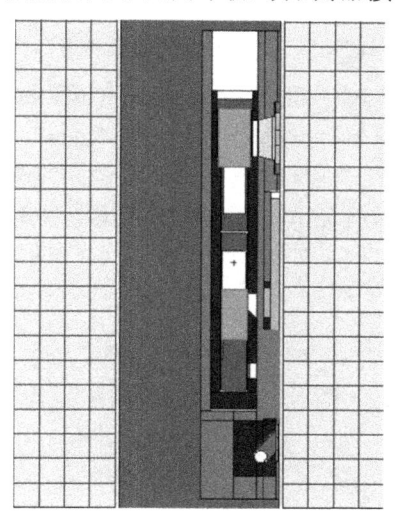

图 6.10 补偿密度测井仪器示意图

近年来，为了提高密度测井的纵向分辨率，国内外测井仪器公司也会在补偿密度测井仪器的基础上增加一个超近探测器，形成三探测器高分辨率密度测井仪器，但其测井原理与常见的补偿密度测井仪器的测井原理基本类似。

在密度测井仪器中，人工伽马源通常放置在钨镍铁制成的源仓内，其发射的伽马光子只能通过预留的准直孔射向地层，保证了光子射入地层的方向；同时，人工伽马源和伽马探测器之间由钨镍铁屏蔽体隔开，使伽马光子不能直接射到伽马探测器，仪器背向地层的一方也屏蔽起来，以减小井的影响，保证伽马探测器只接收来自地层的伽马光子。由于密度测井探测深度较浅，受井眼环境影响较大，因此在常规测井施工过程中，密度测井仪器通常利用推靠臂实现贴井壁测量。

在密度测井仪器设计过程中，源距的选择至关重要。图 6.11 展示了密度测井仪器中伽马探测器记录的光子通量与源距的关系。在不同密度的地层中，计数率随源距衰减的曲线间会有一个交点，相应的源距叫零源距。当源距为零源距时，不同密度的地层具有相同的计数率，仪器对地层密度的灵敏度为零。小于零源距的叫负源距，大于零源距的叫正源距。

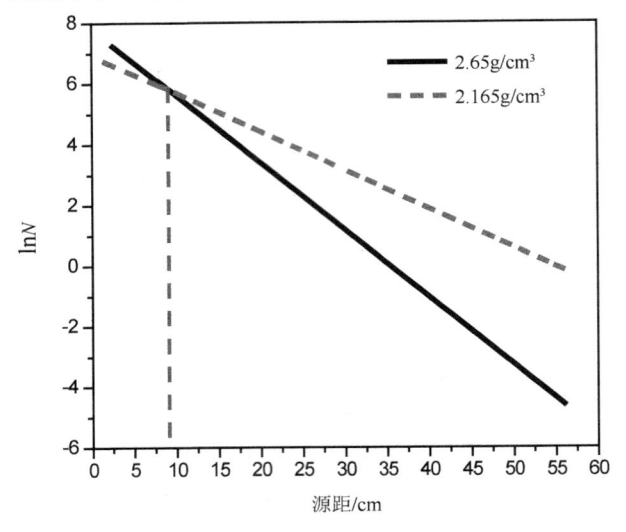

图 6.11　光子通量与源距的关系

考虑到密度灵敏度和仪器内部空间等问题，现有密度测井仪器大多数采用正源距设计。在源距固定的情况下，伽马探测器计数随着密度的增大而减小；源距越大，密度变化引起的计数差异越大，密度灵敏度越高，但同时需要考虑大源距带来的计数统计性问题。在综合考虑密度灵敏度和密度统计误差的情况下，现有补偿密度测井的短源距一般设置在 18cm 左右，长源距一般设置在 40cm 左右。

2. 散射伽马能谱的特征

利用蒙特卡罗方法建立岩性密度测井仪器地层模型，模拟 ^{137}Cs 发射的伽马光子经过地层后被伽马探测器记录的能谱信息。图 6.12 展示的是源距为 40cm 时的不同岩性条件下的散射伽马能谱。

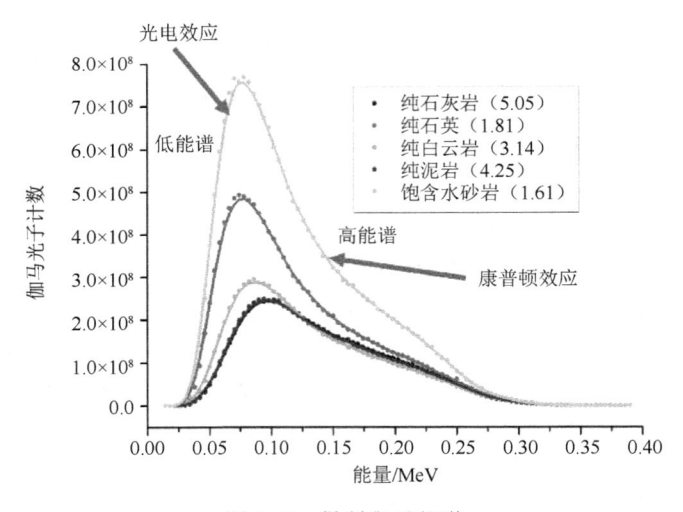

图 6.12　散射伽马能谱

由图 6.12 可以看出：

（1）这些能谱曲线都在 $E_\gamma \approx 0.10\text{MeV}$ 处出现极大值，由此将整个谱线分成左右两半。P_e 随着散射伽马光子能量的升高，多次散射峰降低并向右移动。

（2）在 $E_\gamma > 0.10\text{MeV}$ 谱段，0.48MeV 以上部分的相对计数率很低，且与岩性无关，$E_\gamma > 0.10\text{MeV}$ 谱段的相对计数率受 P_e 的影响很小。随着能量的降低，光子的相对计数率逐渐升高，反映出多次散射后能谱的软化现象。

（3）在 $E_\gamma < 0.1\text{MeV}$ 谱段，随着散射伽马光子能量的降低，光子的相对计数率逐渐降低，P_e 逐渐发挥主要作用，对 P_e 反应敏感。0.04MeV 以下部分的相对计数率也很低。

3. 能窗设置

根据散射伽马能谱的特征，为了获取岩性和密度信息，采集的散射伽马能谱一般分为 8 个谱段（能窗），如表 6.4 所示。

表 6.4 散射伽马能谱

能窗	W1	W2	W3	W4	W5	W6	W7	W8
keV	40~80	80~120	120~240	240~500	500~620	620~661	661~710	710~800

其中，康普顿窗为 W3 和 W4 两个能窗，对于含重矿物的地层，W3 受光电效应的影响，选择 W4；计算 P_e 时主要采用 W1；W6 和 W7 通常用于记录稳谱源发射的 0.662MeV 光子产生的光电峰，用于稳谱。

6.3.4 密度和岩性指数基本公式

1. 密度基本公式

实验证明，当源距大于零源距时，不同密度的地层散射光子通量 ϕ 与源距 d 的关系曲线在半对数坐标系下呈很好的线性关系；为讨论方便，引入视源距 $d_a = d - d_0$ 的概念，其中，d_0 为零源距，那么，地层散射光子通量 ϕ 与源距 d 的关系为

$$\ln \phi = \ln \phi_0 - \mu d_a \tag{6.39}$$

式中，ϕ_0 为零源距位置的光子通量；μ 为曲线的斜率。

当地层模型近似为无穷大时，散射光子截面还包括从球面外散射回来的光子。显然，不满足建立普通吸收方程的条件，μ 也就不是通常意义下的线性吸收系数了。若定义 μ 为考虑了反散射作用的某个能量段光子的地层等效吸收系数，并令 $\mu = \mu_m \rho_b$，则式（6.39）可改写为

$$\ln \phi = \ln \phi_0 - \mu_m \rho_b d_a \tag{6.40}$$

式中，μ_m 为等效质量吸收系数；ρ_b 为地层密度。

由式（6.40）可得

$$\rho_b = \frac{1}{\mu_m d_a}(\ln \phi_0 - \ln \phi) \tag{6.41}$$

考虑 μ_m 和 ϕ_0 均可视为常数，源距选定后 d_a 也是常数，光子通量 ϕ 的对数与地层密度近似为线性关系，故可将式（6.41）改为地层密度的测量式，即

$$\rho_b = \frac{1}{A}(\ln N - B) \tag{6.42}$$

式中，A 和 B 都是常数。式（6.42）也被称为密度测井的基本公式。

2. 岩性指数基本公式

散射伽马能谱的低能段主要反映光电效应，可以根据其伽马光子计数率 N_{lith} 测量不同条件下的 P_e；但低能伽马射线同时会受到康普顿效应的影响，因此，在进行岩性测量时，会同时记录高能伽马射线计数率 N_H，用低能窗与高能窗的计数比值来反映 P_e。

图 6.13 展示的是刻度井条件下，高能窗与低能窗的计数比值与 P_e 的倒数的关系，可以看出两者存在较好的线性关系：

$$\frac{N_{lith}}{N_H} = \frac{A}{P_e + C} + d \tag{6.43}$$

式中，A、C 和 d 均为刻度系数，在选择仪器刻度时确定。

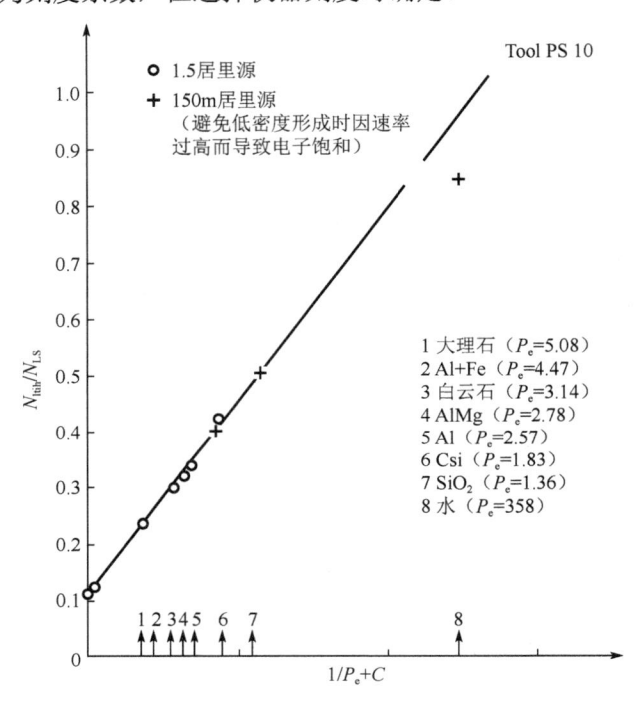

图 6.13 P_e 刻度示意图

在图 6.13 中，N_{LS} 是长源距探测器计数。

6.3.5 补偿密度测井原理

渗透性地层的井壁通常积有泥饼，泥饼对探测器计数率的相对贡献与仪器的探测深度有关。图 6.14 展示的是在存在泥饼的情况下，补偿密度测井仪器的测量示意图。通过蒙特卡罗方法模拟源距分别为 30cm 和 50cm 的仪器对纯石灰岩骨架的探测深度时，计数的 90%主要来自径向厚度约为 5cm 的地层，泥饼的影响不可忽视。由于短源距的探测深度比长源距的浅，受泥饼影响较大，因此常采用双探测器系统来补偿泥饼的影响。

1. 脊肋图的建立

通过数值模拟实验，可绘出如图 6.15 所示的脊肋图，脊线是无泥饼影响时长、短源距计数率关系线，而肋线显示的则是泥饼对计数率的影响。脊肋图是实现泥饼补偿的实验基础。

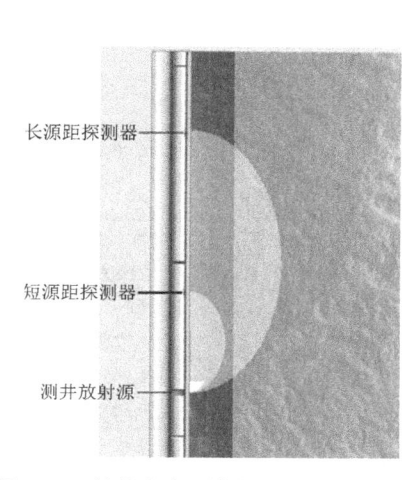

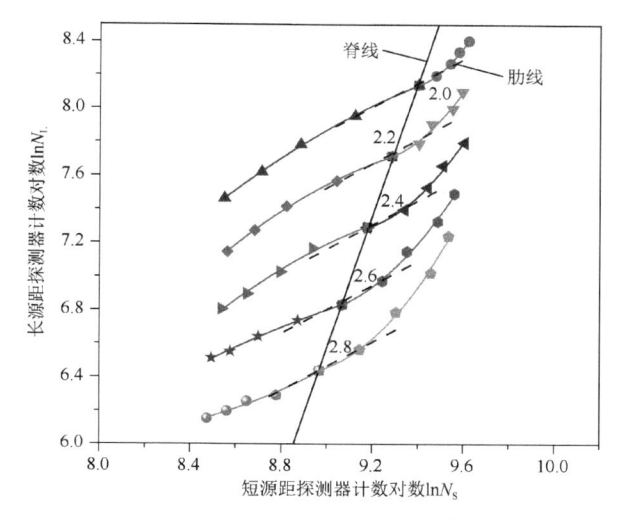

图 6.14 补偿密度测井仪器的测量示意图　　图 6.15 脊肋图示意图

对脊线上的每一点，即对真密度 ρ_b 不同的各个地层，都有反映泥饼的影响的左、右分开的两簇曲线，而且每簇曲线都只有在泥饼厚度大于某一数值后才彼此分开，若将这些曲线在它们彼此分开的点的位置上截断，则这些泥饼的影响曲线像肋骨一样排列在脊线的两侧，故称为肋线。

2. 补偿密度算法

假设长源距探测器用 L 表示，短源距探测器用 S 表示，则长、短源距探测器得到的密度分别为

$$\rho_L = \frac{1}{A_L}(\ln N_L - B_L) \quad (\text{远密度}) \tag{6.44}$$

$$\rho_S = \frac{1}{A_S}(\ln N_S - B_S) \quad (\text{近密度}) \tag{6.45}$$

传统的补偿方法以长源距探测器得到的 ρ_L 为基础，在 ρ_L 的基础上加上补偿量 $\Delta\rho$；通过实验数据，发现在泥饼比较薄的情况下，补偿量与近远密度差值存在正比例关系（见图 6.16）：

$$\Delta\rho = \frac{1}{k}(\rho_L - \rho_S) \tag{6.46}$$

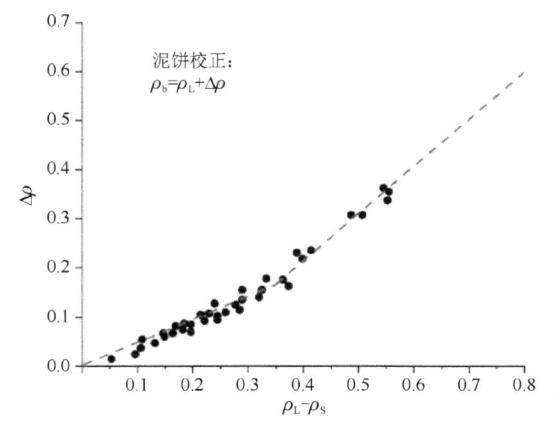

图 6.16 校正后泥饼补偿效果图

目前，常用的补偿密度测井基本公式如下：

$$\rho_b = \rho_L + \Delta\rho = \rho_L + \frac{1}{k}(\rho_L - \rho_S) \tag{6.47}$$

利用数值模拟方法设置不同的泥饼和地层情况，记录补偿密度测井响应，分别利用长、短源距探测器和补偿密度测井基本公式计算地层密度误差，如表 6.5 和表 6.6 所示。

表 6.5 轻泥饼补偿效果　　　　　　　　　　　　　　　　　单位：g/cm³

实际密度	5mm 轻泥饼			10mm 轻泥饼			20mm 轻泥饼		
	近密度	远密度	补偿密度	近密度	远密度	补偿密度	近密度	远密度	补偿密度
2.009	1.856	1.981	2.004	1.738	1.947	1.985	1.593	1.883	1.937
2.200	1.994	2.168	2.200	1.891	2.116	2.157	1.642	2.025	2.096
2.402	2.112	2.352	2.396	1.921	2.290	2.358	1.626	2.166	2.266
2.607	2.287	2.548	2.596	2.089	2.467	2.537	1.706	2.307	2.418
2.800	2.469	2.739	2.788	2.177	2.634	2.719	1.754	2.425	2.549

表 6.6 重泥饼补偿效果　　　　　　　　　　　　　　　　　单位：g/cm³

实际密度	5mm 重泥饼			10mm 重泥饼			20mm 重泥饼		
	近密度	远密度	补偿密度	近密度	远密度	补偿密度	近密度	远密度	补偿密度
2.009	2.511	2.093	2.016	2.948	2.171	2.027	3.562	2.320	2.091
2.200	2.656	2.272	2.201	3.063	2.343	2.209	3.538	2.468	2.270
2.402	2.849	2.458	2.386	3.113	2.523	2.414	3.585	2.626	2.448
2.607	2.967	2.657	2.600	3.286	2.703	2.595	3.666	2.763	2.596
2.800	3.142	2.865	2.813	3.378	2.881	2.789	3.699	2.929	2.787

6.3.6 补偿密度测井应用

1. 识别岩性和黏土矿物类型

1）用体积密度 ρ_b 识别岩性

散射伽马测井系列能提供的最基本的参数是体积密度 ρ_b，从最初的地层密度测井到岩性密度测井和散射伽马能谱地层密度测井，密度曲线是最基本的测井资料。密度曲线也是综合测井图中最常出现的岩性曲线之一，包含着大量岩性信息。密度曲线具有以下特点。

（1）在砂泥岩剖面中，泥岩密度通常比砂岩密度小。泥岩井径变化大，推靠不严实，曲线起伏大；而砂岩井径规则，其岩性也比泥岩的岩性稳定，曲线比较光滑。

（2）在碳酸盐岩剖面中，对于大段致密碳酸盐岩，裂缝发育层段的密度小，白云岩和石灰岩的密度也略有差别。

（3）在膏岩剖面中，密度曲线上的硬石膏的密度为 2.96g/cm³，呈明显的高值；而盐岩密度本来就小，加上溶解扩径，呈明显的低值。

（4）煤层密度小，可从剖面中认出。

但用密度识别岩性有一定的局限性，不同孔隙度、不同岩性的岩石可能具有相同的密度。孔隙流体的密度差别很大，地层密度受其影响，使岩性识别复杂化。

2）用 P_e 识别岩性

用 P_e 识别岩性有下述优点。

（1）受孔隙度影响小，对孔隙流体的类型不敏感。

（2）能将主要储集层的岩性区别开，砂岩、石灰岩和白云岩差别明显。

(3) 可识别黏土岩类型,若与自然伽马能谱结合,则效果更好。
(4) 对重矿物敏感,可识别重矿物含量高的地层,但要注意重晶石泥浆的影响。
(5) 可识别煤层,煤层的 P_e 或 U 都非常小。

3) 用 P_e 或 U 与 ρ_b 结合识别岩性

图 6.17 展示的是岩性参数 P_e 和 ρ_b 的交会图,其中各种岩性分隔明显。

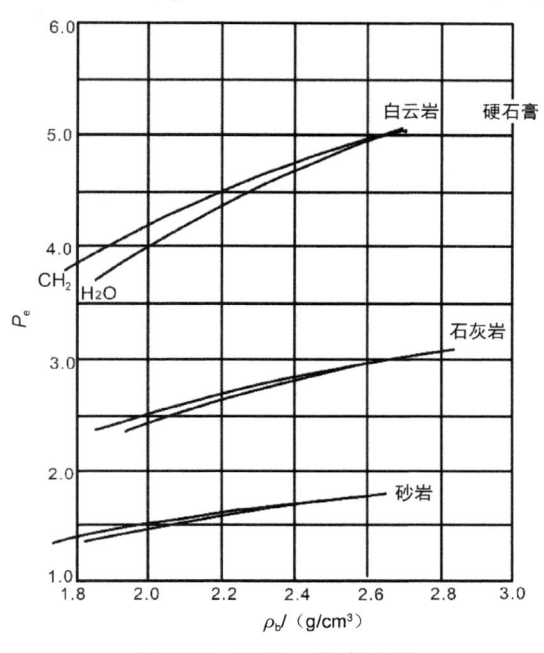

图 6.17　P_e 和 ρ_b 的交会图

对于岩性复杂的井剖面,通常要根据自然伽马测井、散射伽马测井和中子测井资料,用综合分析的方法排除地球物理方法的多解性,以便更准确地划分岩性。

2. 求储集层的孔隙度

1) 纯地层的孔隙度

已知纯地层密度 ρ_b 是由下式确定的:

$$\rho_b = \rho_{ma}(1-\phi) + \rho_f \phi \tag{6.48}$$

式中,ρ_{ma} 为岩石骨架密度;ρ_f 为孔隙流体密度;ϕ 为孔隙度。由此得孔隙度为

$$\phi = \frac{\rho_{ma} - \rho_b}{\rho_{ma} - \rho_f} \tag{6.49}$$

对石油测井常遇地层,ρ_b 可直接用测井密度 ρ_{log} 代替。为与其他测井方法求出的孔隙度相区别,由式(6.49)确定的孔隙度称为密度孔隙度,并用 ϕ_D 表示。

从原理上来说,岩石骨架密度 ρ_{ma} 可根据已判明的岩性查出,即纯地层的骨架矿物分别为石英、方解石和白云石时,ρ_{ma} 分别为 2.65g/cm³、2.71g/cm³ 和 2.87g/cm³。但实际上真正的纯地层是很难遇到的,应通过实验和统计确定各层段的 ρ_{ma}。

2) 地层的石灰岩孔隙度

测井仪器是以饱含淡水的石灰岩为标准刻度的,即岩石骨架密度 ρ_{ma}=2.71g/cm³,而孔隙流体密度 ρ_f=1g/cm³。当岩性或流体性质与刻度条件不同时,测井给出的孔隙度曲线值就与地

层孔隙度不同。用饱含淡水的纯石灰岩为标准刻度并由式（6.49）给出的孔隙度叫地层的石灰岩孔隙度，在测井曲线上看到的就是具有这种含义的孔隙度。

真孔隙度为零的纯石英砂岩的密度为 2.65g/cm³，按式（6.49）计算得

$$\phi_D = \frac{\rho_{ma} - \rho_b}{\rho_{ma} - \rho_f} = \frac{2.71 - 2.65}{2.71 - 1} \approx 0.035 \tag{6.50}$$

即其石灰岩孔隙度为 0.035。可见，纯石英砂岩的密度孔隙度总是大于它的真孔隙度。

同样，真孔隙度为零的纯白云岩，其石灰岩孔隙度为

$$\phi_D = \frac{\rho_{ma} - \rho_b}{\rho_{ma} - \rho_f} = \frac{2.71 - 2.87}{2.71 - 1} \approx -0.094 \tag{6.51}$$

可见，纯白云岩的最小石灰岩孔隙度不是零，而小于零，即密度孔隙度总是小于它的真孔隙度。

黏土岩的密度比上述几种岩石骨架密度都小，泥岩、页岩的密度孔隙度通常比储集层的还大。储集层中的泥质含量能使密度孔隙度偏大。

总之，散射伽马测井把一切密度小于 2.71g/cm³ 的地层都看作孔隙性地层，因而在求孔隙度时，必须首先确定岩性。

3）孔隙流体的附加孔隙度

由于标准刻度条件规定孔隙流体密度 ρ_f =1g/cm³，因此，在仪器探测范围内（<15cm）孔隙流体密度若偏离这一标准值，则会产生附加孔隙度。泥浆滤液的密度一般在稍大于 1g/cm³ 和稍小于 1.1g/cm³ 之间，但有些特殊钻井液可能超出这一范围。对于气层，若用普通泥浆钻井，则因有滤液侵入而在靠近井壁的地层孔隙空间中混合液的密度仍接近 1g/cm³；但若用低失水泥浆钻井，尤其在使用暂堵剂时，则在近井壁区就会有大量的残留天然气，混合液的视密度仅有 0.3~0.7g/cm³，密度孔隙度将明显偏大。

6.4 中子物理基础

本节研究以中子与地层物质的相互作用为基础的测井方法，包括使用同位素中子源的中子测井和使用加速器中子源的中子测井两大类。下面先介绍这两大类中子测井共有的核物理基础，再分别研究每种方法的技术和应用。

6.4.1 中子与地层物质的相互作用

研究认为，中子可能带有很小的难以探测的电荷，其上限是 10^{-8} 电子电荷，因而可把它看作中性粒子。根据中子携带能量的差异，可以将其分为几类，如表 6.7 所示。

表 6.7 常见中子类型及其对应的能量范围

中子分类	能量范围
快中子	100keV~20MeV
中能中子	100eV~100keV
超热中子	0.025~100eV
热中子	0.025eV
冷中子	0~0.025eV

其中，能量较高的快中子具有很强的穿透能力，能穿过井下仪器的钢外壳、井液、套管和水泥环而进入地层。由于中子不需要克服库仑力的障碍，因此能量很低的中子也能进入原子

核并引起各种核反应,反应概率往往很大。这些特性对测井非常有利。但是,由于中能中子的半衰期不够长,因此自然界几乎不存在自由中子。中子测井中用到的中子都是通过中子源装置产生的。

1. 非弹性散射

中子与地层元素的原子核发生非弹性散射,这个过程中的系统总动能是不守恒的。在这个过程中,地层元素的原子核会吸收高能快中子并放出一个能量较低的中子,导致地层元素的原子核依然处于激发态,原子核从激发态回到基态需要向外界放出伽马射线。这个过程中产生的伽马射线被称为非弹性散射伽马射线,中子和地层元素的原子核的非弹性散射反应式可以表示如下:

$$^{A}_{Z}X + n \rightarrow {}^{A_m}_{Z}X + n' \tag{6.52}$$

$$^{A_m}_{Z}X \rightarrow {}^{A}_{Z}X + \gamma \tag{6.53}$$

非弹性散射的发生对中子能量有严格的要求,只有在中子能量高于或等于靶核第一激发态对应能量时才能发生。中子与某一元素的原子核发生非弹性散射的最低能量要求被称为该元素的非弹性散射阈能:

$$E_{\text{th}} \rightarrow E_1 \frac{M+m}{M} \tag{6.54}$$

式中,E_{th} 为非弹性散射阈能;E_1 为第一激发态对应能量;M 和 m 分别为靶核与入射中子的质量。

中子与元素的原子核相互作用的概率是用截面表示的,单位是 m^2 或 cm^2,旧用单位是靶恩(b),$1b=10^{-28}m^2$。中子与某一元素的原子核发生非弹性散射的概率用微观非弹性散射截面表示。元素的微观非弹性散射截面越大,表明中子与该元素的原子核发生非弹性散射的概率越大。图 6.18 给出了地层常见元素的微观非弹性散射截面与中子能量的关系。由图 6.18 可知,除 H 元素由于原子核数太小而无法与中子发生非弹性散射放出伽马射线以外,C、O、Mg、Si 和 Ca 对应的非弹性散射阈能分别为 4.8MeV、6.5MeV、1.4MeV、1.8MeV 和 3.6MeV,这表明非弹性散射主要发生在高能快中子(能量高于 1MeV)与地层元素的原子核的碰撞过程中;能量低于 1MeV 的中子几乎不再与地层元素的原子核发生非弹性散射。

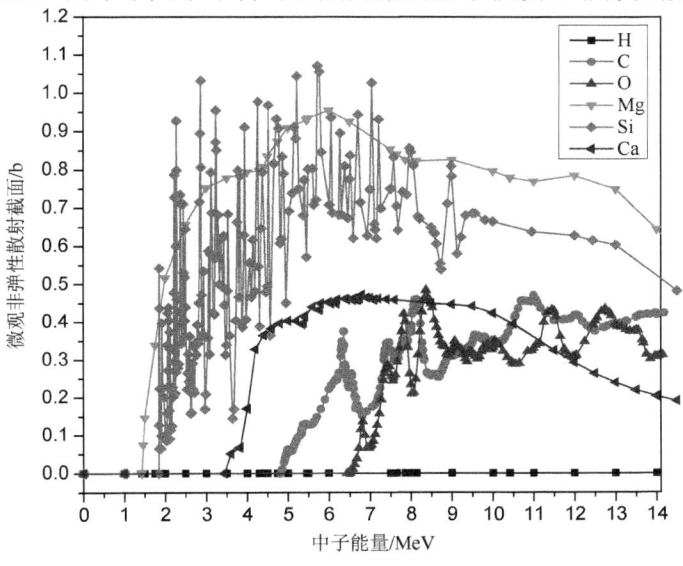

图 6.18 地层常见元素的微观非弹性散射截面与中子能量的关系

2. 弹性散射

在中子与地层元素的原子核发生弹性散射的过程中，中子与地层元素的原子核组成的系统的总动能不变，中子损失的能量全部转化为地层元素的原子核的动能，因此，在弹性散射过程中，地层元素的原子核始终处于基态，不会有伽马射线放出。中子发生弹性散射后的能量与碰撞前的中子能量、散射角及原子核的质量数有关，弹性散射作用后，中子能量 E' 与作用前中子能量 E_0 的比值可以表示为

$$\frac{E'}{E_0} = \frac{A^2 + 2A\cos\theta + 1}{(A+1)^2} \tag{6.55}$$

式中，A 为靶核的质量数；θ 为质心坐标系中的散射角。

同样，中子与地层元素的原子核发生弹性散射的概率用元素的微观弹性散射截面表示，图 6.19 给出了地层常见元素的微观弹性散射截面与中子能量的关系。由图 6.19 可知，中子与地层元素的原子核之间的弹性散射在整个中子能量范围内都是存在的；伴随着中子能量的降低，元素的微观弹性散射截面变大，中子与地层元素的原子核发生弹性散射的概率变大。在中子能量为 0.1eV～0.01MeV 时，元素的微观弹性散射截面变化不大；当中子减速到热中子后，元素的微观弹性散射截面明显增大。其中，H 元素由于原子核数最小，中子与 H 元素发生弹性散射的概率明显大于其余地层元素，因此，地层的含 H 量在一定程度上决定了地层的中子减速能力。

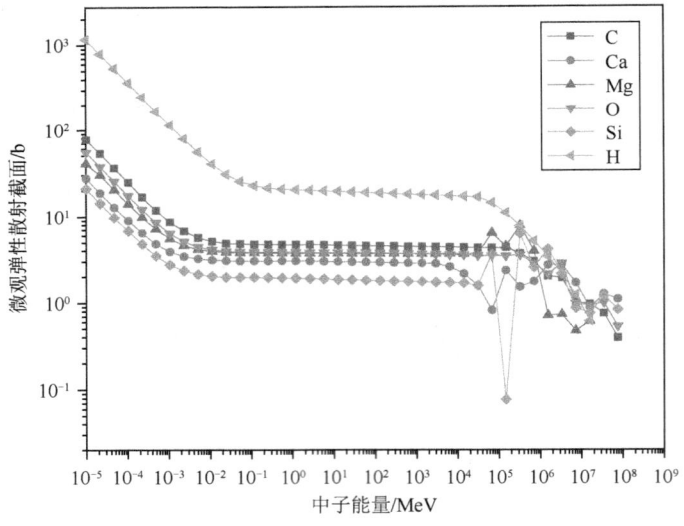

图 6.19 地层常见元素的微观弹性散射截面与中子能量的关系

3. 辐射俘获反应

在辐射俘获作用过程中，地层中的热中子会被地层元素的原子核俘获，原子核从基态转变为激发态，激发态原子核通过向外放出伽马光子回到基态，具体反应方程式如下：

$$^{A}_{Z}X + n \rightarrow \,^{A+1}_{Z}X + \gamma \tag{6.56}$$

图 6.20 给出了地层常见元素的微观俘获截面与中子能量的关系。由图 6.20 可知，当中子能量不在共振范围内时，随着中子能量的降低，微观俘获截面呈指数级增大。这表明中子能量越低，越容易被地层元素的原子核俘获。因此，中子与地层元素的原子核的辐射俘获作用主要发生在热中子能量阶段；而对于能量较高的中子，其与地层元素的原子核发生辐射俘获

作用的概率较小。

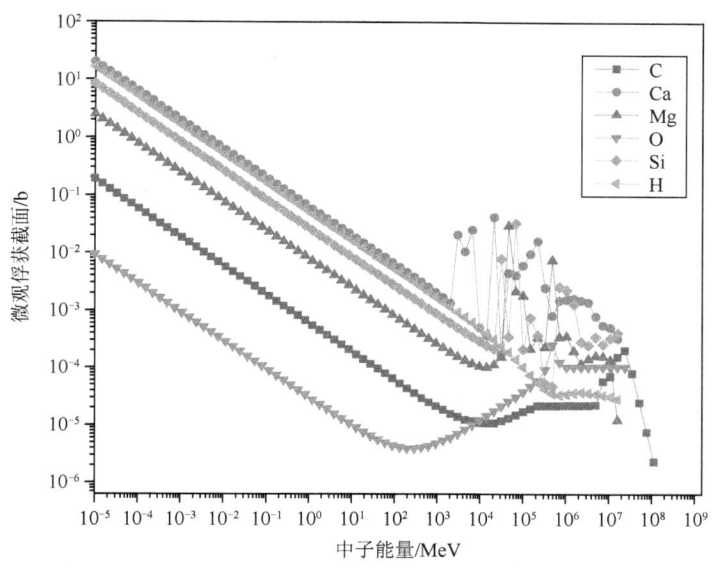

图 6.20 地层常见元素的微观俘获截面与中子能量的关系

4. 中子活化

中子通过(n,α)、(n,p)和(n,γ)反应，能使某些稳定核素转变为放射性核素，即发生了中子活化核反应。

快中子引起的活化如：

$$_{14}^{28}\text{Si} + _{0}^{1}\text{n} = _{13}^{28}\text{Al} + _{1}^{1}\text{H} \tag{6.57}$$

即通过(n,p)反应产生了放射性核素，^{28}Al 将按下式衰变：

$$_{13}^{28}\text{Al} \rightarrow _{14}^{28}\text{Si} + \beta + \gamma \tag{6.58}$$

$_{13}^{28}$Al 的半衰期为 2.3min，伽马射线能量为 1.782MeV。

热中子通过(n,γ)反应，能使某些稳定核素活化。例如：

$$_{13}^{27}\text{Al} + _{0}^{1}\text{n} \rightarrow _{13}^{28}\text{Al} + \gamma \tag{6.59}$$

中子活化核反应是中子活化测井的物理基础。

6.4.2 中子与岩石的相互作用

前面已经讨论了中子与原子核的相互作用，实际上是研究一个中子和一个原子核的相互作用，属于微观中子物理。而中子进入地层后，是大块物质与大量原子核的相互作用。中子在地层内的减速、扩散属于宏观现象，需要用宏观中子物理的概念来解释。在宏观中子物理中，经常用到宏观截面、减速长度等术语，以下逐一介绍。

1. 宏观截面

在研究中子与岩石的相互作用时，涉及大量原子核的作用，需要引入宏观截面的概念。宏观截面也称截面密度，与此对照，一个原子核的截面可称为微观截面。宏观截面是中子与单位体积物质的所有原子（或分子）发生作用的截面，用 Σ 表示，单位是 m^{-1}：

$$\Sigma = N\sigma \tag{6.60}$$

式中，N 为核密度，即单位体积内的原子核数。习惯上核密度以 cm^{-3} 为单位，并有

$$N = \frac{\rho}{A} N_A \tag{6.61}$$

式中，ρ 为物质的体密度，g/cm^3；A 为元素的摩尔质量，g/mol；N_A 为阿伏伽德罗常数，等于 $6.022 \times 10^{23} /mol$。

可见，ρ/A 代表单位体积的摩尔数，即 mol/cm^3，与阿伏伽德罗常数相乘后为单位体积的原子数或分子数。

如果所研究的物质不是单一元素（严格地讲应为核素），而是由 m 种元素均匀混合组成的，则其宏观截面应为

$$\Sigma = \sum_{i=1}^{m} N_i \sigma_i \quad (i = 1, 2, \cdots, m) \tag{6.62}$$

式中，N_i 为第 i 种元素的核密度；σ_i 为第 i 种元素的微观截面。

对于化合物，当中子能量高于 1eV 时，靶核的作用与自由核的作用一样。当中子能量较低时，中子与结合在分子中的原子核发生散射时，由于受化学键的影响，中子似乎是与一个质量数比散射核大得多的原子核作用，有可能与分子发生非弹性散射。当中子能量更低时，中子与靶核的作用犹如靶核具有整个分子的质量。低能中子与分子或固体的作用不能用微观截面来描述，只能用宏观截面。

宏观截面也有散射截面（Σ_s）、俘获截面（Σ_a）和总截面（Σ_t）之分，且有

$$\Sigma_t = \Sigma_s + \Sigma_a \tag{6.63}$$

岩石的宏观截面（Σ_s）是决定其对中子的减速能力的重要因素，而吸收截面（Σ_a）则决定着岩石中热中子的寿命和分布。

2. 岩石的快中子减速长度

由源发射出的快中子（$E = E_0$）在地层中经散射减速到热中子（$E = E_t$）所移动的直线距离 R 叫中子的减速距离，而定义中子减速长度 L_f 为

$$L_f = \sqrt{\frac{R^2}{6}} \tag{6.64}$$

对于由轻核组成的物质，有

$$\overline{R^2} = \frac{2}{1 - \frac{2}{3A}} \frac{\ln(E_0 / E\Sigma_t)}{\xi \Sigma_s^2} \tag{6.65}$$

含氢量高的岩石的宏观减速能力强，L_f 就小，如淡水的 L_f 为 7~8cm，而岩石骨架的 L_f 为 30~40cm。纯砂岩骨架要比纯石灰岩骨架的中子减速长度大。

3. 岩石的热中子寿命

当中子能量与环境中的分子、原子达到热平衡后，中子在岩石中的减速过程就会停止。此后，热中子在地层中扩散，并逐渐被俘获。中子从减速到热中子的时刻起，到被吸收的时刻止，所经过的平均时间称为岩石的热中子寿命，也叫扩散时间，用 τ_t 表示。

$$\tau_t = \frac{1}{v \Sigma_a} \tag{6.66}$$

式中，v 为热中子的平均速度，等于 $2.2 \times 10^5 cm/s$。

当岩石中宏观俘获截面大的元素（如氯-35）含量高时，热中子寿命短。高矿化度水层的热中子寿命比油层的热中子寿命要短得多。^{35}Cl 是影响热中子扩散过程的最主要的核素。

4. 岩石的热中子扩散长度

热中子从产生的位置起，到被吸收的位置止的直线距离称为岩石的热中子扩散距离，以 r_t 表示。热中子扩散长度定义为

$$L_t = \sqrt{\frac{r_t^2}{6}} \tag{6.67}$$

6.4.3 中子扩散理论

1. 中子注量和中子注量率

在空间一定点上，于一段时间间隔内，无论以任何方向射入以该点为中心的小球体的中子数与该球体的最大截面的比值定义为中子注量，单位是 n/cm² 或 cm^{-2}。

在空间一定点上，单位时间内收到的中子注量称为中子注量率，常用 Φ 表示，单位为 n/(cm²·s) 或 cm^{-2}·s^{-1}，又称中子通量。

对于放射性核素中子源，源距为 R，且 R 远大于源尺寸，可以将中子源看作点电源。在各向同性介质中，R 处的中子注量率可按照下式计算：

$$\Phi = \frac{Q}{4\pi R^2} \tag{6.68}$$

式中，Q 是中子源的强度，即每秒放出的中子总数。

2. 单组扩散理论

若介质的宏观俘获截面为 Σ_a，中子通量为 ϕ，则每秒每立方厘米被吸收的中子数为 $\Sigma_a \phi$，满足平衡方程：

$$D\nabla^2 \phi - \Sigma_a \phi + S = 0 \tag{6.69}$$

$$\nabla^2 \phi - \frac{\Sigma_a}{D}\phi + \frac{S}{D} = 0 \tag{6.70}$$

式中，D 为扩散系数；$D\nabla^2\phi$ 为单位时间内单位体积泄漏的中子数；$\Sigma_a\phi$ 为单位时间内单位体积吸收的中子数；S 为单位时间内单位体积产生的中子数。

式（6.69）通常称为定态扩散方程，只适用于单能中子，且在离开强源、强吸收剂或不同物质边界 2～3 个平均自由程的区域。

求中子分布时经常用到下面几个边界条件。

（1）在定态扩散方程适用的区域内，中子通量密度必须是有限值，且没有负值。

（2）在具有不同性质的两种介质的界面上，垂直于界面的净中子流密度相等，中子通量密度也相等。

（3）在接近一个扩散介质和真空间的边界时，中子通量密度在一定的直线外推距离处为零。

在进行地面地测和模型实验时，遇到的岩石与空气的边界与上面的（3）相似。

除中子源所在的位置外，$S=0$，故有

$$D\nabla^2\phi - \Sigma_a\phi = 0 \tag{6.71}$$

令 $k^2 = \Sigma_a / D$，则有

$$\nabla^2 \phi - k^2 \phi = 0 \tag{6.72}$$

这是典型的波动方程，其边界条件为：①除 $r=0$ 外，ϕ 在各处都是有限的；②在 $r \to 0$ 时，每秒穿过小球面（$4\pi r^2$）的中子数必等于中子源强度。

根据边界条件，最终可以得到所求问题的解为

$$\phi(r) = \frac{1}{4\pi D r} \mathrm{e}^{-kr} \tag{6.73}$$

若定义扩散长度为 $L = 1/k = 1/\sqrt{D/\Sigma_a}$，则有

$$\phi(r) = \frac{1}{4\pi D r} \mathrm{e}^{-r/L} \tag{6.74}$$

3. 双组扩散理论

把中子减速过程分为两个阶段：快中子减速阶段和热中子扩散阶段。将一点电源置于无限均匀介质内，分别研究中子减速的两个阶段的中子通量分布。

在快中子减速阶段，中子扩散方程为

$$D_1 \nabla^2 \phi_1 - \Sigma_1 \phi_1 + S_1 = 0 \tag{6.75}$$

式中，下标 1 表示中子减速的第一阶段；除源所在位置外，源强度 $S_1 = 0$，其余位置的中子通量可表示为

$$\phi_1(r) = \frac{1}{4\pi D_1 r} \mathrm{e}^{-r/L_1} \tag{6.76}$$

在热中子扩散阶段，中子扩散方程为

$$D_2 \nabla^2 \phi_2 - \Sigma_2 \phi_2 + \Sigma_1 \phi_1 = 0 \tag{6.77}$$

式中，下标 2 表示中子减速的第二阶段，其中子通量可表示为

$$\phi_2(r) = \frac{1}{4\pi D_2 r} \frac{L_2^2}{L_1^2 - L_2^2} \left(\mathrm{e}^{-r/L_1} - \mathrm{e}^{-r/L_2} \right) \tag{6.78}$$

6.5 中子源和中子测井

能产生中子的装置叫中子源。核测井中使用的中子源有同位素中子源（Am-Be 源）和加速器 D-T 中子源两大类。

同位素中子源持续不断发射中子，没有周期性，中子平均能量为 4~5MeV，发射的中子与地层物质主要发生弹性散射、辐射俘获作用、活化及少量的非弹性散射等。而脉冲中子源则可以周期性地发射 14MeV 高能快中子，与地层物质的主要作用有非弹性散射、弹性散射及辐射俘获作用等。

由于同位素中子源没有时间周期特征，因此采用同位素中子源的测井仪器很难记录中子和伽马射线随时间的变化规律，也无法区分非弹性散射和俘获伽马信息，只能记录中子强度和次生伽马射线能谱（以俘获为主）信息；而采用加速器 D-T 中子源的测井仪器则可以设置脉冲发射和采集时序，不仅能记录中子强度和次生伽马射线能谱信息，还能区分非弹性散射和俘获伽马能谱，以及记录中子和伽马时间谱。由此，形成了各具特色的中子测井方法，如图 6.21 所示。

第 6 章 放射性探测

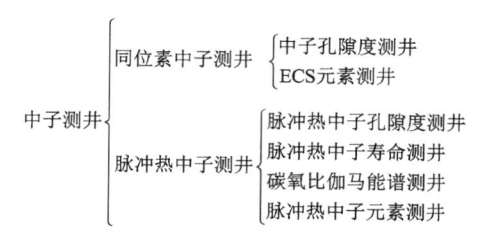

中子测井 {
 同位素中子测井 { 中子孔隙度测井 / ECS元素测井 }
 脉冲热中子测井 { 脉冲热中子孔隙度测井 / 脉冲热中子寿命测井 / 碳氧比伽马能谱测井 / 脉冲热中子元素测井 }
}

图 6.21 中子测井

6.5.1 中子孔隙度测井

中子孔隙度测井是利用地层中的氢核对快中子的减速能力来测量地层的含氢指数，进而确定地层孔隙度的测井方法。中子孔隙度测井根据测量对象的不同，分为超热中子测井、热中子测井和中子伽马测井。最早出现的是中子伽马测井，先采用盖革-米勒计数管，后又出现闪烁体晶体探测器。随着中子探测器，特别是 He-3 计数管的应用，超热中子测井和热中子测井问世。

1. 含氢指数

在自然界中，对中子的减速能力最强的核素是氢核，岩石中的氢核的多少就决定了地层对中子的主要减速能力。为了度量地层对中子的减速能力，引入含氢量和含氢指数的概念。

在中子测井中，将淡水的含氢量规定为一个单位，而 $1cm^3$ 的任何岩石或矿物中的氢核数与同样体积的淡水中的氢核数的比值定义为它的含氢指数。含氢指数用 H 表示，它与单位体积介质的氢核数成正比。对淡水而言，有

$$H = k\left(\frac{N_A x \rho}{M}\right) \quad (6.79)$$

式中，M 为该化合物的摩尔质量，g/mol；ρ 为该化合物的密度，g/cm^3；x 为该化合物的每个分子中的氢原子数；N_A 为阿伏伽德罗常数；k 为待定系数。

规定淡水的含氢指数为 1，而 $x=2$，$\rho=1g/cm^3$，$M=18g/mol$，代入式（6.79），得 $kN_A=9$。因而由一种化合物组成的矿物或岩石的含氢指数可由下式确定：

$$H = 9\frac{x\rho}{M} \quad (6.80)$$

1) 孔隙性纯石灰岩的含氢指数

孔隙度为 ϕ 的充满淡水的纯石灰岩的含氢指数为

$$H = H_{ma}(1-\phi) + H_w \phi \quad (6.81)$$

式中，H_{ma} 为岩石骨架的含氢指数；H_w 为孔隙水的含氢指数，等于 1。

刻度时，使石灰岩的含氢指数与充满淡水时的石灰岩的孔隙度相等，即 $H = \phi$，代入式（6.81），可知石灰岩骨架的含氢指数为零。

中子测井测得的孔隙度实质上是等效含氢指数。只有当岩性、孔隙流体、经验条件与仪器刻度条件相同时，测得的中子孔隙度才与地层的总孔隙度相等。

2) 原油和天然气的含氢指数

液态烃的含氢指数与淡水的接近，而天然气的氢浓度很低，并且随温度和压力而变化。因此，若天然气很靠近井眼而处于中子测井探测范围内，则中子测井测出的含氢指数比孔隙

度小。

烃的含氢指数可根据其组分和密度来估算。它的分子式为nCH_x，即分子量为$M(12+x)$，令其密度为ρ，则其含氢指数为

$$H = 9\frac{Mx\rho}{M(12+x)} = 9\frac{x}{12+x}\rho \tag{6.82}$$

用此式可算得甲烷（CH_4）的含氢指数为

$$H_{CH_4} = 2.25\rho_{CH_4} \tag{6.83}$$

而原油的含氢指数为

$$H_{oil} = 2.25\rho_{oil} \tag{6.84}$$

3）与有效孔隙度无关的含氢指数

石膏的分子式为$CaSO_4 2H_2O$，密度为$\rho=2.32g/cm^3$，分子量为$M=40+32+16\times4+2\times18=172$，分子中的氢原子数为$x=4$，因此

$$H_h = \frac{9\times4\times2.32}{172} \approx 49\% \tag{6.85}$$

可见，孔隙度为零的石膏，其中子孔隙度为49%。

泥质的主要成分是黏土矿物，含有结晶水和束缚水，有很大的含氢指数，一般可达0.15～0.3，因此含泥质的地层有较大的中子孔隙度。

除方解石外，岩石的骨架矿物显示为不等于零的等效含氢指数，从而产生附加孔隙度。例如，石英和白云石分子中都不含氢，但石英的中子减速能力比方解石的弱，使石英砂岩骨架的等效含氢指数小于零；而白云石的中子减速能力比方解石的强，因而白云岩骨架的等效含氢指数大于零。由此可以想到，用淡水石灰岩刻度的中子测井仪器在砂岩中测出的孔隙度偏小，而在白云岩中测出的孔隙度偏大。

4）挖掘效应

与饱和淡水地层相比，当地层含天然气时，一部分孔隙空间的水被气代替。起初认为气置换了水只是减小了地层的含氢指数，但后来发现测出的气层中子孔隙度比它的含氢指数还要小，即天然气使中子孔隙度的减小量比含氢指数的减小量还要大。含氢指数相同的两个地层，含气地层与非含气地层相比，等于挖掘了一部分岩石骨架，从而减弱了岩石对快中子的减速能力，生成了一个负的含氢指数附加值，这一效应称为挖掘效应。在求孔隙度时，应对挖掘效应做校正。

2. 超热中子测井

超热中子测井选择记录能量略高于热中子的中子，代表性的方法是井壁中子孔隙度测井。

1）超热中子的通量分布

测井时，分布于中子源周围的中子能量范围较宽，若只记录超热中子，则可以把中子源发射出的快中子和地层的作用看作超热中子在地层中的扩散过程，因此，超热中子的通量分布为

$$\phi_e(r) = \left(\frac{1}{4\pi D_e r}\right) e^{-r/L_e} \tag{6.86}$$

式中，L_e和D_e分别为超热中子的平均散射长度与扩散系数，L_e与中子减速长度近似相等。

表6.8列出了一些减速剂的中子减速长度。测井所用的镅-铍中子源发射的中子能量为3～10MeV，淡水的平均减速长度约为7cm。

表 6.8 从 E_0 到 E=1.44eV 的中子减速长度

源中子能量/MeV	中子减速长度 L_s/cm				
	H (γ_g=1)	H$_2$O (ρ=1)	D$_2$O (ρ=1.1)	C (ρ=1.6)	O (γ_g=1)
3.0	0.725~0.865	6.4	10.5~11.9	19.2~19.8	56.8~32.6
2.0	0.603~0.707	5.3	10.1~10.9	17.7~18.2	48.6~50.0
1.0	0.463~0.520	3.8	9.7~10.2	15.9~16.2	42.2~42.6
0.50	0.375~0.411	3.1	9.4~9.9	14.7~15.0	38.6~39.1
0.25	0.328~0.352	2.7	9.1~9.5	13.9~14.1	37.9~38.2
0.10	0.293~0.309	2.4	8.8~9.2	13.2~13.3	36.8~37.1

岩石的中子减速长度主要是由含氢量决定的。若骨架矿物不含氢，孔隙中饱含水或油，则中子减速长度反映孔隙度的大小，中子减速长度越小，孔隙度越大。通过超热中子的通量就可以确定地层孔隙度的大小，这就是超热中子测井的基本原理。

2）超热中子测井仪器及其刻度

由中子物理理论可以推知，若只记录超热中子，则可避开热中子的扩散和俘获辐射的影响，使中子在被记录前只经历在地层中的慢化过程，即超热中子主要和含氢量有关，这是超热中子测井的"诱人"之处。但测量超热中子比测量热中子和俘获辐射伽马射线困难得多。因此，它在源距选择、探测器设计及测量方式方面有所限制。

（1）源距设计。

超热中子测井同样存在零源距，图 6.22 绘出了孔隙度分别为 3%、33.8%的饱含淡水的孔隙砂岩和淡水中的热中子通量与源距的关系。可以看出，不同地层组合的零源距数值有一定的差异，分布在 5~10cm 的范围内。当源距大于零源距时，随着源距的增大，不同孔隙度地层的超热中子通量差距明显增大，表明热中子通量对地层孔隙度的探测灵敏度升高；但随着源距的增大，热中子通量减小，统计性变差。因此，综合考虑对统计精度和分辨率的要求，源距一般限制为 30~45cm。

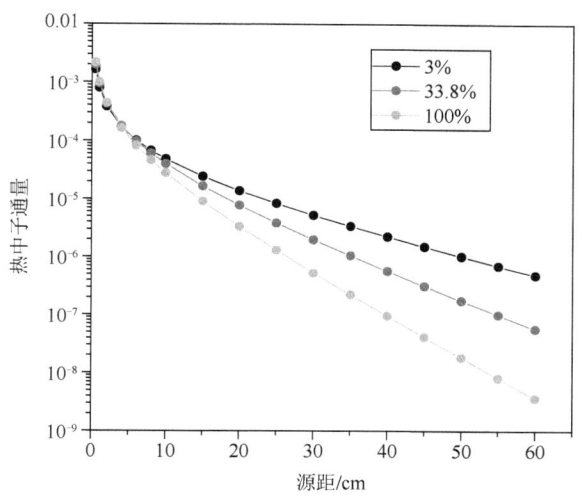

图 6.22 热中子通量与源距的关系

（2）记录超热中子。

测井中，能到达探测器的射线包括各种能量的中子及伽马射线，而现有 He-3 探测器对热中子的计数效率比超热中子的高得多，伽马射线也能引起计数。为选择记录超热中子，需要采取一些技术措施。例如：
① 给探测器加屏蔽，使热中子在到达灵敏元件之前被吸收。
② 加慢化剂，使超热中子在进入灵敏元件之前进一步慢化，以提高计数效率。
③ 研制对超热中子敏感的新型探测器，但计数率低仍是超热中子测井遇到的主要困难。
（3）贴井壁测量。

在地层中，超热中子比热中子的分布范围小，即探测深度浅，加上其源距小，井眼影响就更加严重。为此，超热中子测量时需要使探头紧贴井壁。而从测井操作系统来说，贴井壁的测量方式是应该尽量避免的。在测井过程中，要对井眼影响做实时校正。

（4）仪器刻度。

不同的仪器（源强、源距、探测器等结构的差别）导致计数率变化，从而导致计数率失去可比性。

国际测井界公认的中子测井刻度标准是美国休斯敦大学建造的中子刻度井。美国休斯敦大学的 API 中子测井标准井由 3 个孔隙度不同的纯石灰岩地层组成，井眼居中，井径为 20cm。3 个地层自上而下分别为：卡西奇大理石，孔隙度为 1.9%；印第安纳石灰岩，孔隙度为 19%；奥斯汀石灰岩，孔隙度为 26%。模块均用淡水充分饱和。每组刻度块均由 6 个宽 152.4cm、厚 30.48cm 的六面柱体石块组成，井眼直径为 20cm，充淡水。

① 把仪器零线与孔隙度为 19% 的印第安纳石灰岩标准模块的计数率曲线幅度之差规定为 1000 个 API 单位。
② 先将计数率转换为 API 标准单位，再对 API 和孔隙度之间的关系标定刻度。

我国在各个油区建造的中子测井刻度系统也采用了这一标准。测井公司基地的刻度器和井场刻度器都要与 API 一级刻度标准联系起来并定期校对。

3. 热中子测井

热中子测井是通过记录热中子通量分布来实现孔隙度测量的方法。目前，最成熟的热中子测井方法就是补偿中子测井。目前，常规测井中的中子孔隙度测井曲线就是由补偿中子测井提供的。在了解补偿中子测井原理之前，需要先了解热中子的分布规律。

1）热中子的分布规律

同位素中子源发射的中子能量只有几兆电子伏，在大多数情况下，可以利用双组扩散理论描述热中子测井中热中子的分布，将中子源发射的中子的反应过程分为快中子减速到热中子阶段及热中子扩散吸收阶段。此时，用快中子减速长度 L_f、热中子扩散长度 L_t 和热中子扩散系数 D_t 替换式（6.78）中的有关参数，并用 $\phi_t(r)$ 表示无限均匀介质中热中子距源 r 处的通量，则有

$$\phi_t(r) = \frac{1}{4\pi D_t r} \frac{L_t^2}{L_f^2 - L_t^2} \left(e^{-r/L_f} - e^{-r/L_t} \right) \tag{6.87}$$

可见，相比于超热中子的分布，热中子通量分布要复杂得多。热中子的分布不仅取决于地层的快中子减速长度，还与它对热中子的扩散及吸收性质有关。要采用热中子信息进行孔隙度测量，需要解决地层的吸收性质对测量值的影响和井眼影响问题。

此外，热中子测量的优势也非常明显。热中子相比于快中子和超热中子，其反应截面大，现有中子探测器对热中子的探测效率高，计数明显。热中子扩散吸收是在超热中子分布的基础上产生的，采用热中子测井会有更大的探测深度。

2）补偿中子测井原理

补偿中子测井是用同位素中子源在井眼中向地层发射快中子，在与源距离不同的两个观

测点上，用热中子探测器测量经地层慢化并散射回井眼的热中子的方法。

如果用源距分别为 r_1 和 r_2 的两个探测器进行计数，且 $r_1 > r_2$，考虑到地层的快中子减速长度通常近似于热中子扩散长度的 2 倍，在源距 r 较大的条件下，式（6.87）中的扩散项可以忽略，则对应的热中子通量比为

$$R = \frac{\phi(r_1)}{\phi(r_2)} = \frac{r_2}{r_1} e^{-(r_1-r_2)/L_f} \tag{6.88}$$

显然，热中子通量比只与快中子减速长度有关，能够反映孔隙度的大小。

超热中子和热中子参数的比较如表 6.9 所示。

表 6.9 超热中子和热中子参数的比较

孔隙度/%	超热中子参数		热中子参数	
	L_e/cm	D_e/cm	L_t/cm	L_t/cm
5	19.1	—	11.5	—
10	15.5	86	5.1	0.771
15	12	—	7.2	—
30	9.6	—	4.6	—
淡水	7.0	68	2.8	0.167

补偿中子测井采用长、短源距计数率的比值来求地层孔隙度，很大程度上补偿了地层吸收性质和井环境对孔隙度测量的影响。在补偿中子测井中，采取足够大的源距，长、短源距都是正源距，且保持足够大的距离差，有利于提高孔隙度探测灵敏度。在补偿中子测井中，由于探测深度较大，井眼影响较小，因此可以采用居中测量。这样仪器结构简单，便于组合测井。

3）补偿中子测井刻度和响应关系

用中子测井求出的孔隙度称为岩石的中子孔隙度，通常用 ϕ_N 表示。实际测井时，中子孔隙度和近、远接收器（或长、短源距）上的热中子通量的比值的关系可在标准中子孔隙度刻度井中确定，以便更精确地控制比值与孔隙度的关系。如图 6.23 所示，由刻度井得到不同孔隙度饱含淡水石灰岩对应的近、远接收器（或长、短源距）上的热中子通量的比值，建立其和孔隙度的关系：

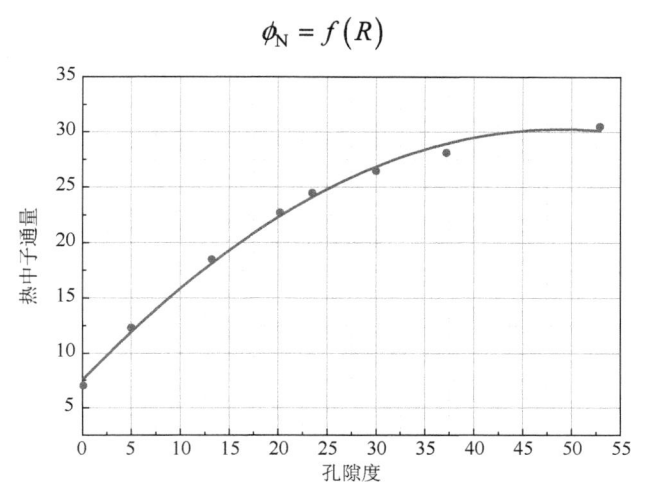

$$\phi_N = f(R) \tag{6.89}$$

图 6.23 补偿中子测井刻度线

有关中子孔隙度的刻度装置，可以分为 3 级。

（1）中子孔隙度基准井：由一组孔隙度不同的饱含淡水石灰岩标准裸眼刻度井组成，井液均为淡水，井径为 20cm，为一级刻度。

（2）中子孔隙度工作标准井：分布在油田和测井公司的二级刻度井，至少有 3 口井，为二级刻度。

（3）中子刻度器：用于井场测井前后检查，利用具有不同含氢指数的材料制成的刻度器，为三级刻度。

4）环境因素的影响

中子孔隙度测井的探测范围比较小，并且环境的影响虽已得到补偿，但在很多情况下还需要做校正。补偿中子测井仪裸眼井刻度标准条件：井径为 20cm，井眼和石灰岩地层模块孔隙冲淡水，无泥饼，井温为 24℃，井压为 1atm（1atm=101325Pa），仪器偏心。测井时，实际条件与刻度条件不同，通常采用校正图版进行校正，包含实际井眼尺寸、泥饼厚度、井眼矿化度、泥浆（淡水和重晶石）密度、井温、井压、地层矿化度等。

4．中子孔隙度测井的应用

同位素中子测井的主要用途是鉴别岩性和求孔隙度，因而与密度测井和声学测井一起被称为"三孔隙度测井"。

1）岩性识别

由密度测井可知，在淡水石灰岩刻度系统中，刻度过的密度测井仪器测出的密度孔隙度为

$$\phi_D = \frac{\rho_{ma} - \rho_b}{\rho_{ma} - \rho_f} = \frac{2.71 - \rho_b}{2.71 - 1.0} = 0.58(2.71 - \rho_b) \tag{6.90}$$

若用 ϕ 表示地层的真孔隙度，则对骨架密度小于 2.71g/cm³ 的地层，有 $\phi_D > \phi$；而对骨架密度大于 2.71g/cm³ 的地层，有 $\phi_D < \phi$。而中子孔隙度 ϕ_N 是以淡水石灰岩刻度系统的中子减速长度为标准的，地层的中子减速长度如果比石灰岩骨架的小，就有 $\phi_N > \phi$；如果比石灰岩骨架的大，就有 $\phi_N < \phi$。与石灰岩相比，砂岩的骨架密度小而中子减速长度大，因而有

$$\phi_D > \phi > \phi_N \tag{6.91}$$

而对白云岩来说，与石灰岩相比，其骨架密度大而中子减速长度小，因而有

$$\phi_D < \phi < \phi_N \tag{6.92}$$

对其他岩性地层来说，两种孔隙度响应也各有特征，如表 6.10 所示。

表 6.10 岩性识别数据

ϕ_D 与 ϕ_N 的关系	近似差值/p.u.	可能的岩性
$\phi_D > \phi_N$	5～6	砂岩
$\phi_D = \phi_N$	0	石灰岩
$\phi_D < \phi_N$	8～13	白云岩
$\phi_D < \phi_N$	16	硬石膏
$\phi_D \gg \phi_N$	10～30（GR 高）	泥岩
$\phi_D \ll \phi_N$	28（ϕ_D 为 21%，ϕ_N 为 49%）	石膏
$\phi_D \gg \phi_N$	40，（ϕ_D 为 43%，ϕ_N 为 4%）	岩盐

图 6.24 所示为一个岩性识别实例——深层碳酸盐岩和蒸发岩层系的岩性孔隙度测井剖

面，岩性解释结果显示在中部的深度栏。

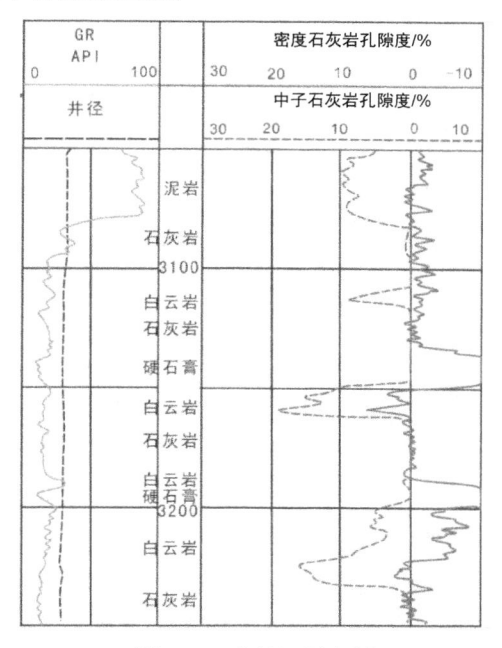

图 6.24 岩性识别实例

2）求中子孔隙度

石灰岩：

$$\phi = \phi_N = \phi_D \tag{6.93}$$

砂岩：

$$\phi = \frac{\phi_N + \phi_D}{2} \tag{6.94}$$

白云岩：

$$\begin{cases} \phi = \dfrac{\phi_N + \phi_D}{2} + \Delta\phi & \phi > 8\text{p.u.} \\ \phi = 0.7\phi_N & \phi \leqslant 8\text{p.u.} \end{cases} \tag{6.95}$$

$$\tag{6.96}$$

式中，$\Delta\phi$ 和 0.7 均由具体仪器刻度线确定。

砂岩-石灰岩混合物：

$$\phi_D > \phi > \phi_N$$

$$\phi = \frac{\phi_N + \phi_D}{2} \tag{6.97}$$

石灰岩-白云岩混合物：

$$\phi_D < \phi < \phi_N$$

$$\phi = \frac{1}{m+1}(m\phi_N + \phi_D) \quad \phi_N < 10\% \tag{6.98}$$

式中，$m>1$ 由刻度线确定。孔隙度计算公式为

$$\phi = \phi_N\left[1 - 0.02(\phi_N - \phi_D)\right] \quad \phi_N > 10\% \tag{6.99}$$

式中，系数 0.02 只作为参考。

除上述公式外，还有一个常用关系式，即

$$\phi=\sqrt{\frac{\phi_D^2+\phi_N^2}{2}} \tag{6.100}$$

其使用效果也比较好。

6.5.2 热中子寿命测井

热中子寿命测井就是利用脉冲中子源向地层发射能量为 14MeV 的中子，测量经地层慢化而返回测井眼内的热中子或俘获伽马射线，根据计数率随时间的衰减，计算出地层的热中子宏观俘获截面 Σ 或寿命 τ 的一种测井方法。

在常遇储集层中，Σ 和 τ 主要与含氯量有关。当岩石骨架中不包含热中子俘获截面大的矿物，地层水矿化度高且稳定时，利用这一测井方法，可在裸眼井，特别是套管井中求出地层的含水饱和度。

1. 宏观俘获截面和热中子寿命

根据前面介绍的宏观截面的知识，宏观俘获截面是中子与单位体积物质的所有原子（或分子）发生俘获作用的概率，用 Σ 表示，单位是 cm^{-1}。但对测井常遇的大多数天然化合物来说，宏观俘获截面选用的单位太大。在核测井中，定义一个基本单位的宏观俘获截面为 $10^{-3}cm^{-1}$，称为俘获单位并记为 c.u.或 s.u.。

热中子寿命 τ 是指热中子从产生的瞬时起，到被俘获的时刻止所经过的平均时间。由计算可知，它等于热中子已有 63.2%被俘获所经过的时间。

热中子寿命 τ 与宏观俘获截面 Σ 有下述关系：

$$\tau=\frac{1}{v\Sigma} \tag{6.101}$$

式中，τ 为热中子寿命，s；Σ 为宏观俘获截面，cm^{-1}；v 为热中子速度，cm/s。

热中子速度与地层的热力学温度 T 有如下关系：

$$V=1.28\times10^4\times\sqrt{T} \tag{6.102}$$

式中，T 等于摄氏温度加上 273°。当温度为 25℃时，热中子速度约为 2.2×10^5 cm/s 。

考虑到岩石中热中子寿命的数值范围，τ 的单位选为 μs 为宜。而当 Σ 的单位为 $10^{-3}cm^{-1}$ 时，有

$$\tau=\frac{4550}{\Sigma}\ (\mu s) \tag{6.103}$$

用式（6.103）和前面得到的淡水和石英的 Σ 值，可计算出它们的热中子寿命分别为 205μs 和 1070μs。

2. 常见地层的宏观俘获截面

纯岩石的热中子宏观俘获截面为

$$\Sigma=\Sigma_{ma}(1-\phi)+\Sigma_w S_w\phi+\Sigma_h\phi(1-S_w) \tag{6.104}$$

式中，Σ_{ma} 为岩石骨架的热中子宏观俘获截面；Σ_w 为地层水的热中子宏观俘获截面；Σ_h 为烃的热中子宏观俘获截面。

当地层含有泥质时,式(6.104)变为

$$\Sigma = \Sigma_{\text{ma}}(1-\phi-V_{\text{sh}}) + \Sigma_{\text{w}} S_{\text{w}}\phi + \Sigma_{\text{h}} \phi(1-S_{\text{w}}) + \Sigma_{\text{sh}} V_{\text{sh}} \tag{6.105}$$

式中,V_{sh} 为泥质的相对体积;Σ_{sh} 为泥质的热中子宏观俘获截面。

现将前面讨论的几种物质的热中子宏观俘获截面的典型数值列于表 6.11 中。

表6.11 几种物质的热中子宏观俘获截面的典型数值

物质	宏观俘获截面的典型数值/c.u.	物质	宏观俘获截面的典型数值/c.u.
泥质	35~55	地层水	22~120
砂岩骨架	8~12	天然气	0~12
淡水	22	原油	18~22

高矿化度地层水的热中子宏观俘获截面和热中子寿命与原油的有明显差别,利用中子寿命测井可确定含水饱和度。如果是淡水或低矿化度地层水,则油、水的热中子宏观俘获截面相差较小,热中子寿命测量的含水饱和度存在很大的不确定性。

3. 热中子寿命测井原理

1)地层中热中子密度的时间与空间分布规律

热中子寿命测井记录的是热中子通量随时间的变化规律,因此,在描述热中子通量的时间和空间的分布规律时,应该采用动态扩散方程,距离中子源 r 处的热中子通量分布如下:

$$\frac{1}{v}\frac{\mathrm{d}\phi}{\mathrm{d}t} = S + D_0 \nabla^2 \phi - \Sigma \phi \tag{6.106}$$

式中,$\phi = vn$,n 为热中子密度,即单位体积的热中子数;v 为热中子速度,cm/s;D_0 为相对于热中子密度的中子扩散系数;S 为热中子源强密度,在中子发射停止后,经过 5 倍的慢化时间,热中子的产生项等于零;Σ 为热中子宏观俘获截面。

只有当 $t=0$ 时才产生中子,其余时刻 $S=0$,即

$$\frac{\mathrm{d}n}{\mathrm{d}t} = S + D_0 \nabla^2 n - \Sigma vn \tag{6.107}$$

式中,左端为中子密度在 t 时刻的相对衰减率;右端第一项为由扩散引起的相对泄漏率,第二项为相对吸收率,与位置和时间无关。把热中子通量公式改写为

$$-\frac{1}{n}\frac{\mathrm{d}n}{\mathrm{d}t} = -\frac{1}{n}D_0 \nabla^2 n + v\Sigma \tag{6.108}$$

式中,左端为 r 处的热中子衰减率,是热中子寿命的测量值;右端第一项为由热中子扩散引起的热中子密度变化,与时间和位置有关,第二项为地层对热中子的吸收能力,即热中子寿命本征值,与时间和位置无关。热中子寿命计算公式为

$$\frac{1}{\tau_{\text{m}}(r,t)} = \frac{1}{\tau_{\text{d}}(r,t)} + \frac{1}{\tau} \tag{6.109}$$

式中,τ_{m} 为热中子寿命测量值;τ_{d} 反映扩散对测量值的影响;τ 为地层热中子寿命本征值。根据上述公式,测量的热中子衰减速率包含扩散速率和吸收速率两部分的影响;距离源不同位置的扩散效应的影响不同,热中子衰减规律不同,热中子宏观俘获截面的测量值与本征值之间存在差别。

图 6.25 展示了利用数值模拟方法得到的同一地层条件下不同源距处的热中子衰减时间谱。可以看出,随着源距的增大,热中子衰减速率变小,测量的宏观俘获截面变小。

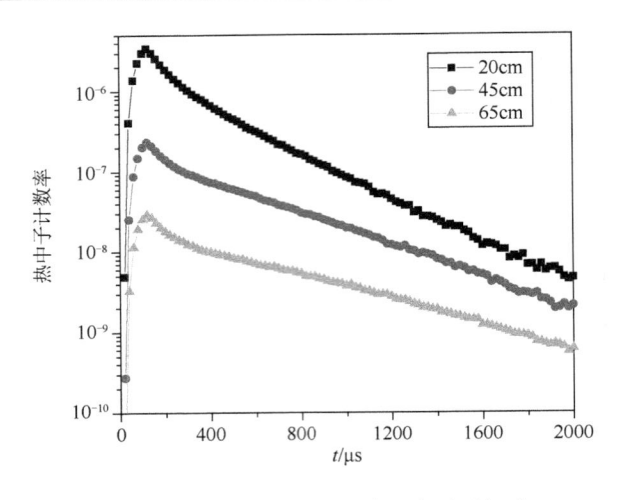

图 6.25　不同源距处的热中子衰减时间谱

造成上述现象的原因是扩散效应随着源距的变化而变化。离中子源较近范围内的热中子密度比较大，热中子由这一区域向外扩散，由扩散引起的热中子密度的变化是负值，即热中子密度变小。在这个区域，热中子密度的减小速度要比只存在俘获现象时的减小速度快，这就造成了测量的宏观俘获截面偏大的情况；而在离源较远的地方，在某一时刻，扩散进入这一区域的热中子比离开这一区域的热中子多，扩散项是正的，此时比只有俘获现象存在时的热中子密度减小得慢，测量的宏观俘获截面偏小。因此，可以确定在离源某一区域，热中子扩散进入和离开的数目相等，此区域的扩散效应为零，测量的宏观俘获截面与其本征值相等。

经过研究，在源距为 40~45cm 附近利用热中子衰减得到的热中子寿命测量值与本征值接近，且不同地层的测量值和本征值相等的位置不同。在常规地层条件下，一般热中子寿命测井的源距选为 42.5cm。此时，由于消除了扩散效应对热中子寿命测量的影响，因此热中子密度方程中不再出现扩散项，测量值就是本征值，热中子通量公式可以简化如下：

$$-\frac{1}{n}\frac{dn}{dt} = v\Sigma \tag{6.110}$$

对上式两边求积分，代入初始条件（$t=0$，$n=n_0$），得到在扩散效应为零的区域的热中子密度表达式：

$$n = n_0 e^{-t/\tau} \tag{6.111}$$

2）热中子宏观俘获截面和热中子寿命的测量方法

中子源发射的中子历程分为 3 种：①部分中子的整个历程都在井眼中度过，热中子寿命完全取决于井眼介质；②部分中子的主要历程在地层中度过，井眼影响可忽略，热中子寿命几乎完全取决于地层的性质；③部分中子在地层和井眼中的历程都不能忽略，热中子寿命综合反映两种介质的性质。这就导致实际测量的热中子和伽马时间谱存在如图 6.26 所示的规律。

图 6.26 展示的是热中子的衰减时间谱，整个时间谱可以大致分为 3 个区域。

A：在计数开始时，计数率（时间道计数的对数）很高，且井中介质的贡献是主要的，可称为井眼区。

B：地层的贡献逐步增加，而井的影响则迅速减少，可称为过渡区。

C：地层的贡献占绝对优势，总计数率衰减曲线的斜率与地层计数率趋同，变化较平缓，可称为地层区。

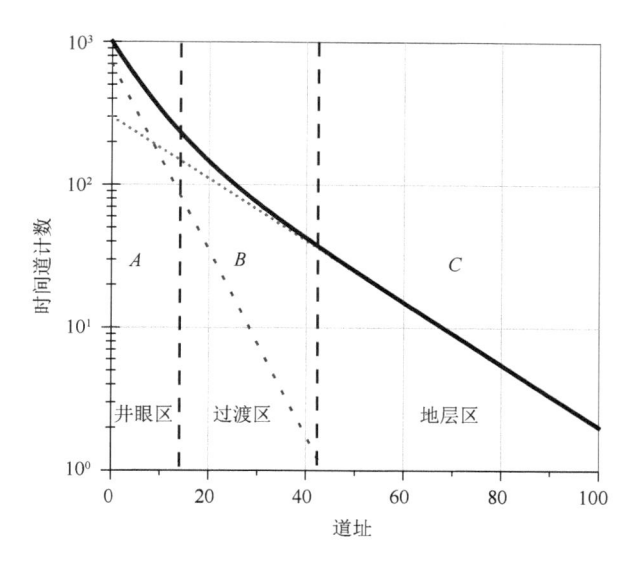

图 6.26 计数率衰减曲线组成的示意图

目前，热中子寿命测井就是利用热中子或伽马时间谱中的地层区域斜率求取热中子寿命和热中子宏观俘获截面的，最常用的方法是双窗法。例如，第一个时窗对应的时刻是 t_1，俘获伽马射线净计数率为 N_1；而第二个时窗对应的时刻是 t_2，俘获伽马射线净计数率为 N_2，此时有

$$N_1 = N_0 e^{-t_1/\tau} \qquad N_2 = N_0 e^{-t_2/\tau} \tag{6.112}$$

对两式取对数，合并后经整理可得热中子寿命为

$$\tau = \frac{t_2 - t_1}{\ln N_1 - \ln N_2} \tag{6.113}$$

热中子宏观俘获截面为

$$\Sigma = \frac{4550}{\tau} \tag{6.114}$$

4. 热中子寿命测井的应用

1）监测油气/油水界面

在油气田开发过程中，按计划多次测量 Σ 和 τ 曲线，可在套管井中监视油水和油气界面的变化。

图 6.27 中有 3 条热中子寿命曲线：TDT-1 是在完井后不久测得的；TDT-2 是在该井投产后测得的，当时采出的油的含水率为 7%；TDT-3 是在该井关井后 4 个月测得的。比较这 3 条曲线可以看出：

（1）原始油水界面在 270ft（82.296m）处，采油 3 年后，底水面上升至 205ft（62.484m）；地层纯含水段热中子寿命约为 150μs，未水淹产油段的热中子寿命为 350μs，油水界面清楚；水淹部分因有残余油，热中子寿命介于两者之间。

（2）在 TDT-3 曲线上显示的油水界面在 230ft（70.104m）处，较 TDT-2 上显示的低 40ft（12.192m）。这说明采油时地底水在井中形成水锥，关井后油层得以恢复，油水界面下降。

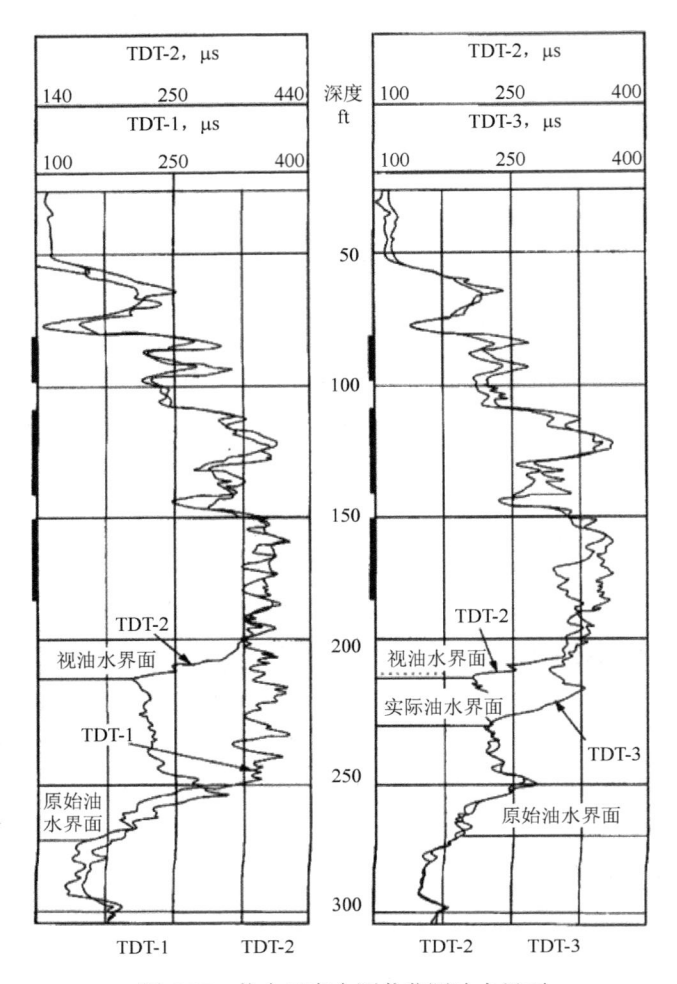

图 6.27 热中子寿命测井监测油水界面

2）求含水饱和度

由岩石物理体积模型可得到含水饱和度为

$$S_\mathrm{w} = \frac{(\Sigma - \Sigma_\mathrm{ma}) - \phi(\Sigma_\mathrm{b} - \Sigma_\mathrm{ma}) - V_\mathrm{sh}(\Sigma_\mathrm{sh} - \Sigma_\mathrm{ma})}{\phi(\Sigma_\mathrm{W} - \Sigma_\mathrm{h})} \quad (6.115)$$

式中，Σ 为宏观俘获截面测量值；Σ_ma、Σ_h 和 Σ_sh 分别为骨架、烃和泥质的宏观俘获截面；Σ_W 为地层水的宏观俘获截面，对于原状地层 Σ_W 是常数，对于注水开发油田 Σ_W 是变量；V_sh 为泥质体积含量；ϕ 为孔隙度。

3）监测含油饱和度的变化

在地层水矿化度不改变的条件下，若先后两次测得的热中子宏观俘获截面分别为 Σ_1 和 Σ_2，则有

$$\Sigma_2 - \Sigma_1 = \phi(S_\mathrm{W2} - S_\mathrm{W1})(\Sigma_\mathrm{W} - \Sigma_\mathrm{h}) \quad (6.116)$$

$$\Delta S_\mathrm{W} = \frac{\Sigma_2 - \Sigma_1}{\phi(\Sigma_\mathrm{W} - \Sigma_\mathrm{h})} \quad (6.117)$$

热中子寿命测井在计算含水饱和度和区分油水界面方面有重要的应用，但是需要保证高矿化度地层水和高孔隙度地层条件。

热中子寿命测井的适用条件如下。
（1）地层水矿化度低于100000ppm、地层孔隙度低于15%，利用地层宏观俘获截面测量确定的饱和度就有不确定性。
（2）含气地层。
（3）地层水矿化度较高。

6.5.3 碳氧比伽马能谱测井

脉冲中子源发射能量为14MeV的中子进入地层，高能快中子首先与地层元素发生非弹性散射和弹性散射而减速为热中子，其中，非弹性散射的作用过程会产生非弹性散射伽马射线；随后，热中子在地层中传递，被地层元素俘获而产生俘获伽马射线。碳氧比伽马能谱测井利用时间门分别记录非弹性散射伽马射线与俘获伽马射线能谱信息；根据碳和氧元素的特征，非弹性散射伽马射线的能量分布不同，利用不同能窗从非弹性散射伽马能谱中提取碳和氧元素对应的特征非弹性散射伽马计数，得到碳氧比值，进行含油饱和度的确定。

1. 非弹性散射伽马射线和俘获伽马射线

1）高能快中子的非弹性散射伽马射线

在常见储集层中，能与高能快中子发生非弹性散射而产生非弹性散射伽马射线的核素主要是 ^{12}C、^{16}O、^{28}Si 和 ^{40}Ca。能量为14MeV的快中子与 ^{12}C、^{16}O、^{28}Si、和 ^{40}Ca 原子核发生非弹性散射产生的主要特征伽马射线分别为4.43MeV、6.13MeV、1.78MeV 和 3.74MeV。在测井中，选用这4种核素分别作为C、O、Si和Ca元素的指示核素，因而这4条谱线也就是对应的计划总元素的特征伽马射线。

2）热中子俘获伽马射线

地层中的快中子慢化为热中子后，通过(n,γ)反应发射伽马射线，对俘获伽马计数率贡献较大的核素主要有 ^{1}H、^{28}Si、^{35}Cl、^{40}Ca 和 ^{56}Fe。其中，流体中H是油和水的共有组分，而Cl只存在于地层水中，地层水矿化度的高低与氢氯比成比例。

2. 碳氧比伽马能谱测井原理

碳氧比伽马能谱测井主要用于油田开发过程中的含油饱和度的测量。在常见砂岩和碳酸盐岩储集层中，碳、氧、钙、硅、氢和氯等元素是骨架与流体的重要组成元素。其中，硅元素主要存在于砂岩骨架中，钙元素主要存在于碳酸盐岩骨架中。一般认为，地层中硅、钙元素的比例不会随着时间发生变化，因此，根据地层中硅和钙元素的比例可以对岩性进行判定。

但对孔隙流体来说，随着油田开发的不断深入，孔隙中的油不断被地层水替代，会导致孔隙中的油水比例发生较大的变化。氢、碳和氧元素是孔隙流体的主要组成元素，其中，氢元素在油和水中的比重近似，很难用于区分油和水；而碳、氧元素分别存在于油和水中。因此，在地层骨架和孔隙条件不变的情况下，地层中的碳氧比的变化可以反映孔隙中油和水的比重变化，进而确定含油饱和度。

图6.28给出了纯砂岩和纯石灰岩地层碳氧比与含油饱和度的关系。在其他条件相同的情况下，孔隙中含油饱和度高，单位体积地层中的碳原子数较多而氧原子数较少，碳氧比较高。此外，如果骨架矿物中含有碳和氧元素，如碳酸盐岩中含有碳元素，则会对判断孔隙流体的碳氧比产生影响。

（a）纯砂岩地层碳氧比与含油饱和度的关系   （b）纯石灰岩地层碳氧比与含油饱和度的关系

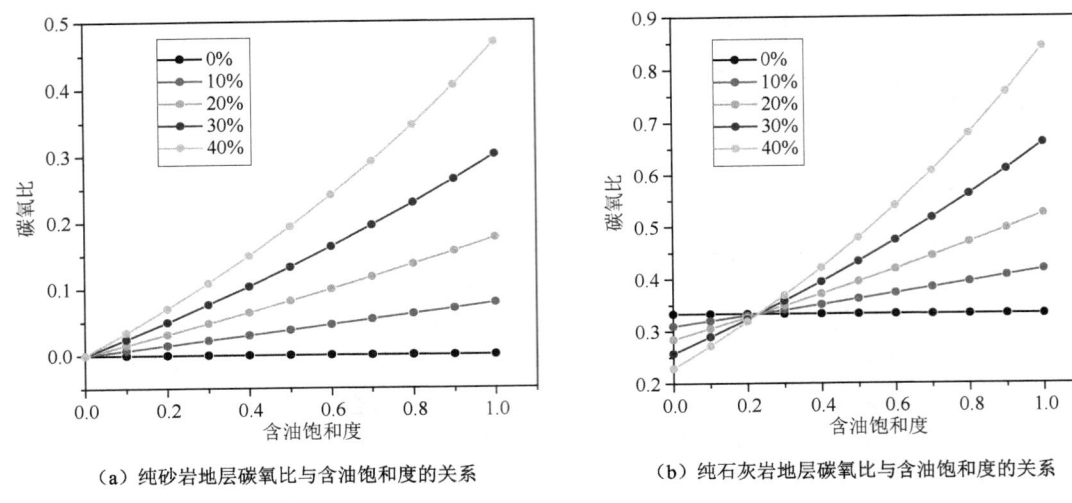

图 6.28　理论碳氧比与含油饱和度的关系

3. 中子源的脉冲时序和测量能谱

根据前面的学习，脉冲中子源产生的 14MeV 高能快中子进入地层主要发生非弹性散射、弹性散射、辐射俘获及活化反应。其中，非弹性散射发生在中子发射后 $10^{-8} \sim 10^{-7}$s 的时间内，因此，可以认为非弹性散射和次生伽马射线的产生是在发射中子的持续期内进行的，且当脉冲中子源停止工作时，这一过程也立即终止。在随后的脉冲间隔里，即在中子发射后 $10^{-6} \sim 10^{-3}$s 的时间内，主要作用过程是弹性散射，将快中子减速成热中子；慢化后的热中子被地层俘获吸收，放出俘获伽马射线。因此，可以认为在脉冲中子源停止工作后的一段时间产生的伽马射线就是俘获伽马射线。

对碳氧比伽马能谱测井来说，通常采取重复脉冲工作和能谱测量的方式。为了压制前面脉冲周期内产生的俘获伽马射线对后续周期非弹性散射测量的影响，脉冲周期通常设置为 100μs，脉冲宽度设置为 40μs。图 6.29 给出了对应的一个脉冲周期内的碳氧比伽马能谱测井能谱数据采集时序。

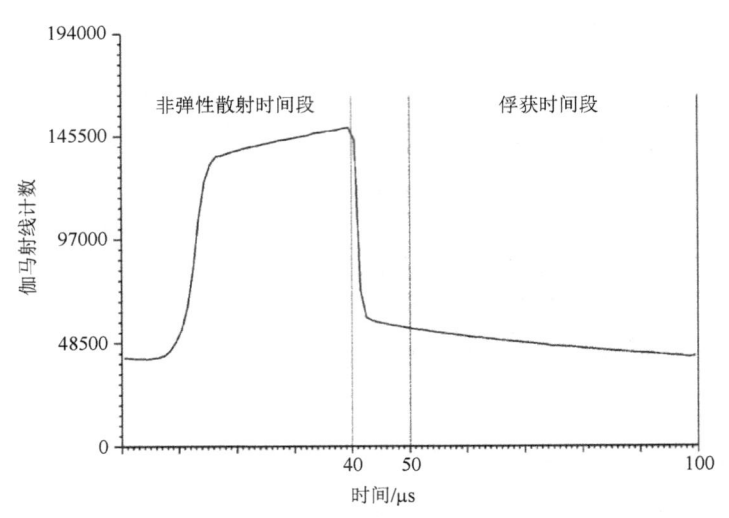

图 6.29　碳氧比伽马能谱测井能谱数据采集时序

（1）时间门 0~40μs：采集非弹性散射伽马能谱，包含碳、氧、硅、钙等元素信息，会受俘获伽马射线和本底伽马射线的影响。

（2）时间门 50~100μs：采集俘获伽马能谱，包括 H、Si、Ca、Cl、Fe 等元素信息，会受本底伽马射线的影响。

（3）此外，在重复脉冲循环和采集结束后，还需要记录地层本底伽马能谱，用于扣除本底伽马能谱的影响。

常见地层的非弹性散射伽马射线计数主要包括碳、氧、硅、钙的射线贡献。由于非弹性散射伽马射线能量较高，高能光子与探测器晶体会发生电子对效应，这涉及光子湮灭和能量逃逸，使得原有的光电峰分成了全能峰、单逃逸峰和双逃逸峰。图6.30（a）、（b）分别给出了能量为14MeV的中子与 ^{12}C 和 ^{16}O 发生非弹性散射产生的伽马射线谱，谱图是用NaI(Tl)闪烁伽马能谱仪测定的，可明显地看到各自的全能峰、单逃逸峰和双逃逸峰。

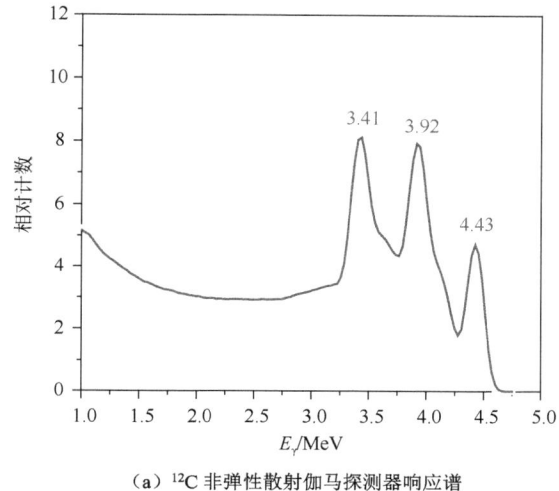

（a）^{12}C 非弹性散射伽马探测器响应谱

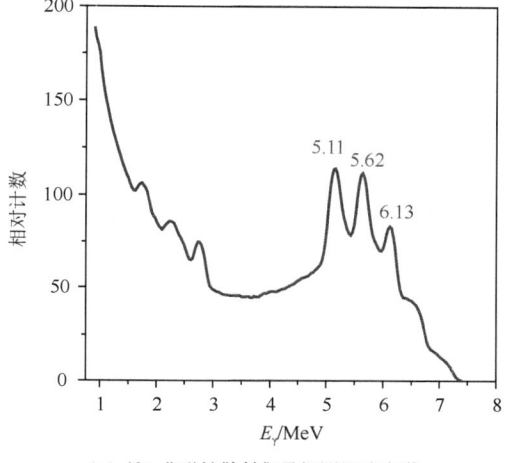

（b）^{16}O 非弹性散射伽马探测器响应谱

图6.30　碳、氧元素非弹散射伽马能谱响应

表6.12列出了地层中4种指示核素的全能峰、单逃逸峰和双逃逸峰的能量。

表6.12　4种指示核素的全能峰、单逃逸峰和双逃逸峰　　　　　　单位：MeV

核素	^{28}Si	^{40}Ca	^{12}C	^{16}O
全能峰	1.78	3.37	4.43	6.13
单逃逸峰	1.27	3.22	3.92	5.62
双逃逸峰	0.76	2.71	3.41	5.11

理论上，单逃逸峰和双逃逸峰都属于光电峰的一部分，甚至在某些情况下，逃逸峰计数贡献远超过全能峰计数贡献。在测量时，可根据碳、氧、硅、钙元素的特征伽马射线能量在非弹性散射伽马能谱中选取4个特征谱段（能窗），使每个谱段的计数尽可能多地反映其中一种核素的贡献。因此，当某种元素产生的特征伽马射线对应的逃逸峰计数贡献较大时，一般选取包含逃逸峰和全能峰的能窗计数。例如，对采用碘化钠晶体探测器的碳氧比仪器来说，对硅、钙、碳、氧分别取下列谱段。

（1）硅：1.528~1.945MeV。

（2）钙：2.500~3.334MeV。

（3）碳：3.195~4.654MeV。

（4）氧：4.862~6.663MeV。

注意：钙、碳两能窗部分重叠，涉及逃逸峰问题。

根据表 6.13 展示的不同元素的俘获伽马能谱的全能峰和逃逸峰，如果用碘化钠晶体测谱，则氢、硅、氯、钙可取下列谱段。

（1）氢：2.014~2.431MeV。
（2）硅：3.195~4.65MeV。
（3）氯：4.654~6.599MeV。
（4）钙：4.862~6.633MeV。

表 6.13 俘获伽马能谱的全能峰和逃逸峰   单位：MeV

核素	^{1}H	^{28}Si		^{35}Cl			^{40}Ca	^{56}Fe
全能峰	2.23	3.54	4.93	6.11	6.64	7.42	6.42	7.64
单逃逸峰	1.72	3.30	4.42	5.60	6.13	6.91	5.91	7.13
双逃逸峰	1.21	2.52	3.91	5.09	5.62	6.40	5.40	6.62

这里，氯和钙的计数能窗基本重叠，当地层水矿化度较高时，必须注意氯的影响，并且几乎涉及每个谱段。

值得注意的是，元素的非弹性散射和俘获伽马能谱中的逃逸峰、全能峰的计数特征与探测器的类型及密度有密切关系。碘化钠（NaI）晶体探测器的响应能谱在低能时光电峰占优势，当能量达到 4MeV 时，光电峰的贡献最小；锗酸铋（BGO）晶体探测器的响应能谱在低能时光电峰起主要作用，随着伽马射线能量的继续升高，如达到 8MeV 时主要是光电峰和第一逃逸峰起作用。新型仪器很多采用密度比碘化钠高得多的 BGO 闪烁体晶体，这样测得的全能峰更为清晰，而逃逸峰对计数的贡献已不太重要。

图 6.31 展示了 NaI 和 BGO 晶体探测器测量不同能量伽马射线的响应，可以看出，BGO 晶体探测器的第二逃逸峰的贡献明显减小，因而，采用 BGO 晶体的仪器特征能窗的宽度可以窄一些。

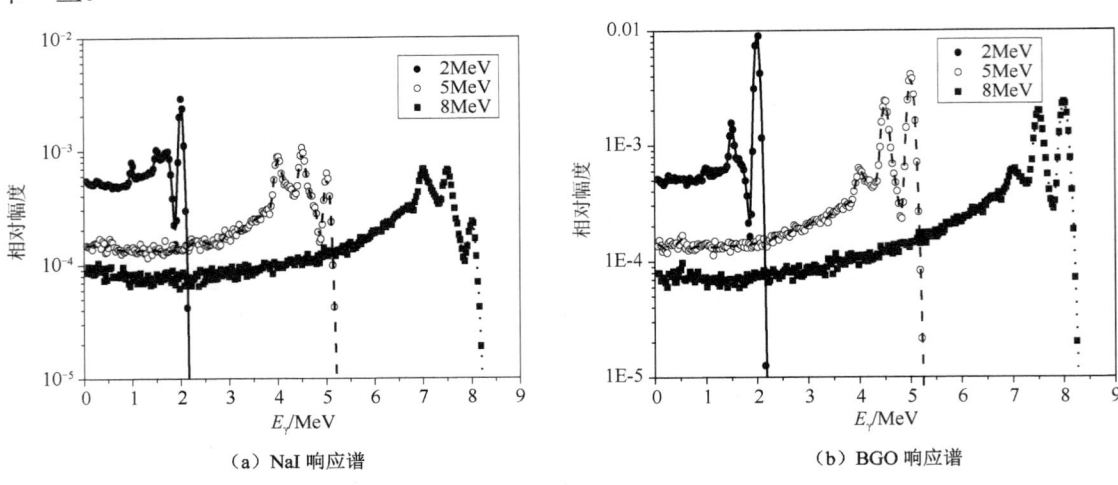

（a）NaI 响应谱

（b）BGO 响应谱

图 6.31 NaI 和 BGO 晶体探测器测量不同能量伽马射线的响应

4. 碳氧比能谱测井响应

1）能谱特征

在储集层骨架和孔隙条件不发生变化的情况下，随着含油饱和度的变化，油水比例会发生变化，进而使地层中碳和氧原子的数目发生变化。对碳氧比伽马能谱测井来说，碳和氧原子数目的变化会影响碳、氧原子与中子发生非弹性散射的概率，进而影响元素非弹性散射伽马射线的产生，导致非弹性散射伽马能谱中碳和氧非弹性散射伽马计数贡献发生变化。采用蒙特卡罗方法建立碳氧比仪器模型，采用 NaI 晶体探测器，源距设置为 45cm，模拟孔隙度为 35%的饱含油和水砂岩储集层的非弹性散射伽马能谱规律。图 6.32 展示了经过探测器响应归一化后的能谱计数。可以看出，在碳元素非弹性散射特征峰能量 4.43MeV 附近的油层能窗计数要高于水层能窗计数；在氧元素非弹性散射特征峰能量 6.13MeV 附近的油层能窗计数要低于水层能窗计数。

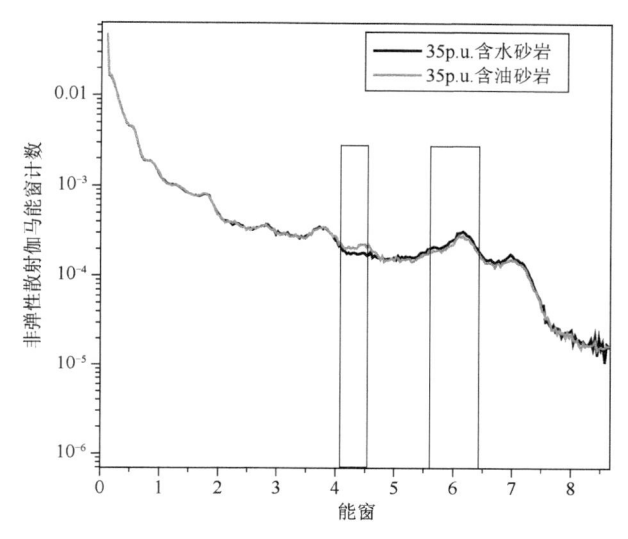

图 6.32 饱含油和水砂岩储集层的非弹性散射伽马能谱规律

2）能窗法求碳氧比

根据前面的学习，在非弹性散射伽马能谱中，设置碳和氧元素能窗；利用碳和氧元素能窗的非弹性散射伽马计数，可以得到包含油、水砂岩和石灰岩条件下的碳氧比与含油饱和度的关系，如图 6.33 所示。这种求解碳氧比与含油饱和度的关系的方法叫作能窗法。

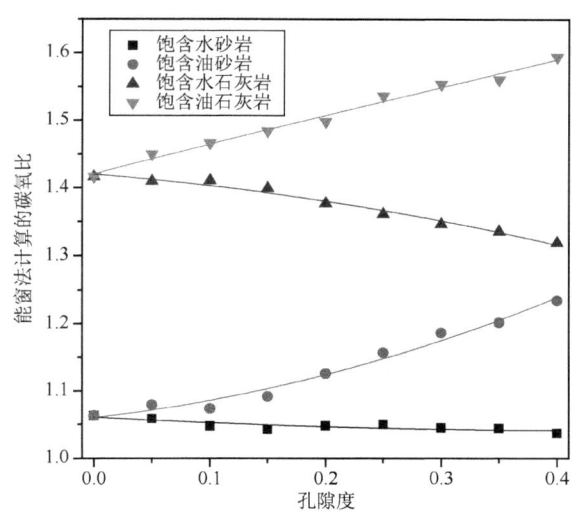

图 6.33 能窗法碳氧比伽马能谱测井响应

能窗法具有操作简单、方便快捷的优势,是目前碳氧比伽马能谱测井采用的主流方法之一。但是由于能窗计数含有大量本底伽马射线的计数贡献,因此求取的碳氧比灵敏度相对较低,也导致碳氧比应用条件受限。

3)产额法求碳氧比

测井得到的中子非弹性散射伽马能谱和俘获伽马能谱可以认为是由多种核素各自生成的伽马能谱叠加而成的;通过能谱解析可以从混合谱中将每种核素的贡献分离出来,其处理方法和自然伽马能谱的处理方法类似。

产额法就是利用能谱解析方法,从非弹性散射和俘获伽马能谱中将碳、氧、硅、钙等元素的贡献求解出来,进行碳氧比的求解。产额法得到的碳氧比灵敏度较高,但也存在对能谱质量要求较高、解谱操作复杂等问题。产额法的具体原理在后续元素测井中进行介绍。

5. **碳氧比能谱测井应用**

碳氧比能谱测井的主要用途是在孔隙水的矿化度低、不稳定或未知的条件下,在套管井中测定地层的含油饱和度,特别适用于测定注水开发油层的剩余油饱和度。

一般根据 C/O(碳氧比)和含油饱和度(S_o)的关系曲线来确定 S_o。已知岩性(硅钙比可得)和 ϕ(可由其他孔隙度测井资料得到),可得

$$S_o = \frac{C/O - (C/O)_w}{(C/O)_{油} - (C/O)_w} = \frac{C/O - (C/O)_w}{\Delta(C/O)} \tag{6.118}$$

碳氧比能谱测井的适用条件如下。

(1)在孔隙水的矿化度低、不稳定或未知的条件下,一般要求孔隙度高于 15%。
(2)气和水的碳氧比差别小(含气地层不适用),稠油地层适用。

6.5.4 元素测井

地壳中的化学元素只相对集中于少数几种(见图 6.34),其中的 8 种元素 [O(46.6%)、Si(26.72%)、Al(8.13%)、Fe(5%)、Ca(3.63%)、Na(2.83%)、K(2.59%)、Mg(2.09%)] 已占地壳总质量的 97.59%,其余的元素仅占 2.41%。常见地层骨架矿物就是由这些不同的元素按照一定比例组成的,若能测量地层的元素组分和含量,则可以得到矿物含量,这对识别复杂储集层的岩性具有重要意义。

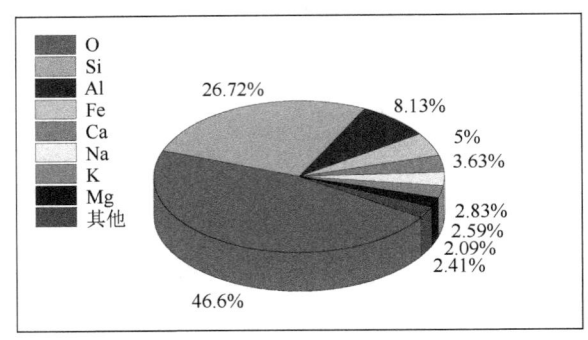

图 6.34 地壳中常见 8 种元素的含量

地层元素测井利用中子源产生的快中子进入地层,与地层元素的原子核发生相互作用,测量和记录发生非弹性散射与俘获作用时放出的伽马射线能谱信息;由于不同核素的特征伽

马射线能量不同，因此，通过对记录的伽马射线能谱进行解谱分析可得到地层元素的相对产额，并通过氧化物闭合模型确定元素含量，进而得到地层矿物含量。

1．元素测井仪器介绍

早期的元素测井仪器利用同位素中子源测量俘获伽马能谱来进行元素含量的确定，其中，典型的仪器有 ECS 和 GEM。后面随着脉冲中子源和探测器工艺的进步，基于脉冲中子源的元素测井仪器（FLEX 和 LithScanner 等）开始出现，可以同时测量非弹性散射和俘获伽马能谱，进而获取更多元素含量信息。

ECS 和 GEM 元素测井仪器均采用 Am-Be 中子源和 BGO 晶体探测器，测井过程以探测俘获伽马能谱为主，能够实时输出元素含量，进行地层岩性评价。

FLEX 元素测井仪器采用 D-T 可控中子源和 BGO 晶体探测器。在测井时，它通过可控加速器中子源向地层岩石发射高能（14MeV）中子，激发产生伽马射线，可测量非弹性散射和俘获伽马能谱，能够确定 Al、C、Ca、Fe、Gd、K、Mg、S、Si 和 Ti 等元素。

斯伦贝谢公司新推出的 LithScanner 元素测井仪器采用高频率的 D-T 脉冲中子发生器和高分辨率的 $LaBr_3$ 晶体探测器，它记录的非弹性散射和俘获伽马能谱具有更高的特征峰分辨率，能够确定的元素种类主要有 Si、Ca、Fe、Mg、S、Al、K、C、Mn、Ti、Gd、Cu、Ni。

2．元素解谱方法

下面以 ECS 元素测井仪器为例，介绍元素测井的解谱方法。

1）地层元素标准谱

类似前面介绍的自然伽马能谱解谱方法，地层元素标准谱是实现混合伽马能谱解谱的前提。一般情况下，对于某一测井仪器，可认为元素标准谱是确定的。利用蒙特卡罗计算模型，模拟地层常见元素 Si、Ca、Fe、S、Mg、Al、K、Ti、Gd、Mn、Cl、H 及仪器（CTB）的俘获标准谱，如图 6.35 所示。

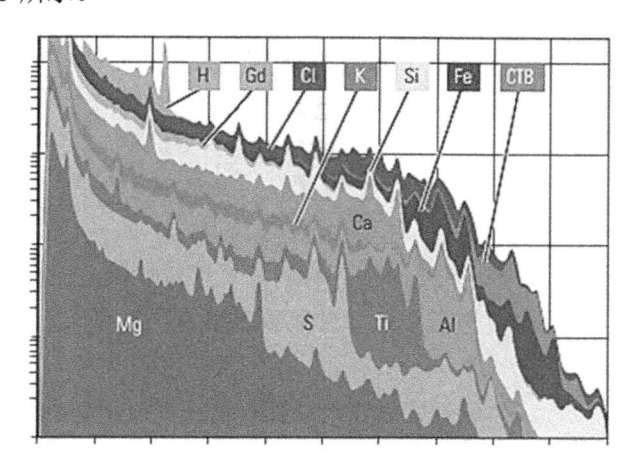

图 6.35 元素测井的俘获标准谱

对实际元素测井仪器来说，元素标准谱通常由实验和数值模拟相结合得到，标准谱的特征主要取决于探测器的类型及响应特性参数。

2）具体的解谱过程

实际地层测量的非弹性散射和俘获伽马能谱通常是由地层中不同元素产生的特征非弹性

散射和俘获伽马能谱组成的混合谱，可认为是地层中各元素产生的伽马能谱的线性叠加，因此伽马能谱第 i 道的计数 x_i 为

$$x_i = \sum_{j=1}^{m} a_{ij} y_j + \varepsilon_i \tag{6.119}$$

式中，a_{ij} 为各元素标准谱的归一化能谱组成的矩阵元；y_j 为第 j 种元素的相对产额；ε_i 为误差。式（6.119）写为矩阵形式为

$$X = A \cdot Y + E \tag{6.120}$$

应用最小二乘法来求解，可得到元素相对产额的最优解为

$$Y = (A^T \cdot A)^{-1} \cdot (A^T \cdot X) \tag{6.121}$$

由于测量的伽马能谱中低能谱段的计数要比高能谱段的计数高得多，因此计数统计性相差很大。为了提高非等精度观测值的处理精度，补偿高、低能谱段计数统计性的差异，在能谱处理中采用权重系数，也可以利用加权最小二乘法求解元素产额。

3. 元素产额向元素含量的转换

求取元素的相对产额以后，根据地层元素主要以氧化物形式组成为主的特点，需要利用相对灵敏度因子和氧化物闭合模型进行元素产额向元素含量的转换。

1）相对灵敏度因子的确定

相对灵敏度因子是在假设硅元素的灵敏度因子 S_{Si} 为 1 的前提下，第 j 种元素相对于硅元素的相对灵敏度：

$$S_j = \frac{y_j / W_j}{y_{Si} / W_{Si}} \tag{6.122}$$

式中，W_j 为第 j 种元素在该地层中的质量百分比含量，%。

2）氧化物闭合模型

氧化物闭合模型就是指组成矿物的氧化物、碳酸盐含量百分数之和为 1（或所有骨架元素质量的百分含量之和为 1）。该方法的关键在于仅研究在岩石骨架中存在而在流体中不存在的那些元素，即其不受井眼条件的限制。以下为该模型的表达式：

$$F \sum_{j=1}^{m} X_j \frac{y_j}{S_j} = 1 \tag{6.123}$$

式中，F 为俘获伽马能谱解析中元素的相对产额向元素含量转换的深度归一化因子；X_j 为第 j 种元素的氧化物指数，表示第 j 种元素的氧化物或碳酸盐的质量与第 j 种元素的质量比，如表 6.14 所示。

表 6.14 常见元素的氧化物或碳酸盐岩矿的氧化物指数

元素	氧化物	氧化物指数
Si	SiO_2	2.139
Ca	$CaCO_3$	2.497
Ca	CaO	1.399
Al	Al_2O_3	1.899
Ti	TiO_2	1.668
K	K_2O	1.205

续表

元素	氧化物	氧化物指数
Fe	FeO	1.287
	Fe$_2$O$_3$	1.430
	FeCO$_3$	2.075
S	CaSO$_4$	1.125
	FeS	0.064

根据氧化物闭合模型,最终可以得到地层中不同元素的含量:

$$W_i = F \frac{y_j}{S_j} \tag{6.124}$$

4. 元素测井应用

1)矿物含量计算

假设地层岩石骨架中有 n 种矿物,每种矿物由 m 种元素组成,不同地层矿物中某一元素的总和应等于地层元素测井中获取的该元素含量,因此满足以下公式:

$$\begin{bmatrix} c_{11} & c_{12} & \cdots & c_{1n} \\ c_{21} & c_{22} & \cdots & c_{2n} \\ \vdots & \vdots & \vdots & \vdots \\ c_{m1} & c_{m2} & \cdots & c_{mn} \end{bmatrix} \begin{bmatrix} M_1 \\ M_2 \\ \vdots \\ M_n \end{bmatrix} = \begin{bmatrix} e_1 \\ e_2 \\ \vdots \\ e_m \end{bmatrix} \tag{6.125}$$

式中,c_{ij} 为第 i 种矿物中第 j 种元素的质量百分比;M_i 为第 i 种矿物的含量;e_j 为第 j 种元素的含量,由地层元素测井获取。

将式(6.125)写为矩阵形式:

$$\boldsymbol{C}_{m \times n} \cdot \boldsymbol{M}_{n \times 1} = \boldsymbol{E}_{m \times 1} \tag{6.126}$$

式中,$\boldsymbol{C}_{m \times n}$、$\boldsymbol{M}_{n \times 1}$ 和 $\boldsymbol{E}_{m \times 1}$ 分别为地层矿物包含元素的质量百分比组成的矿物系数矩阵、矿物含量矩阵和元素含量矩阵。

一般情况下,地层元素测井中提供的元素含量种类 m 要大于反演的矿物含量种类 n,因此式(6.126)所示的方程组为超定方程组,没有精确解。通过对式(6.126)进行求解可以得到地层矿物含量:

$$\boldsymbol{M} = \boldsymbol{C}^{-1} \cdot \boldsymbol{E} \tag{6.127}$$

矿物系数矩阵作为矿物含量反演计算的输入条件,其准确度是精确反演矿物含量的前提,可以利用地层矿物标准分子式计算的元素含量组成矿物系数矩阵,但矿物的实际元素组成与含量和标准分子式有一定的差异。由于不同地区矿物种类不同,且矿物中所含元素种类和含量也不同,因此需要利用岩心实验分析数据建立适用性的区域矿物系数矩阵。转换系数表如表 6.15 所示。

表 6.15 转换系数表

元素	石英	钠长石	高岭石	钾长石	白云母	方解石	白云石
Si	46.232	30.711	22.227	30.020	21.364	0	0
Al	0.1217	11.292	20.091	10.08	18.111	0	0
Ti	0.006	0.012	0.036	0.006	0.144	0	0
Fe	0.105	0.077	0.455	0.077	2.128	0	0
Mg	0.078	0.03	0.006	0.006	0.414	0.024	12.672

续表

元素	石英	钠长石	高岭石	钾长石	白云母	方解石	白云石
Ca	0	0.8651	0.0139	0.0186	0	26.00	14.544
Na	0.1558	7.285	0.5341	1.8474	0.749	0	0
K	0.0165	0.5559	0.7136	10.92	8.497	0	0
Mn	0	0	0.0077	0.0077	0.092	0	0.1704
P	0.00436	0.0130	0.0480	0.2095	0.0960	0	0
S	0.01	0	0	0	0	0	0

2）岩性识别和地层对比

地层中各种矿物所含的元素较固定，而岩石是由不同矿物组成的。根据岩性与氧化物组合的对应关系，利用 CaO、MgO、SiO_2 三元交会图识别地层岩性，也可以利用 CaO、S 及 Fe_2O 等组合确定岩性。此外，还可以利用总泥质含量，石英、长石、云母含量，碳酸盐含量交会图进行复杂岩性识别，如图 6.36 所示。

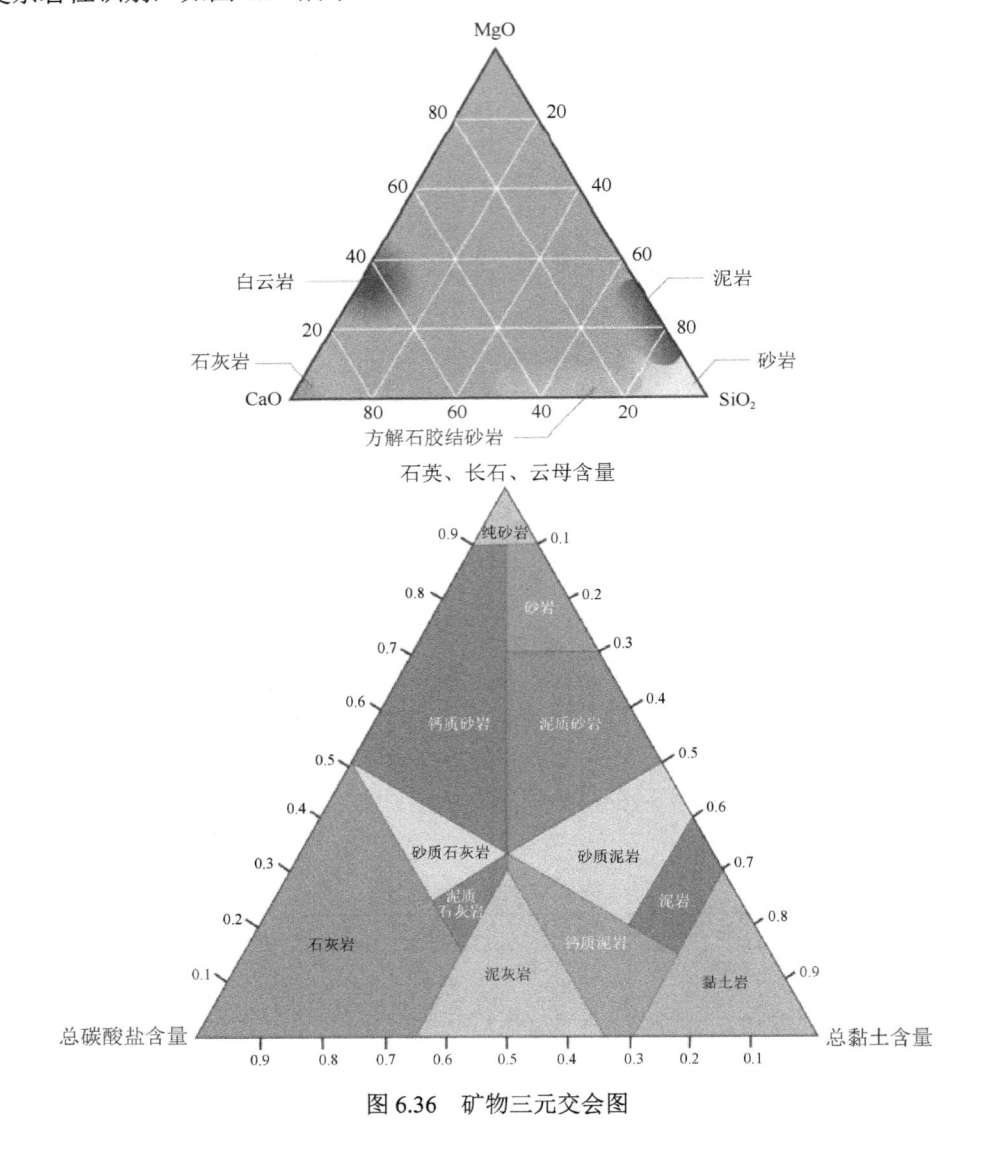

图 6.36 矿物三元交会图

仅根据常规测井曲线的形态和变化特征的相似性、测井值的大小，往往会存在一定的不确定性。通过对比可以发现，元素测井具有较好的岩性识别能力，特别是泥质含量（V_{Cl}）曲线、硅（Si）曲线和铁（Fe）曲线。通过给出的岩性剖面，将曲线（物理量）对比转化为岩性（地质）对比，在一定程度上可以减小地层对比的不确定性。

3）确定储集层泥质含量

根据元素测井得到元素含量，可以利用经验计算泥质含量：

$$V_{Cl} = 1.67(100 - SiO_2 - CaCO_3 - MgCO_3 - 1.99Fe) \tag{6.128}$$

4）确定有机碳含量

元素测井测量的碳含量是无机碳和有机碳的总和。其中，无机碳主要存在于石灰岩和白云岩骨架中。利用元素测井计算的碳含量扣除对应的石灰岩和白云岩中的碳含量，可以估算有机碳含量：

$$TOC = C_T - \left(\frac{12}{40}\right)Ca - \left(\frac{12}{24}\right)Mg \tag{6.129}$$

5）岩石脆性指数及骨架密度计算

岩石组分影响岩石的脆性，利用矿物含量可以计算得到岩石的脆性指数：

$$BI_M = \frac{石英}{石英+方解石+泥质含量} \times 100 \tag{6.130}$$

此外，骨架密度与 Si、Ca、Fe、S 四种元素线性相关，采用密度多元回归的方法可以得到较为准确的骨架密度；替代密度孔隙度计算公式中的骨架密度，可以提高孔隙度计算的准确性：

$$Den = a + bSi + cFe + dCa + eS \tag{6.131}$$

第 7 章　油气藏开发井动态监测基础

7.1　石油开发测井概况

油气开发过程通常包括 4 个步骤：根据地质调查进行**勘探**、**深挖**，分析石油的分布点和埋藏量；建造钻井架，钻至埋藏石油的地层**采掘**；采用非自喷式石油用抽油泵等进行**抽取**；抽取的石油用分离装置将不纯物和气体**分离**。勘查技术、工程学技术主要应用于第二步。

地球物理测井是油气勘探的技术手段，在油气开发中发挥重要作用。这一技术逐步形成了勘探测井和开发测井两个重要的分支。**勘探测井**是在油气完井之前，应用地球物理方法沿钻井剖面对地层进行的观测，可看作寻找油气田的"眼睛"，其主要目的是发现和评价油气层的储集性质及生产能力，如划分岩性，计算泥质含量，确定孔隙度、渗透率和饱和度。**开发测井**是在油气完井及其后的整个生产过程中，应用地球物理方法对井下流体的流动状态、井身结构技术状况和油层性质变化情况进行的观测，可看作油气开发的"医生"，其主要目的是监视和分析油气井的生产状况及油气层的开发动态。石油开发测井又称生产测井，是指在开发过程中进行井中动态测量，目的是监视油气井的生产状况，评价油气层的开发动态。石油开发测井应用基础包括储集层岩石和流体的物理性质、储集层渗流理论及开发动态。

开发测井始于 20 世纪 30 年代，最初只用于井下记录温度计探测井内流体流动异常。在 20 世纪 40 年代，井下记录压力计、流量计加上温度计称为生产测井仪器。到了 20 世纪 50 年代，发展成为组合生产测井仪，温度计、压力计和流量计可以组合成一种仪器下井测量，在地面记录和显示测量值，并发展了电容持水率测井和磁法测井等测井方法。20 世纪 60 年代和 70 年代，声学测井和核测井相继引入开发测井中，大大丰富了测井方法，扩大了其应用范畴，构成了相对完整的体系。20 世纪 80 年代和 90 年代，随着信息技术的进步和应用，测井数据采集、存储、处理、解释技术都发生了革命性的变化，开发测井不仅相继实现了数字记录和数控测量，还跨入成像测井技术阶段。进入 21 世纪以来，在科学技术高速发展和非均质、非线性问题研究需求的推动下，非线性测量方法、高精度数据采集、高分辨率图像处理，以及网络测井技术都在快速发展，开发测井正在步入新的技术时代。

石油开发测井之所以能够快速发展，是由于其在油田开发动态监测中具有效率高、成本低、效果好的优点，可以在较短时间内和不影响生产的条件下取得接近真实情况的大量信息。根据测量对象和应用范围的不同，石油开发测井方法大致可以分为下述 3 类。

（1）流动剖面测井。流动剖面测井的测量对象是井内流体，目的在于了解生产井的产出剖面和注入井的注入剖面，以及评价油气井的生产状况和油气层的开发动态。

（2）储集层监视测井。储集层监视测井的测量对象是油气层，目的在于监测含油性、渗透性、油水界面和地层压力的变化情况，以及评价油气层的开发动态。

（3）采油工程测井。采油工程测井的测量对象主要是井下管柱和水泥环，目的在于监测井内机械的完好性，以及评价井下工程作业的效果。其中，声波全波列测井和声波扫描成像测井可用于评价水泥胶结质量；井径测井、管柱分析测井、超声回波成像测井等可用于检查井下管柱状况和评价射孔质量；核示踪测井、温度测井、噪声测井、氧活化水流测井等可用于识别管外流体流动，评价酸化、压裂、封堵等地层处理效果。

地球物理测井可以观测和研究油田开发中的很多生产与工程问题，但是，相对于石油开发中的大量实际问题和技术发展需求，测井所能观测和研究的问题及解决问题的程度还是有限的。这为石油开发测井的进一步发展提供了巨大的空间和良好的机遇，也提出了更多的问题和更高的要求。因此，我们必须加强高水平技术人才的培养，增强研究开发和科技创新的能力，为提高我国油气资源及矿产开发的水平和效益做出应有的贡献。

7.2 储集层流体的物理性质

石油、天然气和水是油气藏中存在的主要流体，也是研究储集层流体的主要对象，石油是指以气相、液相或固相碳氢化合物为主的烃类混合物。在地层温度和压力条件下，以气相存在并含有少量非烃类的气体称为天然气；以液相存在并含有少量非烃类的液体称为原油；在地层温度和压力条件下以气相存在，当采自地面的常温常压条件下时，可以分离出较多的凝析油的混合物称为凝析气。以三者为主题的储集层分别称为气藏、油气藏和凝析气藏。

石油和天然气开发流程示意图如图 7.1 所示。石油开发测井主要应用物理学方法，在生产井段对井内流体和储集层进行测量，因此，储集层流体的物理性质不仅是油、气藏工程计算的基础理论，还是测井系列选择和资料解释的重要依据。本节着重介绍与流体流动有关的物理性质参数，讨论估算这些参数的相关经验公式。

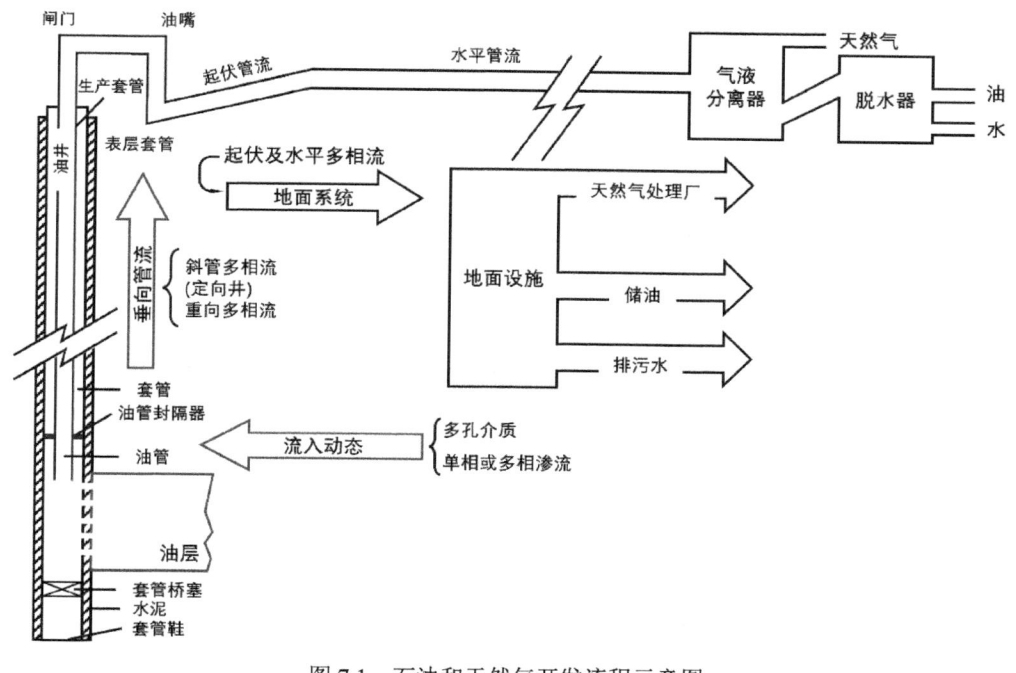

图 7.1 石油和天然气开发流程示意图

7.2.1 流体的物理属性

原油、天然气和地层水同样具有一般流体的物理属性。下面主要讨论流体的密度、重度、膨胀性、压缩性和黏性。

1. 流体的密度和重度

流体和其他物质一样，具有质量和重量。单位体积流体具有的质量称为流体的密度，用

ρ 表示。均匀流体各处的密度均相同，为

$$\rho = m/V$$

式中，m 为流体的质量，kg；V 为流体的体积，m³。

对于非均匀流体，因为各处的密度不同，所以按上式计算的只是流体的平均密度。流体内某一点的密度应为

$$\rho = \lim_{\Delta V \to 0} \frac{\Delta m}{\Delta V} = \frac{dm}{dV}$$

式中，dm 为所取某微元体积的质量，kg；dV 为该微元的体积，m³。

液体的相对密度是指液体的密度与标准大气压下 4℃ 的纯水密度的比值。气体的相对密度是指气体的密度与特定温度和压力条件下氢气或空气密度的比值，没有统一的规定，视给定的条件而定。

单位体积流体具有的重量称为流体的重度，用 S 表示。对于均匀流体，其重度为

$$S = G/V$$

式中，G 为流体的重量，N；V 为流体的体积，m³。

对于各处重度不同的非均匀流体，按上式计算的只是流体的平均重度。流体内某一点的重度应为

$$S = \lim_{\Delta V \to 0} \frac{\Delta G}{\Delta V} = \frac{dG}{dV}$$

式中，dG 为所取某微元体积的重量，N；dV 为该微元的体积，m³。

流体的重度实质上是指作用在单位体积流体上的重力。在地球重力场的条件下，流体的密度和重度的关系为

$$S = \rho g$$

式中，g 为当地的重力加速度，m/s²。

注意：流体的密度与海平面的相对位置无关，流体的重度由于与加速度 g 有关而将随其所处位置的变化而变化。

2. 流体的膨胀性和压缩性

当作用在流体上的压力增加时，流体所占的体积将减小，这种特性称为流体的压缩性。这种特性可以用体积压缩系数 C_p 来表示：

$$C_p = -\frac{1}{V}\frac{\Delta V}{\Delta p}$$

式中，Δp 为压力变化量，Pa；V 为流体原来的体积，m³；ΔV 为体积变化量，m³；C_p 定义为在温度恒定时，单位体积流体的体积变化量与压力变化量之比；负号表示压力增加时体积减小。

当温度变化时，流体的体积也随之变化，温度升高，体积膨胀，这种特性用体积膨胀系数 C_t 来表示：

$$C_t = \frac{1}{V}\frac{\Delta V}{\Delta T}$$

式中，ΔT 为流体温度的增加值，K。

通常情况下，液体的压缩系数都很小，工程上一般不考虑压缩性和膨胀性。但当压力、温度变化比较大时，就必须考虑压缩性和膨胀性的影响。对于气体、压力和温度的变化对体积的改变很大，在热力学中，用气体状态方程式来描述它们之间的关系。理想气体的状态方程为

$$pV = nRT$$

式中，p 为气体的绝对压力，Pa；V 为气体所占的体积，m³；n 为气体物质的量，mol；R 为气体常数，$R=8.314\text{J}\cdot\text{K}^{-1}\cdot\text{mol}^{-1}$；$T$ 为热力学温度，K。

在一般情况下，流体的压缩系数和膨胀系数都很小。压缩性能被忽略的流体称为不可压缩流体。不可压缩流体的密度和重度均可视为常数。反之，压缩系数和膨胀系数比较大，不能忽略压缩性和膨胀性；或者密度和重度不能被看作常数的流体称为可压缩流体。但是，这种划分并不是绝对的。例如，通常把气体看作压缩流体，但当气体对于固体的相对速度比在这种气体中当时温度下的声速小得多时，气体密度的变化也可以忽略，此时可以将气体按不可压缩流体来处理。

为了更好地描述气体的状态，引入气体的偏差因子 Z，用于修正真实气体与理想气体之间的差异。修正后的真实气体的状态方程为

$$pV = nZRT$$

对于不同的气体，在不同的温度和压力条件下，偏差因子 Z 都不同。结合拟对比温度和压力，气体的偏差因子可以通过查找 Standing-Katz 图版（见图 7.2）获得。

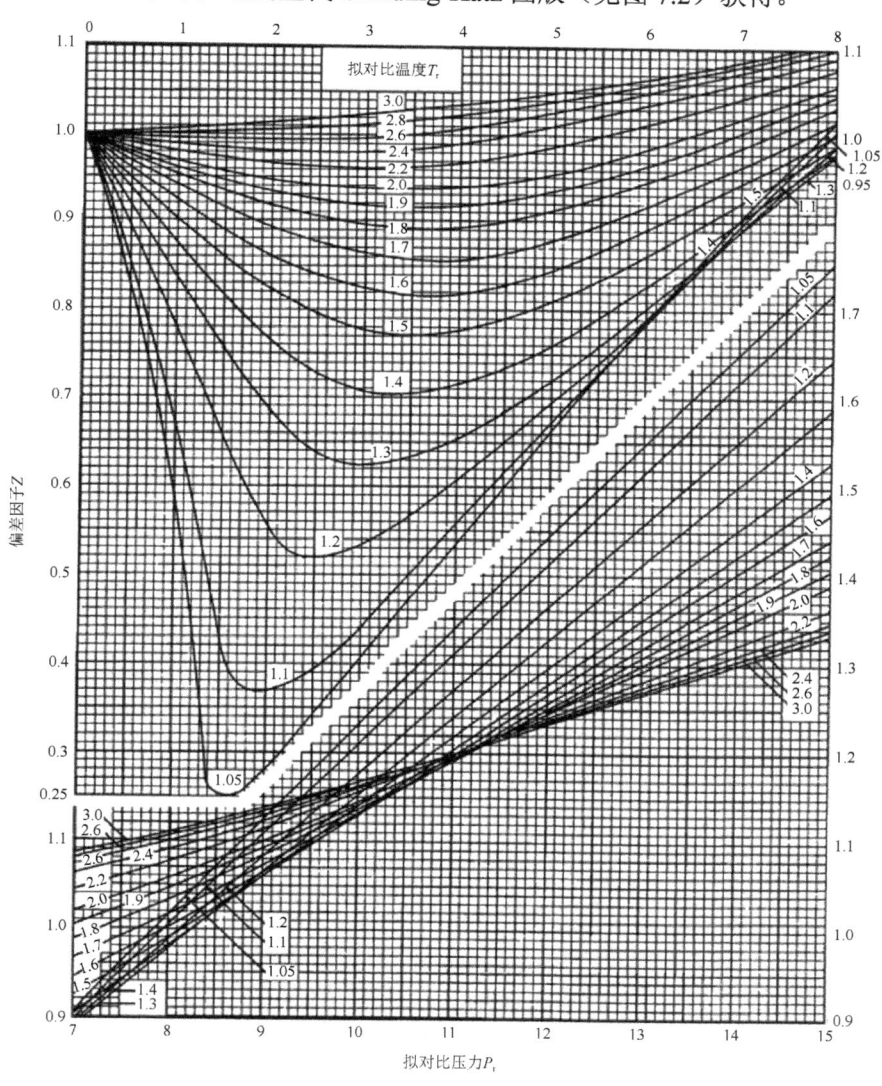

图 7.2 Standing-Katz 图版

3. 流体的黏性

黏性是流体阻止其发生剪切变形和角变形的一种特性。当流体中发生层与层之间的相对运动时，速度快的层对速度慢的层产生一个拖动力，使后者加速，而速度慢的层对速度快的层就有一个阻止它向前运动的阻力，拖动力和阻力是大小相等、方向相反的一对相互作用力，分别作用在紧挨着但速度不同的流体层上，这就是流体黏性的表现，称为内摩擦力或黏滞力。

流体的黏性是由于分子间的内聚力的存在和流体层间的动量交换造成的。为了维持流体的运动，就必须消耗能量来克服由于内摩擦力产生的能量损失，这就是流体运动时会造成能量损失的原因。

牛顿经过大量的实验研究，于1686年提出了确定流体内摩擦力的牛顿内摩擦定律，其数学表达式为

$$F = \mu \frac{du}{dy} A$$

式中，F 为内摩擦力，N；du 为两层流体之间的速度差，m/s；dy 为两层流体之间的距离，m；A 为两层流体之间的接触面积，m²；μ 为与流体的性质有关的比例系数，Pa·s。上式的物理意义是，流体内摩擦力的大小与流体的性质有关，与流体的速度和接触面积成正比。由此，单位面积上的内摩擦力应为

$$\tau = \mu \frac{du}{dy}$$

当 $du/dy = 0$ 时，即两层流体相对静止时，$\tau = 0$，不存在内摩擦力。大量实验证明，大多数气体、水和润滑油类，以及低碳氢化合物都能很好地遵循牛顿内摩擦定律，这些流体称为牛顿流体。还有一些流体不遵循牛顿内摩擦定律，这些流体称为非牛顿流体，如钻井泥浆为塑性流体。

定义**动力黏滞系数** μ 为单位速度梯度下单位面积上内摩擦力的大小：

$$\mu = \frac{\tau}{du/dy}$$

动力黏滞系数又称黏度。μ 越大，流体的黏性越大，其国际标准单位为 Pa·s，工程中常用厘泊（cP）表示，$1\text{cP} = 10^{-3}\text{Pa·s}$。

运动黏滞系数或称运动黏度 v 的单位是 m²/s，其定义为

$$v = \mu / \rho$$

还有一种衡量液体黏度的单位为恩氏度 E（恩格勒黏度）。它是 200cm³ 的对应液体流过恩格勒黏度计所需的时间 t 与 200cm³ 的 293K 蒸馏水流出同一仪器所需的时间 t_0 的比值，即 $E = t / t_0$。这是一种黏度的相对标识符，恩氏度与运动黏度的转换经验公式为

$$v = 273E - \frac{631}{E}$$

温度对流体的黏度的影响很大，并且对液体和气体的影响不同。当温度升高时，液体的黏度降低，流动性增加；而气体则相反，即当温度升高时，液体的黏度升高，流动性变差。这是因为液体黏性主要来源于分子间的内聚力，当温度升高时，分子间的内聚力减小，所以液体的黏度降低。而气体黏性的主要来源是气体内部分子的热运动，它使得速度不同的相邻气层间发生质量和动量的交换，当温度升高时，气体分子的热运动速度加大，速度不同的相邻气层之间的质量和动量交换随之加剧，因此气体黏性增加。

实验证明，只要压力不是特别高，压力对黏度 μ 的影响就不大，而运动黏度 v 则不然，因为它和密度 ρ 有关，所以对可压缩流体来说，v 与压力是密切相关的。在考虑到压缩性时，

更多的是用 μ 而不用 v。但是当压力较高时，如在地层条件下，压力就变成主要影响因素了。压力升高，流体的黏度增大。另外，在高压下，气体的黏度特性类似液体的黏度特性，温度升高，黏度减小。

需要说明的是，自然界中存在的流体都有黏性，这些流体统称为黏性流体或实际流体。完全没有黏性的流体称为理想流体，这种流体只是一种假想，实际上并不存在。但是，引进理想流体的概念是有实际意义的。因为黏性问题十分复杂，影响因素很多，这给研究流体的运动规律带来很大的困难。所以先假设流体为不考虑黏性因素的理想流体，找出规律；再考虑黏性，并加以修正。另外，在很多实际问题中，黏滞性并不起主要作用，在一定条件下，可以把实际流体当作理想流体来处理，这样既抓住了主要矛盾又使问题得到大大的简化。

7.2.2 烃类流体的相特性

天然的烃类系统组分较多。烃类混合物的相态（气态、液态和固态）取决于混合物的组分和不同组分的性质。一般用 $p\text{-}T$ 平面图描述油气层流体的相特性。

图 7.3 所示为**多组分烃类相态图**。其中，C 为临界点，此处气、液两相达到平衡，温度和压力均高于临界点的状态为超临界态；M 点为临界凝析温度点，是气、液两相共存的最高温度点，当温度高于 M 点温度时，物质以气态方式存在；N 点为临界凝析压力点，是气、液两相共存的最高压力点，当压力高于 N 点压力时，物质以液态方式存在。临界点 C 左边的两相区边线为泡点线，右边的两相区边线为露点线，由泡点线和露点线包围的范围为液相和气相平衡存在的两相区，区内虚线为液相等体积分数或等摩尔分数的等值线。两相区内的阴影区域为相态反常区，其内产生的凝析或蒸发现象都与常态情况相反。

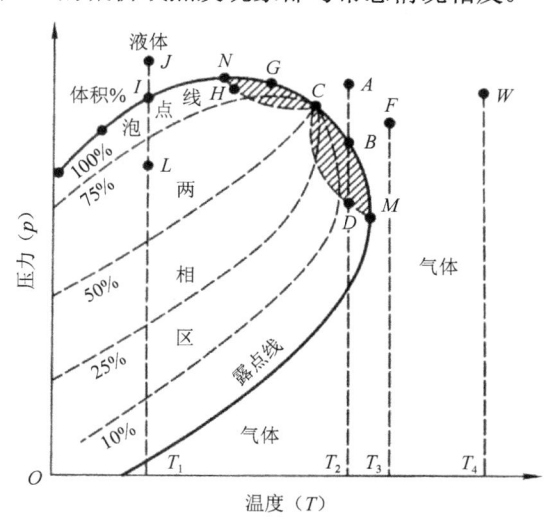

图 7.3 多组分烃类相态图

图 7.3 中不同位置的点可以表示处于原始条件不同油气藏的性质。例如，在地层温度为 T_1、原始地层压力位于 I 点的地层内，储集层的流体为泡点液体，此时油气藏称为**饱和油气藏**。若地层温度仍为 T_1，而原始地层压力位于 J 点，则地层内只储藏着单相流体，称为**未饱和油气藏**。在原始条件下，处于 L 点的油气藏内储有气、液两相流体，称为**过饱和油气藏**。这种油气藏由油区和伴生气顶组成，并且油区处于泡点压力下，气顶处于露点压力下。

对于地层温度处于临界温度和临界凝析温度之间的 T_2，原始地层压力等于或高于露点压力的地层，如图 7.3 中的 B 点和 A 点，地层内储藏的为凝析气体。在 A 点，流体温度高于临界温度，因此划在气相区。在此温度下，压力降低至 B 点压力，储集层气体会析出一种如露或雾一样的液体凝析物。

地层温度高于临界凝析温度的 T_3 和 T_4，原始地层压力分别处于 F 点和 W 点的地层分别储藏着湿气与干气，分别称为湿气藏和干气藏。湿气在温度、压力降低到分离器的储油条件下时能得到少量凝析油，而储集层干气则没有回收液生成。

每种烃类流体都有其独特的相图。两相包络线的形状及其在 p-T 平面图上的位置取决于烃类的化学组分及各组分的相对含量。两相包络线总的趋势是随流体相对分子质量的增大而向右下方偏移。油气藏开发过程中，随着轻烃成分的采出，原油的重烃成分的相对含量将变大，其相图也会不断变化。

7.2.3 流体的物理性质参数

流体的物理性质参数主要有地面油、气的密度或比重，气的压缩系数，油的泡点压力，气的溶解系数，地层水的矿化度，井下油、气、水的密度、黏度、体积系数、表面张力等。这些物理性质参数通常来源于 PVT 分析、相关计算、地面分析等，在经验相关关系成立的相应范围内，可以通过相关经验公式或图版进行计算。

7.3 生产层动态

油层向油井提供流体的能力在很大程度上取决于油气藏的类型和驱动方式，以及油层压力、渗透率等描述储集层性质的变量。在明确油气藏的驱动方式后，给出描述油层中流体流动的微分方程，并根据渗流原理，对油层的动态变化采用从定性分析到定量分析的方法进行讨论。

一个油田的地下可能埋藏着一个或多个油气藏，每个油气藏都是由一部分互相连通的含油地层构成的，可以把它看作一个独立的地下储油容器。在这一容器内，有效的储油孔隙基本上都互相连通，油、气、水可以在这些孔隙中储藏或流动。从地下水动力学的观点来看，每个油气藏都可以看作一个独立的水动力学系统。在同一油气藏内，原始状态下的各点压力折算到基准面以后都是一致的，它们之间不会有流体流动。当一个油气藏有几口采油井和注水井同时生产时，由于这些井在油层内部是彼此连通的，因此它们的产量和压力都会互相影响，从而使动态分析复杂化。

油气藏有大有小，小的面积不到 1km^2，油层有效厚度不到 1m；大的面积能达到 1000km^2 以上，油层有效厚度可达几十米甚至几百米。有的油气藏是封闭性的，有的和广大的水层连通，甚至延伸到地表面。油气藏的形状多是不规则的，具有各种各样的形状。图 7.4 所示为几种常见的油气藏类型，油气藏有可能是若干类型的组合。

油气藏的驱动方式也是油气藏中排油的主要动力来源。这种动力可以来自自然界，也可以来自人工措施。驱动方式主要有水压驱动、气顶膨胀驱动、溶解气驱动和重力驱动 4 种。需要建立哪种驱动方式要根据油田开发的需要，也要根据油气藏地质条件进行分析。

1. 水压驱动

水压驱动可理解为水的侵入或液压控制作用。一般来说，油气藏外部总与一定大小的水体相连通，如图 7.5 所示。

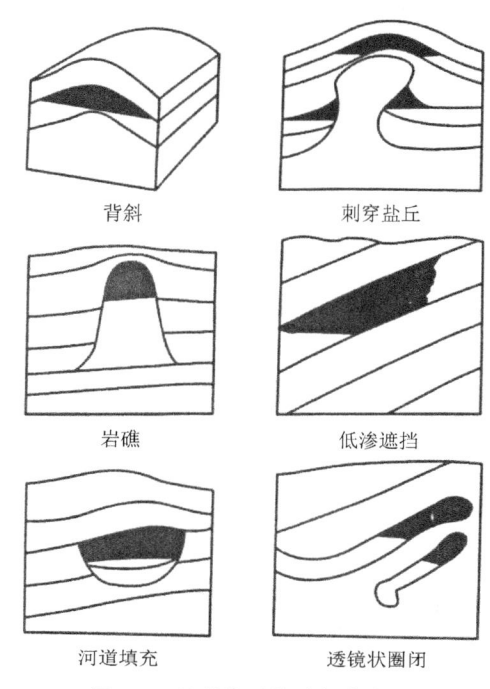

第 7 章 油气藏开发井动态监测基础

图 7.4 几种常见的油气藏类型（背斜、刺穿盐丘、岩礁、低渗遮挡、河道填充、透镜状圈闭）

图 7.5 水压驱动油气藏示意图

油气藏开发后，由于压力下降，其周围水体中的水流入油气藏进行补给，这就是水压驱动。但是很多油气藏的边缘部分由于稠油段或低渗透性，水压驱动能力受到限制。水压驱动还可以通过人工注水来实现，如果在油气藏的边缘外注水，则相当于把水体中的水补给后移到油气藏近边；如果在油气藏内部注水，则水的补给接近瞬间完成的状态。水压驱动可以在压力基本不变的情况下完成开发的全过程。在整个开发期，油井采油指数和气油比倾向于保持恒定，但水油比将不断提高，当其达到经济极限时，开发过程结束。水压驱动油田在低产率时的曲型动态如图 7.6 所示。

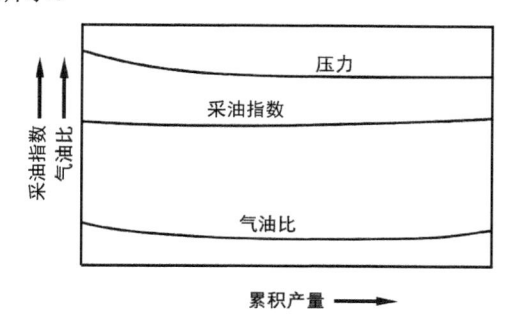

图 7.6 水压驱动油田在低产率时的曲型动态

2. 气顶膨胀驱动

气顶膨胀驱动的油气藏是以气顶的膨胀扩大作为开发石油的主要驱动力的，其前提是存在一个较大的气顶［见图 7.7（a）］。在气顶膨胀驱动下，油气藏压力随开发程度而变化，且取决于气顶与含油部分的体积比。如果油层垂向渗透率较高，那么溶解气将会分离并进入气顶，延缓气顶压力下降的速度。总的来说，气顶膨胀驱动油气藏的压力逐步降低，采油指数不断变小，气油比不断上升，到一定阶段将转入溶解气驱动开发状态，其典型动态如图 7.7（b）所示。

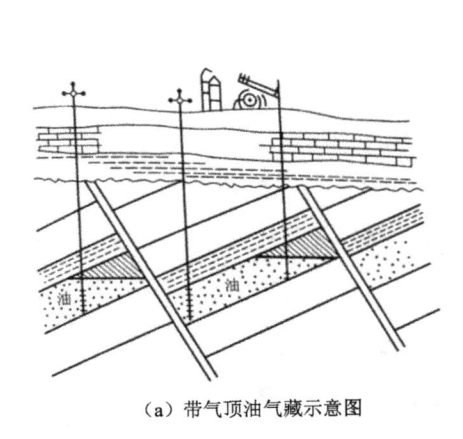

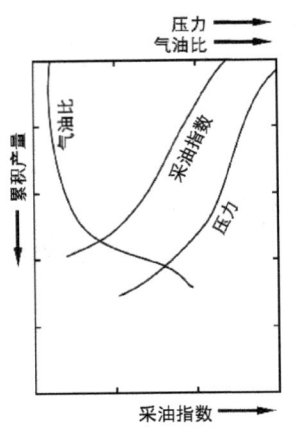

（a）带气顶油气藏示意图　　（b）气顶膨胀驱动的典型动态

图 7.7　气顶膨胀驱动

3. 溶解气驱动

如果油气藏与外部水体的连通性极差或完全封闭（如岩性油气藏），又没有气顶存在，那么油气藏将在溶解气驱动下开发；油气藏采出量大大超过水体的补给量，当油气藏压力等于或低于饱和压力时，油气藏也会出现溶解气驱动。溶解气从油中分离出以后，以分散的泡状存在于油中，当压力降低时，气体膨胀，把油推向井底。由于气体的弹性能量比液体和固体的高得多，因此溶解气驱动初期的压力下降较慢。但是，随后因为气体的流度远比石油的大，它将抢先流入井底而被采出，所以气油比急剧上升，油层压力急剧下降，采油指数也不断减小。这类油气藏的典型动态如图 7.8 所示。一般来说，这种油气藏的一次采收率是很低的，除非采取注水或注气措施。

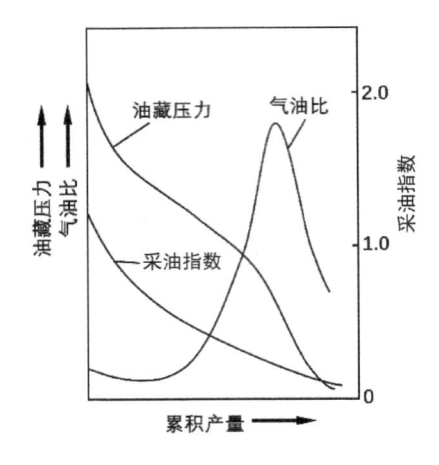

图 7.8　溶解气驱动油气藏的典型动态

4. 重力驱动

重力作用在油气藏开发的整个过程中都存在，因为任何物质在地球上都存在重力。但是，与压力相比，重力是一种比较弱的驱动力。在大部分油气藏中，当压力较高时，重力的作用往往被掩盖。只有当油气藏开发到末期，其他驱动力都变得较弱时，重力才显示出其主要作用。重力驱动要求油气藏具备倾斜和厚度大的油层。

一个油气藏的驱动方式是油气藏地质条件和开发中人工措施综合的结果，在整个开发过程中并不是固定不变的。一个有气顶和边水的油气藏，靠近气顶处的油井处于气顶驱动，并有一定的溶解气驱动；而边水附近的油井则在水压驱动下生产，溶解气驱动的作用是次要的；但在油气藏中间部分的油井，主要是在溶解气驱动下生产的。因此总体来说，油气藏往往处在一种复合的驱动方式下，并视其主要的生产区域来决定以哪种驱动方式为主。

对油田来说，理论和实践都证明，水压驱动油气藏的效率最高，其采收率可能高于50%；其次是气顶膨胀驱动油气藏，其采收率一般为25%～35%。如果对油气藏采用人工注水的方法补充能量，则油气藏会在水压驱动下开发。这就是为什么我国绝大多数油田都采用人工注水的开发方式。

天然气田的驱动方式比较简单，只有定容封闭消耗式气驱动和水压驱动两类。定容封装消耗式气驱动依靠气藏本身的压降膨胀能量，其开发效率比水压驱动的高。而水压驱动则依靠外部边、底水侵入的能量。在气田开发过程中，应当尽量设法避免边、底水的侵入影响。

7.4 管流力学基础及研究

石油开发测井的重要任务之一是测量采油井和注水井内的流体流动剖面，测量参数包括速度、密度、持率、温度、压力等，测量目的是了解生产井段产出或吸入流体的性质和流量，以便对油井的生产状况和油层的生产性质做出评价。要想测准有关流体流动参数，并正确分析解释测井资料，必须具备流体力学方面的基础知识，了解和掌握管流的物理机理及分析方法。

7.4.1 流体运动的描述

流场是流体运动的全部空间，其中，径流场是指流体沿着管道方向运动，绕流场是指流体绕过物体流动。流线是同一瞬间流场中连续的不同位置的流动方向线，可类比电场的电力线。欧拉研究法研究整个流场内不同位置上流体质点的流动参量随时间的变化。对流道而言，总流是无数微小流束的总和。有效流通截面是总流上垂直于流线的截面。流量是单位时间内流经有效流通截面的体积量。

石油开发测井涉及的油、气、水沿管道的流动基本上可视为牛顿流体的流动。单相牛顿流体流动中的一般问题原则上至少用5个基本方程联立来解决。

（1）流体状态方程：

$$\rho = \rho(P, T, 流体)$$

（2）流体本构方程：

$$\tau = \mu \frac{\mathrm{d}v}{\mathrm{d}y}, \quad \mu = \mu(P, T, 流体)$$

（3）连续性方程（质量守恒方程）：

$$\frac{\partial \rho}{\partial t} + \nabla \cdot (\rho \vec{v}) = 0 \quad （微分形式）$$

$$V_1 A_1 = V_2 A_2 \quad \text{(积分形式)}$$

（4）运动方程（又称动量方程）：

$$\rho \frac{\mathrm{d}\vec{u}}{\mathrm{d}t} = \rho \vec{g} - \nabla p - \nabla \tau \quad \text{（微分形式）}$$

（5）能量方程（能量守恒方程）：

$$\mathrm{d}q = \mathrm{d}(p/\rho) + g\mathrm{d}z + v\mathrm{d}v + \mathrm{d}u + \mathrm{d}L_s$$

以上这些基本方程的前 3 个对于解决所有流动问题都是必不可少的，第 4 个方程适用于解决层流流动的很多问题，第 5 个方程以其简化形式解决非等温流动问题。

这一组 5 个方程，加上单值性条件，虽然从理论上讲对于解决任何流体流动问题都足够了，但实际上应用运动方程和能量方程常常会遇到难以克服的困难。对运动方程和严格应用的能量方程的一种替代方法是，引入能量损失或摩阻概念的表达形式，即机械能量方程（又称总流伯努利方程）。在生产测井应用中，需要明确需要测量的参数规律性联系，了解信息采集及分析应该注意的问题。

机械能量方程：

$$z_1 + \frac{P_1}{S} + \alpha_1 \frac{v_1^2}{2g} = z_2 + \frac{P_2}{S} + \alpha_2 \frac{v_2^2}{2g} + h_w$$

在石油工业中，通常把机械能量方程和前 3 个方程作为应用的基本方程。流体的状态方程和本构方程是对流体物理性质的描述。

7.4.2 单相管流

生产测井分析必须处理单相与多相两种流动系统。单相流动系统通常存在于注入井与纯油或纯气生产井中，多相流动系统存在于油-气同出、油-水同出、气-水同出或油-气-水同出的生产井中。然而，即使从地面看起来产出的似乎是纯净的油或气，在靠近井底的井段仍然会存在着两相流的情况。要正确地使用生产测井数据，不仅需要判断井内流体存在的相态，还必须了解井内流体流动的状态。本节首先讨论单相流动情形。

1．层流和紊流

观察单相流体在圆管中的流动现象可以发现两种性质不同的流动状态，当流速较低时，流体一层一层地流动，各层间互不相混，各自沿直线向前流动；当流速变高时，流体处于完全无规则的紊乱流动状态。流体力学中把前者称为层流，后者称为紊流。

层流这一术语表达的流动图式是，流体可以划分为很多同心的平行薄层，管壁处的流速为零，其余各层分别以不同的速度运动，管子中心处的流速最高，速度剖面呈抛物线型。对于紊流，管壁处的流速仍为零，紧贴管壁有一薄层呈层状流动，其余大部分则以紊乱的、不规则的局部循环和涡流为特征，速度剖面扁平。层流与紊流的速度剖面如图 7.9 所示。

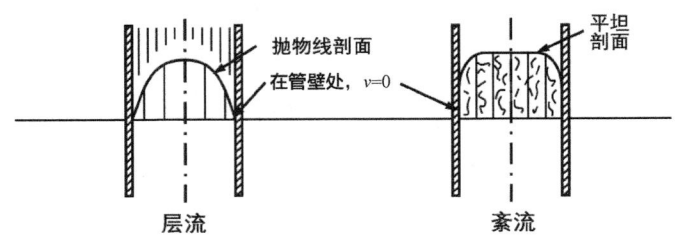

图 7.9 层流与紊流的速度剖面

判断流体的流动状态的准则是雷诺（Osborne Reynolds）于 1883 年最早通过实验和理论分析得到的。雷诺数是一个无量纲量，定义为

$$Re = \rho v d / \mu$$

式中，ρ 为流体的密度，kg/m³；d 为管子的直径，m；v 为流体的平均速度，m/s；μ 为流体的黏度，Pa·s。

如果将雷诺数改写为 $Re = \rho v^2/(\mu v/d)$，则它表示流体流动的惯性力与黏性力的比值。雷诺数小，表明流体中黏性力的作用大，能够削弱与消除引起流体质点发生乱运动的扰动，使流动保持平静的层流状态；雷诺数大，表明流体中的黏性力相对于惯性力较小，惯性力容易促使流体质点发生乱运动，而使流动呈现紊流状态。由层流状态变到紊流状态或由紊流状态变到层流状态时，雷诺数有各自的临界值 Re_c 和 Re_c'，且 $Re_c < Re_c'$，当用雷诺数判别流动状态时，有以下 3 种情况。

（1）当 $Re < Re_c$ 时，流动为层流状态。

（2）当 $Re > Re_c'$ 时，流动为紊流状态。

（3）当 $Re_c < Re < Re_c'$ 时，流动为过渡状态，可能是层流状态，也可能是紊流状态，这主要取决于雷诺数的变化规律。如果开始时雷诺数较小，流动处于层流状态，那么当 $Re_c < Re < Re_c'$ 时，其层流状态仍可能保持；反之亦然，即如果开始时雷诺数较大，流动处于紊流状态，那么当 $Re_c < Re < Re_c'$ 时，其紊流状态仍可能保持。但这两种状态下的流动都是不稳定的，任何扰动都能破坏它。

速度剖面校正系数与雷诺数的关系如图 7.10 所示。

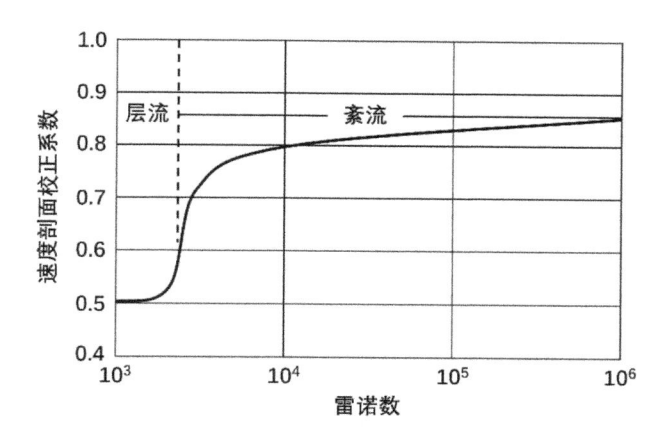

图 7.10　速度剖面校正系数与雷诺数的关系

在管内实验中，$Re_c = 2310$，Re_c' 的值不确定，管内流体的速度剖面与流体流动受扰动的程度有关。通常，当 $Re<2100$ 时，流动为层流状态；当 $Re>4000$ 时，流动完全处于紊流状态。

2. 圆管中层流的速度分布

圆管中的层流是一种特殊的简单流动，其运动微分方程可以通过积分来求解。图 7.11 表示流体在直径不变的圆管内沿 x 轴方向做稳定的层流流动，x 轴为圆管中心线。现取一与圆管同轴线、半径为 r 的微圆柱体，其所受的力有重力、两端面的压力及表面的摩擦力。

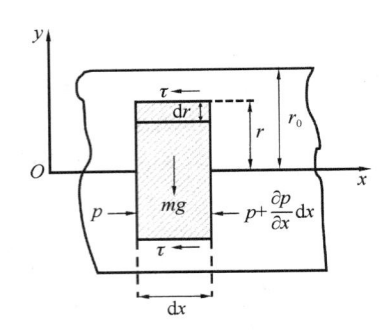

图 7.11 圆管中层流的速度分析

因微圆柱体的直径很小,所以两端面的压力可视为均匀分布。在 x 轴方向上,微圆柱体所受的合力为

$$F_x = p\pi r^2 - \tau 2\pi r \mathrm{d}x - \left(p + \frac{\partial p}{\partial x}\mathrm{d}x\right)\pi r^2$$

在 x 轴方向上,微圆柱体的惯性力为

$$m\frac{\mathrm{d}u_x}{\mathrm{d}t} = m\left(\frac{\partial u_x}{\partial t} + u_x\frac{\partial u_x}{\partial x} + u_y\frac{\partial u_y}{\partial y} + u_z\frac{\partial u_z}{\partial z}\right)$$

因管内是层流流动,且管道截面不变,所以 $\frac{\partial u_x}{\partial t} = 0$,$u_y = u_z = 0$,$\frac{\partial u_x}{\partial x} = 0$,故 $m\frac{\mathrm{d}u_x}{\mathrm{d}t} = 0$。根据牛顿第二定律,有 $p\pi r^2 - \tau 2\pi r\mathrm{d}x - \left(p + \frac{\partial p}{\partial x}\mathrm{d}x\right)\pi r^2 = 0$。压力 p 只是 x 的函数,因此 $\frac{\partial p}{\partial x} = \frac{\mathrm{d}p}{\mathrm{d}x}$。又 $\tau = -\mu\frac{\mathrm{d}u_x}{\mathrm{d}r}$,代入上式简化后得

$$\frac{\mathrm{d}p}{\mathrm{d}x} = \frac{2\mu}{r}\frac{\mathrm{d}u_x}{\mathrm{d}r}$$

由于同一层的流速是一致的,因此 u_x 是 r 的函数。于是,上式右端只是 r 的函数,而左端只是 x 的函数。因此,只有在等式两端都等于常数时,上式才成立,且 $\mathrm{d}p/\mathrm{d}x = $ 常数 $= -\Delta p/L$,$\Delta p = p_2 - p_1$ 是 L 长管段内的压力降。工程上常取 $J = \Delta p/(\rho L)$,J 称为比压降,是单位质量流体沿单位管长的压力降。从而上式改写为

$$\mathrm{d}u_x = -\frac{J}{2\nu}r\mathrm{d}r$$

对于具体的流动,J、ν 为常数,对上式求积分得

$$u_x = -\frac{J}{4\nu}r^2 + C$$

因为实际流体具有黏性,流动时紧贴管壁的那一薄层流体因受固体壁面的吸附作用,流速等于零。所以,由边界条件 $r = r_0$、$u_x = 0$ 确定积分常数 $C = Jr_0^2/(4\nu)$,代入上式得

$$u_x = -\frac{J}{4\nu}\left(r_0^2 - r^2\right)$$

此式即圆管内流体的速度分布函数。因流体仅在 x 轴方向上有速度 $u_x = u_0$,所以 u 在圆管内沿半径方向按抛物线规律分布,在管子中心处($r=0$),流速最高,其值为 $u_{\max} = \frac{J}{4\nu}r_0^2$。

圆管内的平均流速为

$$v = \frac{1}{A}\int_A u\mathrm{d}A = \frac{1}{\pi r_0^2}\int \frac{J}{4v}(r_0^2 - r^2)2\pi r\mathrm{d}r = \frac{J}{8v}r_0^2$$

可见，圆管内层流的平均流速等于管子中心流速的一半。有了圆管内的平均流速，就可以计算圆管内流体的体积流量：

$$q = vA = \frac{J}{8v}\pi r_0^4 \text{ 或 } q = \pi\Delta p r_0^4/(8L\mu)$$

由此可得出结论：稳定的圆管内层流流动，其体积流量正比于压降和管子半径的 4 次方，通常称其为圆管的流量定律。利用这一定律，可以精确地测定流体的黏度：

$$\mu = \pi\Delta p r_0^4/(8Lq)$$

只要让被测流体流过一根直径已知的水平直管，保证其中的流动是稳定的层流，测出通过管内的流量 q 及 L 长管段上的压降 Δp，就可以确定流体的黏度。

3. 圆管中紊流的速度分布

紊流的情况十分复杂，与层流有本质的区别。在紊流情况下，流体质点在向前运动的同时，还有很大的横向速度，而横向速度的大小和方向是不断变化的，从而引起纵向速度的大小和方向也随时间做无规则变化，这称为速度的脉动现象。紊流的脉动频率很高，达每秒几百次。在紊流中，各点的压力也是脉动的。可见，紊流实际上是一种不稳定的流动。

管子内流体质点的横向迁移造成紊流的速度分布及流动阻力与层流的大为不同。紊流中不仅有分子和分子团的迁移，更主要的是有大量小漩涡的迁移，使得管内各部分的流体速度趋于一致。管子中间部分流体的平均速度是比较均匀的。紧贴管壁的那一层流体由于和固体壁面的吸附作用，是静止的。但是紊流附面层在紧贴壁面的地方仍有一层流体处于层流状态。

对于紊流状态，不能像对待层流那样严格地根据理论分析推导出管内紊流的速度分布。到目前为止，人们只是在实验的基础上提出一定的假设，对紊流运动的规律进行分析和研究，得到一些半经验半理论的结果。

Nikuradse 在 1932 年对光滑圆管中的紊流进行实验，提出了一个对数分布速度公式：

$$\frac{u_x}{u_\tau} = 5.756\log\frac{yu_x}{v} + 5.5$$

式中，u_x 为流体沿管轴方向的流速；u_τ 为流体的切向速度，$u_\tau = (\tau/p)^{1/2}$；v 为流体的运动黏度；y 为流体沿径向距壁面的距离。

管内紊流的对数分布速度公式比较复杂，人们根据实验结果整理出速度分布的指数公式：

$$\frac{u_x}{u_\tau} = 8.7\left(\frac{yu_x}{v}\right)^{\frac{1}{7}}$$

对于 $Re<10^3$ 的紊流，上式是适用的。随着 Re 继续增大，速度 u_x 与 $(yu_x)/v$ 的 8 次方根、9 次方根和 10 次方根成正比。

在层流情况下，管内平均流速是中心最高流速的一半；在紊流情况下，管内平均流速要高得多。通过公式推导可得平均流速与中心最高流速的关系为 $V = 0.82v_{\max}$。

4. 发展成稳定流动所需的距离

流体从入口处流入管道后，发展成稳定的层流或紊流需要一定的距离。所需的距离取决于入口上游的运动性质、入口性质，以及最终稳定流动是层流还是紊流。

对最终为层流的流动，边界层随着与入口的距离的增加而由管壁起开始增厚；当边界层扩展到管中心时，最终层流速度就建立起来了，如图7.12（a）所示。McComas于1967年的研究结果表明，这个距离 L^*（或 X_E）和管径 d（或 D）及雷诺数 Re 有关：

$$L^*/d=0.028Re$$

当流体最终流动为紊流时，没有理论关系式可用，而且达到稳定流动所需的距离受入口性质的影响也特别大。Krudsen 和 Katz 在1958年引用了实验研究结果，指出完全形成如图7.12（b）所示的紊流速度分布所需的距离为

$$L^*/d \geqslant 50$$

实验数据表明，在 Re 为 2100~3500 的范围内，发展成稳定流动需要的距离格外大。

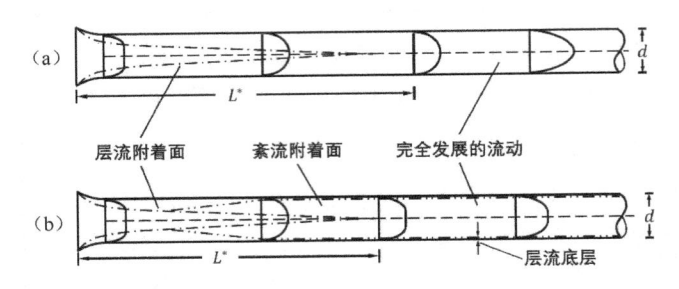

图 7.12　流动管路初始段

7.4.3　多相管流

管柱内的多相流动远比单相流动复杂。因为多相介质不是均质流体，有相的界面，除介质与流道壁之间存在作用力之外，在相与相的界面之间也存在作用力。此时，不但每相介质与界面的相互作用不同，而且两相之间的相互作用随着界面大小的不同也不相同，这些不管从动量关系或能量关系上来说，都与相间分布状况有关。此外，在大多数情况下，各相的流速也不相等。因此，要确定多相流动的流体力学特性，不能简单地像单相流动那样表征为层流或紊流，更重要的是要先明确多相介质的分布状况，再应用流体力学的基本方程对多相流动特性进行分析和求解。本节以两相流动为例，对多相流动的有关问题进行讨论。

1. 两相管流的流动机构

在两相流动中，两相介质的分布状况称为两相流动机构或流型。流动机构究竟有多少种，严格来说是很难明确区分的。一种流动机构和另一种流动机构之间也没有明显的界限。但是在处理两相流动力学问题时，在一定的精确性要求下，可以人为地区分有限几种流动机构。可以认为，在每种流动机构范围内，流体的力学特性是基本相同的。常见的划分方法是把不同的流动机构按流动特性划分为几种典型的流动机构：对于垂直管流，有泡状流动、段塞状流动、沫状流动和环雾状流动 4 种典型流动机构；对于水平或微倾的管流，除这 4 种典型流动机构以外，还有分层流动和波状流动。

1）两相垂直管流的流动机构

气液（气-油或气-水）两相沿垂直圆管向上流动时的典型流动机构如图7.13所示，介质分布特点如下。

（1）泡状流动：在液相流速低的情况下，气相介质以气泡状分散在连续的液相介质中，并以某一相对速度上升。

（2）段塞状流动：气相介质较多时，由于气泡的聚中效应（气泡在液相中的分布多趋向

于流道中心,这是由流道中液相的速度梯度引起的),许多小气泡聚成弹性大气泡。随着气相流量进一步增加,弹性大气泡几乎充满流道。两个弹性大气泡之间由液相隔开,其中往往含有一些小气泡,弹性大气泡周围的液膜有时向下流动。

(3)沫状流动:当气相流量继续增加时,块状液流被击碎,大、小气泡连成一体,在管道中央携带着一些液滴上升,并以紊乱的流动将液相向四周排挤,使大部分液相沿着管壁上升,有的资料称其为环状流动。

(4)环雾状流动(环雾流):当气流速度非常高时,管壁上的液膜会变得很薄,气相成为连续相,大部分液相以大致均匀分散在气流中的小液滴的方式被挟走。此时,两相流动基本上是同一速度。

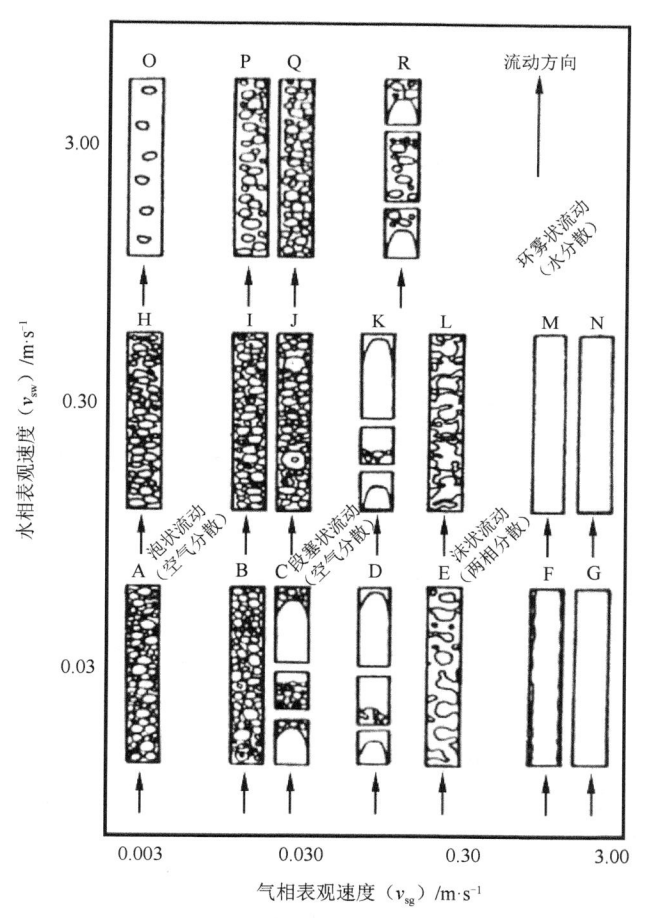

图 7.13 垂直管流气-液两相流动系统的流动机构

对于液-液(油-水)两相流动系统,其具有与气-液(气-水)两相流动系统相同的流动机构。但是,这时轻质相是油而不是气,二者的黏度、密度及表面张力差异很大,流动机构的跃迁变化显然不同。尤其在环雾状流动情形下,油-水两相流动系统与气-水两相流动系统相比,前者水的泡沫数量较少但尺寸更大。另外,有的资料将油-水两相流动系统中的环雾状流动称为乳状流动。图 7.14 给出了油-水两相流动系统的流动机构随表观速度变化的情形。有趣的是,在任意水相流量下,只要气相流量高于 10 倍的油相流量,气-水两相流动系统和油-水两相流动系统表现出同样的流动机构。

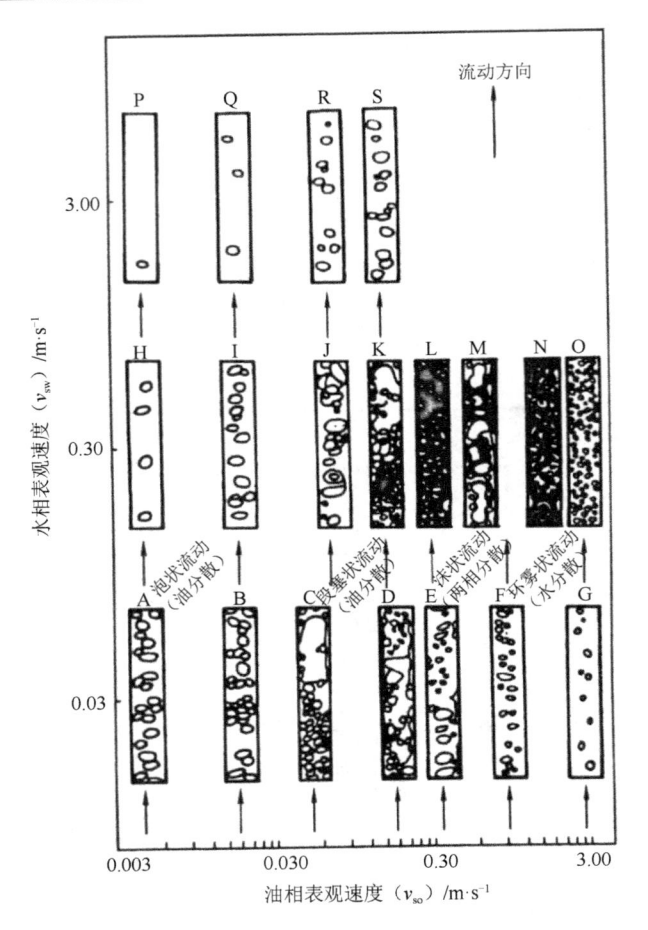

图 7.14　垂直管流油-水两相流动系统的流动机构

在以上几种流动机构中，环雾状流动和泡状流动是比较典型的流动机构，几何轮廓比较明显，有可能进行分析计算；段塞状流动不太稳定，当气相流量高时很容易消失；而在较高的水相流量下，沫状流动又不见了。

在已知的各相协同上移时形成的流动机构取决于若干参量。泡状流动相当于其中轻质相的流量相对很低，环雾状或乳状流动表示轻质相的流量很高。另外，对于液、气混合物，沿上升管柱的压力梯度的影响显得相当重要，可以设想，在产出含有溶解气的油时，随着油管不断上移，当液柱压力低于泡点压力时，气体就从油中析出，开始做两相流动，随着压力的逐渐降低，气体不断膨胀，油中的气体开始析出，气相流量增加，依次可能呈现泡状、段塞状、沫状和环雾状流动。但是，倘若气体体积在井底就开始增加的话，那么井筒里从一开始就有段塞状、沫状，甚至环雾状流动。生产测井所关心的，一般来说主要是油管鞋至井底这一段的相态和流动机构。

影响两相流动机构的因素非常复杂。已经进行的实验研究表明，流动机构与介质压力、热流量、质量流速和流道的几何形状及壁面特性有关。对生产测井来说，流动机构之所以重要，是因为流动机构受到各相含量和流速的影响，进行测井资料分析解释必须考虑这些因素。

2）两相水平管流的流动机构

与垂直管流一样，两相水平管流的典型情况可以用简单体系的实验数据来描述。图 7.15 简要综合了 Govier 和 Omer 在 1962 年对空气与水体系的流动机构的目视观察及照相结果。可

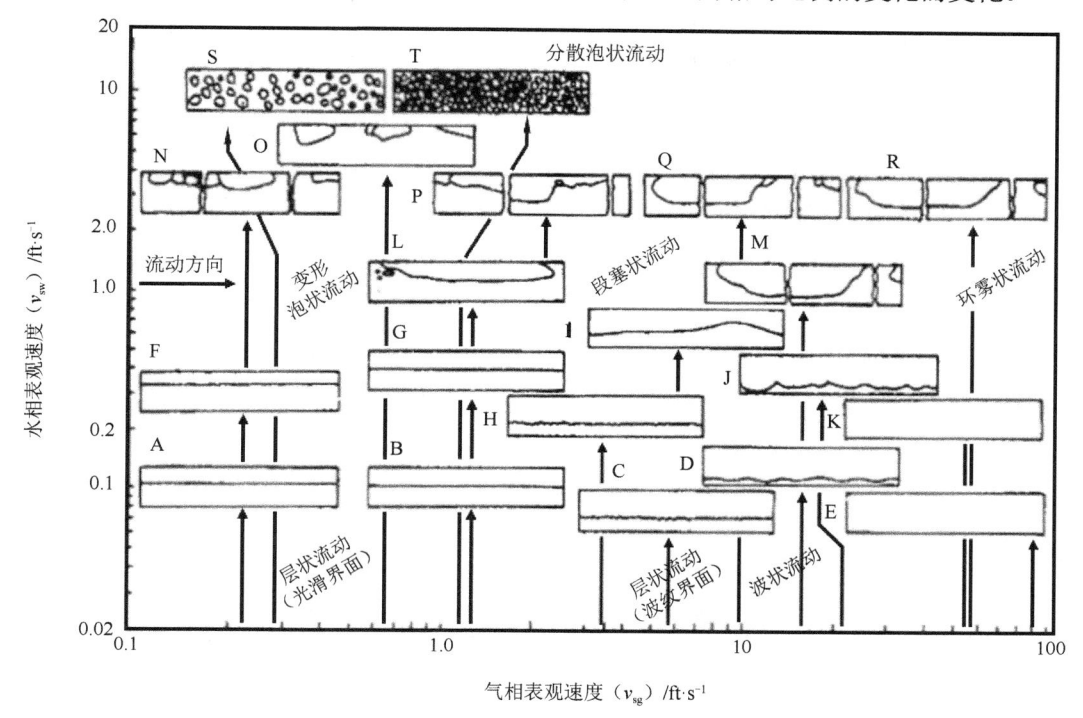

以看到，气-水在管道中水平流动的流动机构随气、水流量的相对比例的变化而变化。

图 7.15 空气、水混合物在 3.6cm 水平管道中的流动机构

在最低的水相流量下，可以分为 4 种不同的流动机构：光滑界面层状流动、波纹界面层状流动、波状流动和环雾状流动。这 4 种流动机构中的气相流量依次递增。在很低的气相流量下，流体完全分层，气-液相界面光滑，同时气相占据了相界面之上的管子上半部，这就是光滑界面层状流动。随着气相流量的增加，气流在气-液相界面上引起了波纹，也就产生了波纹界面层状流动。进一步增加气相流量，气-液相界面上因沿流动方向的波浪产生了更大幅度的波动，从而产生波状流动。当气相流量不断增加时，波状流动中上下起伏的相界面使得变薄的液层无法长时间维持。较高的气相流量会使液相蔓延到整个管子周边而形成环形薄膜，其中管子底部的液膜厚度更大。与此同时，又有些液相被分散于气相芯子中，在气相芯子中分散的液相量将随着气相速度的升高而增加。当气相芯子中几乎没有液相分散时，流动机构被称为环状流；而当液相在液膜中和气相芯子中均存在时，则被称为环雾状流动。在极高的气相流速下，液膜被破坏，造成管子的部分表面直接与气相接触，这就产生了环雾状流动。

在中等的水相流量下，层状流动和波状流动均被变形（拉长），由泡状流动和段塞状流动代替。在较低的气相速度下，不连续的变形气泡浮在管子上部；在中等的气相速度下，这些气泡聚集成匀称的圆柱泡，但形状有所扭曲。以上两种流动机构都可以归属于变形泡状流动。随着气相速度的进一步增加，圆柱泡进一步扭曲而变得更长，同时占据管道横截面的更大比例。它们被含有一定量携带气泡的液相段塞分离，这就形成了段塞状流动。这一流动机构仅仅是从变形泡状流动向环雾状流动转变的一种过渡态。无论是在变形泡状流动还是在段塞状流动中，气相都以比液相高得多的速度运行。在很高的液相流量和低的气相流量下，气泡被近似均匀地分散到整个液相中，其中管顶部的气泡含量更高。这就是分散泡状流动或泡状流动。

液-液两相在水平管道中的流动机构除受流量高低和相对比例的影响外，还受密度差的影

响。例如，如果油、水密度相近，那么水平流动与垂直流动的流动机构非常相似；如果油与水的密度差异较大，则水平流动会出现层状流动和波状流动。图 7.16 所示为 Russell 等在 1959 年对油-水两相流动系统的观测结果。

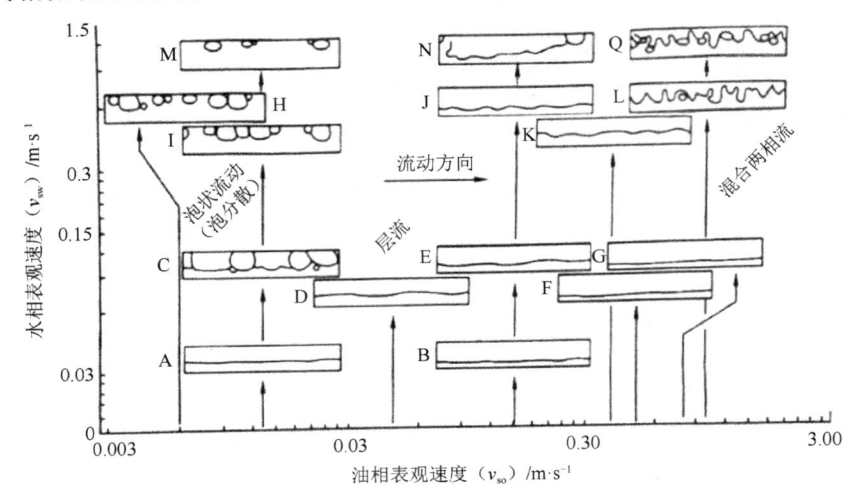

图 7.16　压力为 0.018Pa·s、相对密度为 0.834g/cm³ 的油-水两相流动系统在直径为 3.05cm 的水平管道中的流动机构

很多研究者的实验观测指出，流体性质和管径对水平流动的流动机构转变的影响不大。Govier 和 Omer 结合 Baker、Hoogendoorn 等的相关规律，建立了修正的气-水两相流动系统水平流动的流动机构分布图（见图 7.17），突出了流动机构中各相流量和相对体积的重要意义，使用时根据气、水的表观速度便可估计出混合流动的流动机构。

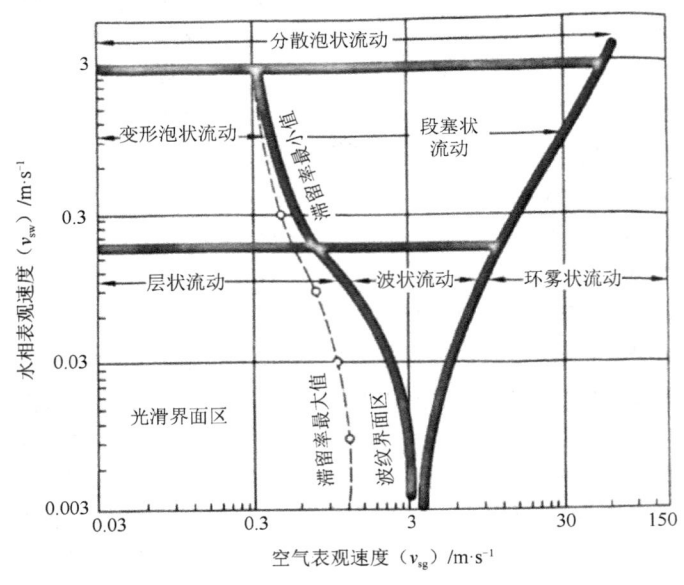

图 7.17　修正的气-水两相流动系统水平流动的流动机构分布图

倾斜管道两相流动的流动机构受管道倾斜度的影响很大。研究发现，向上倾斜管道时，变形泡状流动和段塞状流动常常占主导地位；而在向下倾斜管道中，流动机构通常是层状流动或波状流动。

2. 滞留效应、滑动速度和滞留率

1) 滞留效应

在大多数情况下,管道中分离的各相以不同的速度流动,往往是密度较小的轻质相比重质相有更高的就地速度,于是引出两相流动中一个极重要的特征,即存在重质相相对于轻质相的滞留,或者说轻质相相对于重质相的滑动。例如,气-液两相沿管道流动时,气相总呈现出比液相流得快的倾向,我们就说气相滑过了液相。另一种说法是,液相倾向于滞留在管道中,因此它比没有发生两相滑动的情况占管子更多的空间。这种情况在垂向流动中是非常普遍的,尤其在管径过粗、流量过低时,更是如此。这种现象可以用多种方法加以度量,但都要涉及各相的就地体积分数。

就地体积分数指多相流动中某一相在管道微分长度上的平均体积分数,也可以理解为截面积分数。设有 α 相和 β 相,则 α 相的平均就地体积系数定义为

$$E_\alpha = A_\alpha / A = \frac{1}{A} \int_0^A \varepsilon_\alpha dA$$

式中,A 为管道的有效流通截面;A_α 为 α 相的有效流通截面;ε_α 为 α 相的局部就地体积分数。

E_α 又常称为 α 相的截面含量或持率,为简便起见,以下简称持率。β 相的持率可效仿此定义,由于 $E_\beta = A_\beta / A$,$A_\alpha + A_\beta = A$,因此对两相流动系统来说,有

$$E_\alpha + E_\beta = 1$$

由于滞留效应,各相的就地体积分数与入口体积分数是不同的。各相的入口体积分数定义为相的体积流量与总流量之比:

$$C_\alpha = \frac{q_\alpha}{q} = \frac{q_\alpha}{q_\alpha + q_\beta}$$

$$C_\beta = \frac{q_\beta}{q} = 1 - C_\alpha$$

式中,q_α 与 q_β 分别为 α 相和 β 相的体积流量;C_α、C_β 常又称为体积含量或含率。若用 v_α、v_β 分别表示给定截面上 α 相和 β 相的平均就地速度,则可推导出

$$E_\alpha = \frac{1}{1 + \frac{v_\alpha}{v_\beta}\left(\frac{1}{C_\alpha} - 1\right)}$$

可以看出,只有当 $v_\alpha = v_\beta$ 时,才有 $E_\alpha = C_\alpha$。换言之,只有在两相的平均就地速度一致时,持率和含率才会相等。因此,垂直管道和倾斜管道中的两相流动因为轻质相的流速一般高于重质相的流速,所以重质相的就地体积分数往往大于其入口体积分数。对油气井而言,水相是重质相,因此一般持水率大于含水率。

2) 滑动速度和滞留率

滞留现象的度量之一(第一个度量)是给定截面上的平均滑动速度。滑动速度 v_s 定义为两相平均就地速度之差,即

$$v_s = v_\alpha - v_\beta$$

由于各相的平均就地速度实际上很难直接得到,因此两相流动计算和实验数据处理往往使用各相的表观速度(又称折算速度),其含义是,假定两相介质中某一相单独流过管道截面时的速度。由此可知,表观速度为相流量与管道的有效流通截面之比。

α 相的表观速度 $v_{s\alpha}$ 可表示为

$$v_{s\alpha} = q_\alpha / A = v_\alpha A_\alpha / A = v_\alpha E_\alpha$$

类似地，β 相的表观速度 $v_{s\beta}$ 可表示为

$$v_{s\beta} = q_\beta / A = v_\beta A_\beta / A = v_\beta E_\beta$$

仿照前述单相流动平均速度的概念，两相流动的平均速度 v_m 定义为两相介质单位时间内流过管道的总体积与流通截面之比，即 $v_m = (q_\alpha + q_\beta)/A$，显然，有

$$v_m = v_{s\alpha} + v_{s\beta}$$

通过公式推导可得滑动速度又可表示为

$$v_s = \frac{v_{s\alpha}}{E_\alpha} - \frac{v_{s\beta}}{E_\beta} = \frac{v_{s\alpha}}{E_\alpha} - \frac{v_{s\beta}}{1-E_\alpha}$$

若已知表观速度 $v_{s\alpha}$、$v_{s\beta}$，则滑动速度 v_s 和持率 E_α 就被关联起来了，只要知道其中一个就可以求出另外一个。反之，若能知道 v_s 和 E_α，以及平均速度 v_m，便可以确定 $v_{s\alpha}$ 和 $v_{s\beta}$。由上式可推导出

$$\left. \begin{array}{l} v_{s\alpha} = E_\alpha v_m + E_\alpha(1-E_\alpha)v_s \\ v_{s\beta} = (1-E_\alpha)v_m - E_\alpha(1-E_\alpha)v_s \end{array} \right\}$$

滞留现象的第二个度量是在任一截面上，轻质相与重质相的平均就地速度之比：

$$H = v_\alpha / v_\beta = (v_{s\alpha} E_\beta)/(v_{s\beta} E_\alpha) = (C_\alpha E_\beta)/(C_\beta E_\alpha)$$

比值 H 被称为滞留率或滑移率，其值可以在 1（无滑移的假均匀混合物流动）～100 或更大的范围内变化。正如滑动速度一样，对一定的入口参数来说，滞留率与平均就地体积分数有关，把上式加以整理即得

$$E_\alpha = v_{s\alpha} / (v_{s\alpha} + H v_{s\beta})$$

7.4.4 油井内多相管流特性的计算方法

油气井内最常见到的有油-水、气-水及气-油两相流动。当井底压力低于泡点压力时，有可能产生油-气-水三相混流的情况。生产测井在多相流动条件下测得的数据是多相流动特性的间接反映，要想将测井资料解释为井下流动参数，必须了解多相管流特性的计算方法。现有对油井内多相流动特性的研究主要是预测管道多相管流的压力剖面，以正确选择完井管柱，设计人工举油设施，预测油井产率。本节主要从生产测井的需求出发，讨论多相管流特性计算的有关问题。

自 1952 年 F.H.Poettmann 和 P.G.Carpenter 发表开拓性的研究论文以来，人们对油井多相管流问题进行了大量研究，大多数做法是，用各种形式的机械能量方程通式，通过室内实验或现场实验，得到一些半经验、半理论的结果。但是，迄今为止还没有哪种方法或模型能单独成功地预测所有油井内的流动特性。按照模型所做的假定，对两相流动研究的处理方法可大致分为以下 3 类。

（1）**均流模型**。均流模型将两相流动看作一种均匀介质流动，这种介质具有均一的流动参数，其物理特性参数是两相介质相应参数的加权平均值，因此可以按单相介质处理其流体动力学问题。均流模型建立的前提是两相介质已达到热力学平衡且流速相等。此模型适用于两相介质流速较高、压力较高的情况，如较高流速的泡状流动或环雾状流动。

（2）**分流模型**。分流模型将两相流动看作气-液或油-水各自分开的流动，每相介质有其

平均流速和独立的物理性质参数。为此需要分别建立每相的流体动力特性方程。这就需要预先确定持率、滑动速度，以及介质与管壁的摩擦阻力和相界面的摩擦阻力。分流模型建立的条件是两相之间处于热力学平衡状态，每相介质按其所占截面计算截面平均流速。分流模型适用于介质流速比较低的情况，适用于环状流动和层状流动。在建立数学模型方面，分流模型更能反映实际情况。目前在发展的两相流体力学数值计算中，两相流动的数学模型就是在流动机构已确定的基础上，按分流模型建立的。

（3）**流动机构分析**。流动机构分析对流动机构进行描述，并写出各种流动机构下各流动参数的相关关系式。从原理上讲，这是一种最精确的方法。但是由于在识别流动机构方面的困难，存在各种各样的流动机构及不同的相关关系。如前面所述，流动机构图中流动机构的转换边界是以表征流动的两组无因次参数来确定的，而这些参数的选择是人为的、有限的。鉴于控制流动机构转换的水动力条件和力的平衡条件具有多样性，流动机构图无法适应各种情况，也不能满足这些情况下的精度需求。一种新的、更加灵活的方法是单独测试每种流动机构的转换条件并建立判别标准，由于这种方法可以同时确立每种流动机构的物理模型，因此它比流动机构图更加可靠。

均流模型和分流模型尽管欠精确，但是数学处理比较简单，因而目前很多技术计算，特别是流动实验和理论分析，仍广泛采用这两种模型。如果对计算的精确性要求严格，那么这两种模型就不宜采用，其原因是均流模型和分流模型均未能概括流动机构的变化因素。流动机构分析是目前比较精确、合理的方法，是研究两相流动的重要方向，但仍处在研究发展阶段。在这种方法尚未完善以前，很多研究者提出了各种特殊模型的概念，其中，**漂移模型**的影响最大。在很多工程计算中，根据漂移模型拟定出计算介质真实体积分数的关系式。漂移模型考虑了两相之间在流动特性上的相互影响及流动机构因素，并结合单独测试得到流动机构或其分界条件的数学模型表达式，能较好地解决目前的两相流动问题。

7.5 应用：流动剖面测井资料定性分析方法

流动剖面测井解释的首要工作是取全、取准测井及相关资料，并对测井资料进行整理和定性分析，正确判断测量井段流体的相态和流动机构。测井资料定性分析的基本方法是对比分析（不确定的），主要包括以下工作：井下流动机构判断、解释层总流量计算、油/气/水各相持率计算、油/气/水单相流动时的各相流量计算、两相流量计算、三相流量计算等。

第8章 分布式光纤感测技术

8.1 绪论

在油气生产的整个过程中，存在很多需要评估大型结构内部状况的情况。在进行地质调查、勘探时，希望能够得到更高分辨率的地下地层信息，更好地确定油气藏位置；油井钻好以后，希望对完井质量进行评价，确认井身结构完整、各套管位置正确、胶结面良好，并识别各区域可能的泄漏或缺陷情况；油井投入生产后，希望对生产过程进行有效监测，包括生产及注水过程井下流体的流动状况；当油气资源被提取到地面并用管道进行运输时，希望能沿管线进行监测，确保油气输送过程中没有发生影响生产安全的泄漏。以上这些情景都对监测手段提出了监测范围要广、空间分辨率要高、能适应各种恶劣使用条件的要求。

当前，油井监测设备及测量方式存在一些不足。首先是测量范围有限。以检波器为例，检波器能测量部署位置的 X 轴、Y 轴、Z 轴 3 个方向上的位移，因此常被应用于地震探测。检波器测量的范围是一个点，为了尽可能发挥地震探测中一次引爆的作用，常常需要用多个检波器组成阵列，通过阵列信号来解释地下结构和速度剖面。当手头的检波器有限，而需要测量的范围又很广时，要么拉开检波器的间距，使阵列能覆盖整个区域，一次性完成测量；要么保持检波器的间距，不断移动阵列位置，进行多次测量，从而覆盖整个区域。对于这两种方式，前者的空间分辨率低，后者需要多次激发震源，都给测量带来了不便。

其次是地下和井下复杂环境的适应问题。在一些较深的井中，其原始地层温度就已经达到 200℃，当进行生产时，温度还会继续升高。在一些诸如注高温高压蒸汽的作业中，井底压力可能达数百个大气压。这种高温高压的环境对不少仪器来说都是巨大的考验。一些需要供电的仪器的电缆塑料外皮难以适应这种严苛的环境，而其内部的电子元件也可能因为高温而无法正常工作。除此之外，井筒流体还可能具有腐蚀性，与仪器外壳或电缆发生反应，引发生产风险。

另外，很多测井设备还会干扰正常的生产过程。这些设备在测量之前，需要先使用辅助工具令其下探到井下的指定位置，并视情况展开支撑臂，令仪器居中。在开始这个下井过程之前，需要停止油井生产过程，而测量时仪器自身的大小和支撑臂又会影响生产过程，靶式流量计、涡轮流量计均有这种缺点。

总之，很多传统仪器多多少少都有测量距离和分辨率有限、难以适应井下高温高压及复杂化学环境，以及测量过程影响正常生产过程等缺点。为了满足日益多样化、复杂化的测井任务要求，需要一种测量覆盖范围广、分辨率高、抗高温、抗高压、容易部署且对生产过程影响小的测量方式。

分布式光纤感测（Distributed Fiber-Optic Sensing，DFOS）技术作为一种 20 世纪 80 年代才初见端倪、21 世纪才逐渐发展成熟且仍在不断发展中的新型测量技术，能满足以上要求。这种技术从外接的设备盒中发射激光，以光纤作为传感器阵列和数据传输线路，并从激发的散射光中得到光纤沿线的各种物理场的分布信息。分布式光纤感测的"分布式"主要体现在它能测量整根光纤上的物理场分布信息，且很多时候其空间分辨率能达到亚米级（厘米级）。这种分布式的测量能在很短的时间内进行很多次，使最终测量结果同时具有时间维度和空间维度，如此一来，研究人员便能更好地研究某些物理量随时间和空间变化的分布特征。用于测量的设备实际是光纤，常见的玻璃光纤材质为能抗高温高压的二氧化硅，因此只需对其进行简单的铠装保护，就能应对井下复杂条件；设备盒和供电设备等对工作环境要求较高的精密电子元件放置于地表即可。如果一些油气井在完井阶段已经预埋了光纤，则测量会更方便，可以在不打断生产的情况下开始或结束测量，设备盒只需按照要求随到随测。

分布式光纤感测技术作为一种具有划时代意义的监测技术，在地球物理和油气行业甚至其他民用领域都有广泛的应用。较为典型的两种技术为分布式温度感测（Distributed Temperature Sensing，DTS）技术及分布式声学感测（Distributed Acoustic Sensing，DAS）技术。DTS 技术能测量光纤沿线上的绝对温度，其感测范围可达 30km，空间分辨率可达 1m，测量的重复误差 2σ 可达 0.1℃。DTS 技术常用于油井生产过程中的监测，包括泄漏监测、产出剖面估计、注水剖面估计、压力评价、化合物跟踪等。DAS 技术能监测光纤沿线上的轴向应变率或机械振动，其感测范围最大能达到 100km，空间分辨率可达 0.2m，采集频率可达 400kHz。DAS 技术常见的应用包括大型结构健康监测、管道泄漏监测、地震速度剖面计算、井下流体活动识别、水力压裂监测及评价、安防监测等。结合相关条件和参数，监测人员能实时地从分布式光纤感测技术的数据中提取定性或定量信息，为其他后续工作提供有用的参考。

下面详细探讨分布式光纤感测技术的发展脉络、实现原理、部署的细节，以及它在油气行业的相关应用。

8.2 分布式光纤发展脉络与研究现状

从光纤被发明以来，人们除利用光纤进行数据传输外，还在不断地探索其作为探测工具来感知世界的可能。最早依托光纤进行分布式测量的技术为光纤布拉格光栅（Fiber Bragg Grating，FBG）技术，类似的测量仪器被统称为光纤光栅传感器（Fiber Grating Sensors，FGS）。光纤布拉格光栅技术需要使用处理过的特种光纤，1978 年，Hill 等用强烈的紫外光对掺锗的光纤进行照射，使光纤内部形成一系列被称为光栅的等间距的结构。光栅内部的折射率比外部的折射率大很多。因此，当光经过这些折射率发生剧烈变化的位置时，就会发生反射。当入射光波长为光栅间距的一半时，会在光栅中产生具有一定波长的大反射。温度和应变会影响光栅间距，当光纤布拉格光栅暴露在压力和温度场中时，反射光谱会在频率域发生一定的变化，人们便能从中推测出一定的物理信息。

图 8.1 所示为 Hill 等设计的光纤布拉格光栅测量仪器。光纤布拉格光栅使用波长为 488nm 的氩激光光源作为入射光，通过刻写有光纤布拉格光栅的光纤后进入法布里-珀罗干涉仪。Hill 等还报道了通过光纤布拉格光栅的光频移因光纤折射率受温度及机械应力的影响导致的变化。Xu 等在 1994 年提出了从光纤布拉格光栅的测量信号中分离应变和温度的方法，使得采用光纤布拉格光栅技术同时测量温度和应变成为可能。

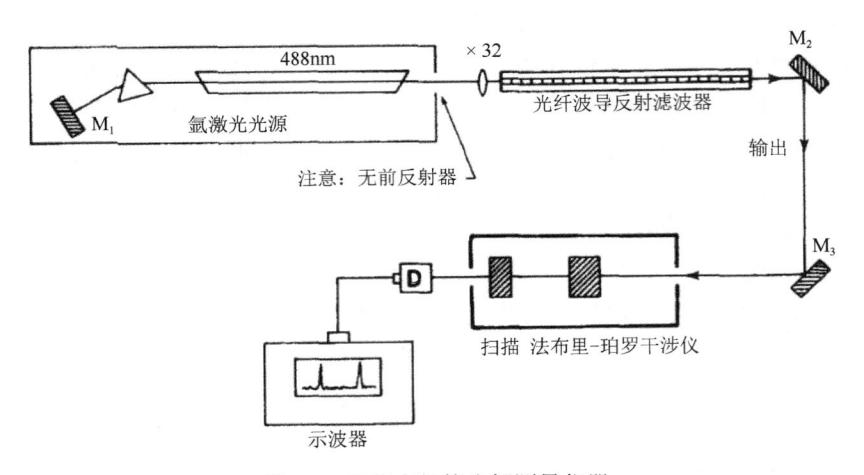

图 8.1 光纤布拉格光栅测量仪器

除光纤布拉格光栅以外，FGS 还包括长周期光纤光栅（Long Period Fiber Grating，LPG）、啁啾光纤光栅（Chirped Fiber Grating）、斜光纤光栅（Tilted Fiber Grating）等。虽然光纤布拉格光栅技术能实现光纤传感，并提供一定的分布式感测能力，但它对光纤的预处理稍麻烦，且只有在人工光栅处才能对物理场进行测量，因此并不是真正意义上的分布式光纤感测技术。

一些研究者在光纤光学上的研究为真正的分布式测量做出了贡献。首先是 Schroeder 等在 1973 年测量了光通过掺杂氧化钾的光纤玻璃时产生的瑞利散射，发现光纤受机械振动或声波扰动时会发生密度改变，使瑞利散射相位变化，这些变化可以反映出光纤所受的局部应变。而 Jensen 和 Barnoski 在 1976 年则对光纤中的背向散射光进行了研究，并对瑞利散射光的时间-空间关系，以及光能量的衰减做了相关研究，提出了光时间域反射（Optical Time-Domain Reflectometry，OTDR）技术。这种技术对背向散射光的到时和光产生位置进行了对应，使得分布式测量成为可能。

基于拉曼散射，Hartog 等在论文中详细介绍了利用光纤进行分布式温度感测的原理、运作方式及实现效果。他们使用了一种反射系数很高的超透明流体作为光纤内芯，并使用激光脉冲作为入射光源，实现了在 100m 长距离上的、空间分辨率为 1m 的、温度精确度为 1℃ 的分布式温度感测。

根据瑞利散射的相位变化和振动的相关性，Taylor 和 Lee 设计了一种商用的分布式入侵监测系统，完备地介绍了各组件的作用，并在 1991 年获得相关专利。这是首个分布式声传感的商用专利。Posey 等在 2000 年利用瑞利散射的特性进行了分布式的机械振动测量，光纤测量的长度为 400m，且应变分辨率在特定标距下小至 $1n\epsilon/\sqrt{Hz}$。

除了使用拉曼散射的 DTS 和使用瑞利散射的 DAS，还有使用布里渊波段同时进行应变和温度测量的 B-OTDR 等技术。现有的研究已经能够实现 B-OTDR 测量中应变和温度信号的分离。

根据张旭苹等的工作，截至 2024 年，商用的分布式光纤感测技术的各种实现方式及其规格总结在表 8.1 中。

表 8.1 商用的分布式光纤感测技术的各种实现方式及其规格

	拉曼 OTDR（DTS）	瑞利 OTDR（DAS）	BOTDR	OFDR
空间分辨率	0.5~2m	~1m	~1m	22μm（35m） 0.3mm（300m）
感测范围	~50km	~100km	~60km	~30km
单次测量时间	<2min	<1ms	<1min	0.01~3s
温度测量	是	否	是	是
温度分辨率	<0.1℃	—	0.5~3℃	<0.1℃
应变测量	否	是	是	是
应变分辨率	—	（相对测量）	~10με	0.1~1με
检测器	窄带	窄带	窄带	窄带

实际上，分布式光纤感测技术还能对物质浓度进行监测。近十年的研究发现，当使用某些特种涂料涂敷光纤表面，而探测的化学物质与敷料反应或受其催化时会产生放热或吸热现象。通过温度变化，化学物质的浓度能被分布式地感测到。通过这种方式可以实现水蒸气传感、氢传感、一些有机物传感、二氧化碳传感等分布式化学传感。除此以外，还有通过化学过程产生的流体膨胀或吸收膨胀等方式引入应力以进行光纤分布式测量的方案，在此就不一一列举了。

8.3 分布式光纤感测原理

当前使用的分布式光纤感测技术以光纤作为传输和感测元件，激光源会向光纤发射短光脉冲。这些短光脉冲在传播过程中会在光纤内部产生背向散射光，这种光会受局部的温度、压力或应变的影响，并射向发射端。分光器和光信号处理元件会对返回发射端的背向散射光进行采样，并在采样中应用 OTDR 技术确定背向散射光产生的位置。通过分析背向散射光的光谱及其中波段的相位，能得出作用在光纤上的温度场及应变场。

通俗地讲，可以这样理解分布式光纤感测：假设你的朋友从北京西站出发，共同乘坐一列高铁自北向南沿京港高速铁路出行，但他们的下车站点各不一致。乘客 A 最先在石家庄站下车，该乘客购买一系列石家庄特产后乘另一辆高铁返回北京西站。乘客 B 在郑州东站下车，同样购买一系列郑州特产后乘坐另一辆高铁返回北京西站。依次类推，乘客 C、D、E、F、G 依次在武汉、长沙、广州、深圳、香港相应车站下车并购买当地特产后乘坐高铁返回北京西站。他们下车在当地逗留的时间可以忽略不计，而所有返程的高铁速度一致。假设你在北京西站为朋友接风，而他们也会赠予你他们购买的特产，并向你描绘当地见闻。根据他们返回北京西站的时间，你便能确定他们的下车位置距离北京西站的远近；根据他们对下车位置的描述和所购买的特产，你便能大致了解当地的风土人情。通过往返到时确定位置对应分布式光纤感测的 OTDR 技术，通过对应特产确定当地的风土人情对应光纤的背向散射分析。本节详细阐述以上两种技术。

8.3.1 OTDR 技术

光在真空中的传播速度为 $c = 299792458 \text{m/s}$。而在介质中的光速受介质自身的折射率 n 的影响,其值为真空中的光速除以折射率:

$$v = c/n \tag{8.1}$$

式中,v 是介质中的光速;n 是介质的折射率,不同频率光的折射率不一样。对于 800~1600nm 的激光源,通信光纤的典型折射率在 1.5 左右,使得分布式光纤中的光速 v 约为 2×10^8m/s。光纤的折射率一般在进行测量之前就已经确定了。

对于在光纤上距离光源 z 的点,从光源发射到背向散射光回到入射点,入射光到达 z 点需要 z/v 的时间,而背向散射光从 z 点回到入射点也需要 z/v 的时间。因此背向散射光到时 t 和激发位置 z 有以下对应关系:

$$t = 2z/v \tag{8.2}$$

通过式(8.2),在入射位置记录背向散射光到时并对其进行测量,就能实现分布式测量。而采样器(或称为采集卡)的时间采样能力直接影响了分布式光纤感测技术的空间采样能力,对于 1m 的空间采样分辨率,即 $\Delta z = 1\text{m}$ 的情况,采集卡的采集周期应该为

$$\Delta t = 2\Delta z / v \approx 10\text{ns} \tag{8.3}$$

即至少以 10MHz 的采集频率进行数据采集,才能得到 1m 的空间采样分辨率。

为了避免前后两次测量的背向散射光数据混淆,在每次测量前,需要保证上一次发射激发的背向散射光已经全部被采集卡采集完。换言之,只有当光纤末端处激发的背向散射光被采集完后才能进行下一次测量。那么,对于长度为 L 的光纤,每次的采集间隔至少为

$$T = 2L/v \tag{8.4}$$

在油气井中,分布式光纤感测的长度一般在 10km 以内,即一般至少能以 10kHz 的频率进行测量。

8.3.2 背向散射光光谱

背向散射光看似是一种反射光,但实际上不是。当光脉冲沿着光纤前进时,光会使光纤玻璃中的晶格结构及分子充能。充能晶格和分子会发射一些与入射光波长相等或更短或更长的光。因此,背向散射光与光纤中的入射光不同,前者包含不同频率的光,后者一般是单色光。

背向散射光光谱如图 8.2 所示。

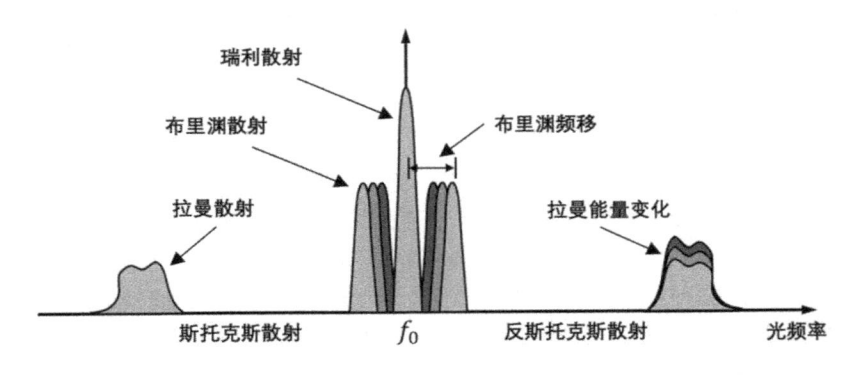

图 8.2 背向散射光光谱

以入射光频率为中心依次向外，可以将背向散射光大致分成 3 个波段。

从频率的角度来看，瑞利波段与入射光频率一致；布里渊波段相对于入射光有一定的频移，其频移值与温度和应变有关；拉曼波段相对于入射光有更大的频移。另外，背向散射光中频率低于入射光频率的部分为斯托克斯散射，高于入射光频率的部分为反斯托克斯散射。布里渊波段与拉曼波段均有斯托克斯散射和反斯托克斯散射。

从幅值的角度来看，瑞利波段、布里渊波段、拉曼波段的幅值依次递减。其中，拉曼波段的反斯托克斯散射的幅值受温度影响而发生较显著的变化。

1. 瑞利波段和 DAS

光纤作为一种超纯净的传输载体，实际上仍在材料的内部具有非均匀性。而瑞利散射正是由光纤中反射系数的不均匀引发的。这种散射是一种弹性散射，与我们学习动量时的弹性碰撞相似。在弹性碰撞中，物体的动量发生变化，但动能没有发生变化。而在弹性散射中，瑞利散射光光子的能量与入射光光子的能量相等，因此它们的频率也相等。另外，瑞利散射还是一种线性过程，使得瑞利波段的能量与入射光能量成正比。

DAS 使用相位 OTDR 技术和相干 OTDR 技术来进行分布式测量。普通 OTDR 技术对光纤外部物理场并不敏感，因此必须在其基础上做适当的改变。与普通 OTDR 技术相比，相位 OTDR 技术的激光线宽非常窄，且频率低于 100kHz，因此相干长度比脉冲宽度大得多。当光纤的某一部分受到干扰时，它会改变相应位置的瑞利散射的相位，导致瑞利散射的强度因干扰效应而变化。

根据 Budiansky 等提出的公式，这种相位变化可以表示为

$$\Delta \Phi = \Phi \left(\frac{\Delta L}{L} + \frac{\Delta n}{n} \right) \tag{8.5}$$

式中，Φ 表示相位；$\Delta \Phi$ 表示前后两次测量中某点的相位变化；$\Delta L / L$ 表示光纤轴向的长度变化率，即轴向应变；$\Delta n / n$ 表示光纤内折射率的相对变化。$\Delta L / L$ 和 $\Delta n / n$ 都对温度与应变敏感。如果将这种相位变化与应变相关的部分提取出来，则得到 Bucaro 等提出的公式：

$$\frac{\Delta \Phi}{\Phi} = \varepsilon_z - \frac{n^2}{2} \left[P_{12} \varepsilon_z + \left(P_{11} + P_{12} \right) \varepsilon_r \right] \tag{8.6}$$

式中，ε_z、ε_r 分别表示光纤的轴向和径向应变率；P_{11}、P_{12} 为与光纤有关的参数。如果假设 $\varepsilon_r = -\mu_g \varepsilon_z$，其中 μ_g 为光纤泊松比，则将光纤的轴向应变和径向应变联系起来。此时，可以把 Bucaro 等提出的公式改写成轴向应变的函数，得到

$$\Delta \Phi = \Phi \xi \varepsilon_z \tag{8.7}$$

式中，$\xi \approx 0.78$，此方程常用于将 DAS 采集到的相位数据转换为应变率数据。

DAS 在工作时，将在每秒进行数千次甚至数万次的测量，每次测量都将通过激光发射器发射特定波长的激光；采集卡将保存每次得到的瑞利波段相位信息，并与之前时刻的相位信息进行对比，求出特定点位的应变率信息：

$$\varepsilon_{zi}^t = \frac{\left(\Phi_i^{t+1} - \Phi_i^t \right)}{\xi \Phi_i^t} \tag{8.8}$$

式中，下标 i 表示光纤上的点；上标 t 表示某一时刻。根据式（8.8），DAS 能完成应变率的测量。

DAS 还有两个较为重要的概念：标距（Gauge Length）和差分时间（Derivation Time）。

测量应变时,需要设定一个长度作为基准。例如,在原长度为 1m 的材料上测量应变,当力作用在该材料上时,测量该材料的长度,便能得到伸长或缩短后的应变长度。以上这种情况的标距就是 1m。标距会影响测量到的应变波长,假设某一时刻光纤上的应变为一个正弦函数:

$$\varepsilon_z(x) = \lim_{L \to x} \frac{\Delta L}{L} = A\sin(kx) \tag{8.9}$$

假设标距为 GL,则在此标距下测得的某点的应变为

$$\int_x^{x+\text{GL}} \varepsilon_z(l) \, \mathrm{d}l = \frac{A}{k}\left[\cos(kx) - \cos(kx + k\text{GL})\right] \tag{8.10}$$

当波数 k 是 $2\pi/\text{GL}$ 的整数倍时,式(8.10)的结果恒等于零。在这种情况下,无法测出该应变。

差分时间和标距类似,但其作用的域是时间。对于特定差分时间 DT,当应变的角频率 ω 是 $2\pi/\text{DT}$ 的整数倍时,无法测出该应变。因此,在实际利用 DAS 测量应变率时,正确地选择标距和差分时间很重要。

2. 布里渊波段

布里渊背向散射是一种非弹性散射,换言之,其散射光的光子频率与入射光的光子频率不同。激光通过光纤时会产生电致伸缩效应,进而引起光纤折射率发生变化。由于这种变化是随时间和空间变化的,且具有一定的周期性,因此可以将其看作一种与 FBG(光纤布拉格光栅)类似的光栅。不同的是,FBG 是静态的、确定的,电致伸缩效应形成的光栅是动态的、随时间和空间变化的。

当光纤所处的温度发生变化或外界作用力使光纤轴向应变发生变化时,动态光栅便会发生相应的改变,造成背向散射光的频率发生改变。这种频率上的改变反映了局部位置的温度和应力变化。

使用布里渊波段的分布式光纤感测系统能感测温度和应变,常见的技术有 BOTDR 和 BOTDA。

3. 拉曼波段

拉曼散射是一种非弹性散射,因此其散射光的光子频率也和入射光的光子频率不一样。激光通过光纤时可能会和直径大于其自身波长的粒子发生碰撞,并发生能量改变。拉曼波段的光子相对于入射光产生了比布里渊波段更为显著的频移(40nm 左右)。根据这一特点,使用滤波器能很容易地将拉曼波段和其他两个波段区分开来。

拉曼波段包含斯托克斯散射和反斯托克斯散射。斯托克斯散射是发生红移的部分,其波长更长,能量更低,且对温度的相关性较弱。而反斯托克斯散射是发生蓝移的部分,其波长更短,能量更高,且具有很强的温度相关性,温度越高,反斯托克斯散射的能量越高,通过计算反斯托克斯散射和斯托克斯散射能量的比值可以估计出温度。在 DTS 测量中,拉曼散射的能量被数字化,以斯托克斯散射的能量作为基准,结合反斯托克斯散射的能量,以及光纤中的衰减系数就能测量出某点的相对温度。这种相对温度通常是相对某个参考温度而言的,与整个测量系统中的各项参数有关,无法预先确定。因此在进行 DTS 测量前,通常需要进行温度的定标。常见的定标方式是先使用恒温热源加热光纤上的某点,并利用该点的斯托克斯散射与反斯托克斯散射能量的比值计算出系统的参考温度;再根据该参考温度得到从计算所得的相对温度到绝对温度的映射关系。

8.3.3 分布式光纤的部署

根据测量发射的激光及测量原理的不同，DTS 和 DAS 使用两种不同的光纤。具体而言，DTS 使用多模光纤，DAS 使用单模光纤，此处的模指的是光传播的模式。这两种光纤如图 8.3 所示。

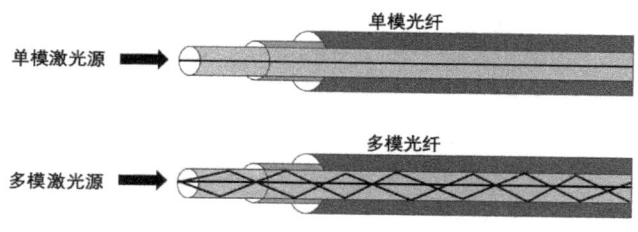

图 8.3 单模光纤与多模光纤

单模光纤的光纤芯子较细，直径在 9μm 左右，适用的光源波长为 1310～1550nm。这种直径使得光纤中只有一个波峰通过，导致其具有单一的传播模式，即轴向的直线传播。由于其单模的特点，模态色散也非常小，使得光能传输很长的距离。不过，因为光纤芯子太小，光束传输的控制较为困难，光纤中能传输的能量也相对有限，所以单模光纤对激光源的要求也很高。DAS 通常使用波长在 1500nm 附近的激光源，更适合单模光纤。另外，由于 DAS 使用的瑞利波段的能量相对较高，因此仍能在单模光纤较小的传输功率下得到足够的信号强度以实现分布式光纤感测。

多模光纤的光纤芯子相对于前者更粗，其直径在 60μm 左右，适用的光源波长为 850～1310nm。这种直径允许光在其中以多种模式传播，也使得其传输的功率相比于单模光纤的大。但这种较大的直径也会引入多模效应，多模光纤的模态色散比单模光纤的严重。由于 DTS 使用背向散射光的拉曼波段，而该波段的能量较低，因此必须使用多模光纤来确保入射光脉冲的功率足够大。

由于光纤的质地较脆，不耐弯折，因此需要采取一定的保护措施。用于地面通信的光纤通常会在光纤芯子外面包裹一层塑胶材料，但为适应更为复杂的井下环境，一般还要加若干层金属铠装。

为了测量井中的各项数据，光纤需要被安装到井中。如图 8.4 所示，在生产测井中，分布式光纤感测的部署方式从性质上主要分为两种，即可回收式部署及永久式部署。如果从光纤的位置上区分，则可以分为油管内部署、油管外部署及生产套管外部署等。

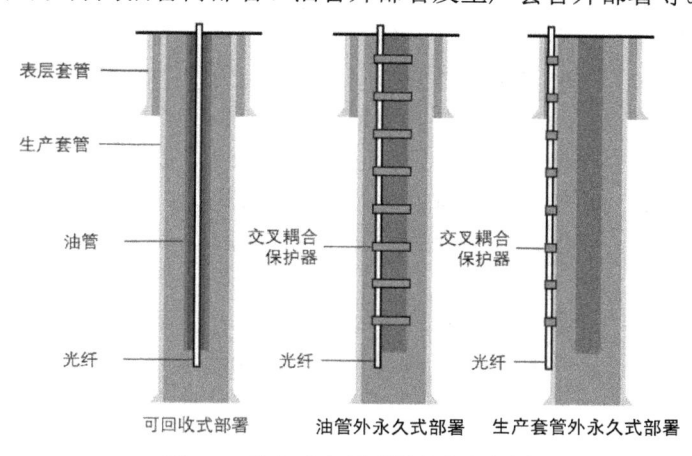

图 8.4 分布式光纤感测的井中部署

常见的可回收式部署包括连续油管下井及副管下井，这种部署方式的一大特点是灵活且低成本。就算油井在设计之初没有考虑在其中部署测量光纤，我们仍能使用可回收式部署进行分布式光纤感测。通常，油井在地表有若干可以控制的开口，这些开口与井下某些管柱空间相连。当需要进行测量时，可以停止生产，并采取一定的保护措施来包裹光纤并将其从地面开口下入井中。当在油管中进行分布式光纤感测时，所得的数据能较好地反映生产流体的流动状况。因此可回收式部署也是在生产测井中非常常见的一种部署方式。

油管内的可回收式部署和其他生产测井仪器下井部署方式类似，其技术已经非常成熟。但是这种部署方式的缺点是需要在每次测量前后停止生产或注水等井下作业，进而带来不便。每次生产制度的改变都可能导致原始热平衡被打破，重新恢复到平衡状态需要一段时间，这将使得在进行 DTS 测量时的前一部分数据无法反映稳态生产的过程。

常见的永久式部署包括油管外部署和生产套管外部署，这种部署方式的特点是，整个测量周期不会干预生产过程。在完井过程中，光纤已经被部署到井中并被固定在需要监测的结构中。当光纤被部署到油管外时，需要使用交叉耦合保护器，使其固定在油管外表面，此时，光纤测量的对象主要是油管外环空的流体活动及管柱系统的机械振动活动。当光纤被部署到生产套管外时，同样需要交叉耦合保护器使其固定，此时，光纤测量的对象为近地层流体及储集层相关信息。除这两种部署方式以外，永久式部署还包括在水泥环处的部署。已经有研究表明，这种部署方式能在完井过程中提供一定的水泥胶结信息。永久式部署的缺点在于，其技术复杂，且光纤一旦部署一般不能变更位置，也不能回收。这意味着发生光纤断裂或遇其他故障时，修复难度更高。

8.4 分布式光纤感测技术在油气领域的应用

8.4.1 流体剖面解释与生产监测

油田的生产中常常包含两个不同的流体流动过程。当储集层内部压力足够高或存在人工举升手段时，流体是作为产出物从地层通过油井到达地表的。当储集层内部压力不足而需要加压，或者进行压裂酸化等作业时，流体是作为注入物从地表通过井注入地层的，用于提升地层压力或增强地层渗流能力以促进生产。前者是生产作业，后者是注水作业。对于这两种作业，油田工程师对流体在井下何处、何时流入或流出，以及流入或流出的量很感兴趣。

流体剖面是流体在某条线上的流速分布。在油气生产中，常见的流体剖面包括产出剖面和注入剖面。顾名思义，产出剖面是产出流体从地层流出的沿井速度剖面，注入剖面是注入流体沿井流入地层的速度剖面。根据产出剖面，油井工程师能识别主要的生产层段及枯竭层段，通过适当的方式合理优化生产。如果产出剖面中还包括相态信息，则还可以识别主要产水层段并进行堵水作业以降低产出原油的含水量。而根据注入剖面，油井工程师能识别各层段吸收了多少注入流体，可以指导后续的注入和生产过程。因此，进行流体剖面解释对油田生产优化有着重要的意义。

传统测量流体流量的设备包括各种机械式流量计、电磁式流量计等，其中以机械式流量计为主。机械式涡轮流量计（见图 8.5）前端有一个小的涡扇叶片，四周为数个支撑臂，用于将仪器固定并居中到流道中间。当流体流过机械式涡轮流量计时，涡扇叶片旋转，其旋转方向取决于流体的流动方向，而旋转速度则与流速有关。机械式涡轮流量计后端一般为一根或若干细杆，内部装有电池、存储元件或其他仪器。这种流量计还能测量含泡量、持水率等，能较准确地得到井中单个点位的流动状态信息；不过其总体结构比较大，数据回收不便，无法实时取得信息。

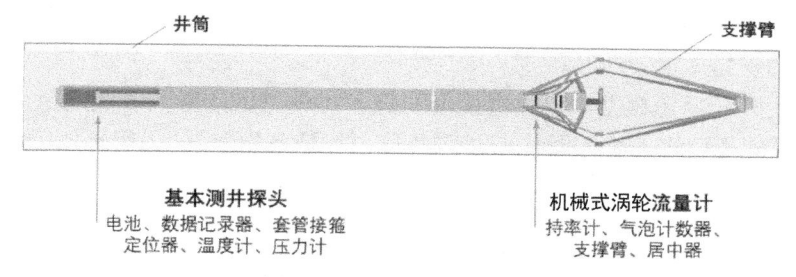

图 8.5　机械式涡轮流量计

应用在流体剖面解释上的主要是 DTS，其原理是通过测量沿管的流体温度来反推流体剖面。这种由温度反推流量的过程需要结合一定的已知信息，如井体结构、完井信息、流体热动力学参数等，构建出相应的正演模型，根据流体剖面计算出流体温度剖面。结合正演模型，以及相关的最优化方法，便能从 DTS 数据中反推出流体剖面。下面从理论角度阐述温度与流体流动之间的关系。

一般来说，越深的地层，其温度和压力也会越高。在生产状况下，流体会从较深的地层向上流动，将地层深处的热量带到井中。这个过程会使得井筒温度上升，并将热量在径向逐层传递到各环空、水泥环及周围地层中，使得周围结构温度上升，而流体本身的温度下降。当有流体以当地地层温度流入时，与井筒中温度更高的上游流体混合时便会造成上游流体降温。这种混合符合能量守恒定律，即上游流体能量与流入流体能量之和和流出流体的能量与该过程中耗散到地层中的能量之和一致。通过能量守恒、质量守恒、动量守恒三大方程，可以建立相关的正演模型，此时将井身网格化，通过迭代求解流体温度剖面。

生产过程中的流体流入如图 8.6 所示。

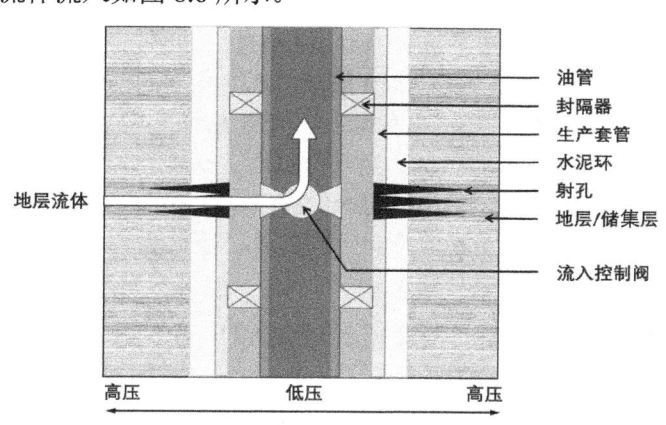

图 8.6　生产过程中的流体流入

与生产情况相反，在注入情况下，流体一般从井口通过油管向地层流动。注入的流体温度可能比地层温度高，也可能比地层温度低，但总的趋势是流体从温度较低的地层（浅层地表）向温度较高的地层流动。当流体在井中流动时，如果流体此时的温度高于地层温度，则其热量会逐步从井的中心向地层逐层传导，使地层温度上升；如果流体温度低于地层温度，则流体会从周围的地层吸收热量。这种温度平衡和能量交换会随着注入过程不断变化。当停止注入时，地层温度会逐渐回到原始的地层温度，这种现象叫回温。由于物体的温度变化与物体的质量、吸收的热量及物质的比热容有关，在吸收相同能量的情况下，注入流体（如水）较多的地层温度变化更微弱，因此回温也更加缓慢。根据 DTS 测量数据，结合注入前温度、注水量及相关井回温历史，可以判断何处地层吸收了较多注入物，哪些层段的吸收量较少，并据此做相应的安排。

根据相关研究和理论模型，流体温度还受许多物理过程的影响。当地层压力与井筒内压力差较大时，流体在通过狭小的射孔通道时会受到一种名为焦耳-汤姆孙效应的影响，导致流体温度发生骤变。当流体是气体，且从高压区向低压区流动时，流体温度会相对于地层温度大幅下降，而液体或超临界流体的温度会相对于地层温度大幅提升。根据这一差别，能从 DTS 测量的流体温度剖面上判断产出流体是天然气还是原油或水。另外，无论是生产过程还是注入过程，流体的流量越大，其从热源处携带的能量越高，造成的温度变化也更明显。除此以外，作业时间越长，这种热量交换越久，使得地层温度和原始温度的区别也越大。当作业时间长到一定程度以后，"流体-井筒-地层" 3 层结构的温度趋于平衡，当注入的流量也趋于稳定时，温度随时间的变化也会变得更微弱。此时井中的流动状态是稳态，这意味着各项描述流动的参数都已经趋于稳定，DTS 测量的数据就能较好地反映油气井长时间生产过程的信息了。

如果将以上各种影响流体温度、流体流速及压力的过程量化，以质量守恒、能量守恒、动量守恒作为约束，就能建立一套正演机制，从流体的流动剖面计算出流体温度。这种正演模型可以使我们对生产流体的温度变化有定量的认识。通过 DTS 测量的流体温度剖面，以及正演模型和配套的反演过程，就能推测出相关流体的流动状况了。

8.4.2 DAS 与井下事件甄别

除使用 DTS 根据流体温度对产出剖面和注入剖面进行解释以外，还可以使用 DAS，根据流体在油井中各结构流动时产生的声音信号对井下事件进行解释。在很多可回收式部署中，光纤被安置在与地面连通的油管中。流体流动时与油管发生摩擦可能会产生噪声，当流体中的砂粒或微小气泡含量较多或流体的流量很大时，这种噪声也越发明显。除流体本身会产生能被 DAS 测量的声音信号以外，管柱本身也会因流体流动而产生振动信号。

DAS 测量的对象就是机械振动信号，当光纤被固定在生产井的各井筒中时，其能感测到管上的受迫振动，以及通过各层介质传导而来的振动。这种空间中的机械振动可以用质点的位移来表示，而这种位移则包含了不同方向上的分量，因此我们可以用一个定义在空间及时间上的向量场 $\vec{d}(x,y,z,t)$ 来表示机械振动。由于 DAS 只能测量光纤沿线一系列点的轴向应变，因此测出的位移函数应该为定义在光纤沿线坐标点上的、空间维度只有一维的、随时间变化的标量函数 $d(x,t)$。

根据 DAS 测得的这种位移信号，结合相关信号处理方法，可以得到很多有用信息。

1. DAS 信号的频率域信息

从直观的角度来看，某个点的信号 $d_x(t)$ 是一个时间域上的函数，这和我们聆听音乐时音乐的振幅很相似。一段音乐可以有很多种理解方式，当我们只以时间的角度观察时，得到的是一连串音乐的振幅大小，这对于分析这段音乐的作用不大。音乐家通过乐谱来分析这段音乐，乐谱上的每个音符都代表了某种乐音，通过把这些乐音组合起来可以得到美妙的音乐。换言之，只有把音乐分解为一系列不同的音符，才能更深刻地理解一段音乐。如果我们也能把时间域信号 $d_x(t)$ 分解为一系列不同的成分，那么也能更深刻地了解井中各种现象的声音信号。

法国数学家傅里叶在研究热传导问题时在数学上有一个重要的贡献，即拥有一个自变量的任意函数，无论其连续与否，它都能展开为一系列正弦函数的级数，而正弦函数的参数为变量的倍数。后来的数学家对该理论的适用范围做了相关研究，指出只有在函数存在某些类型间断点时，该结论才不成立。也就是说，通过正弦函数波的叠加，可以构造几乎所有函数：

$$f(x) = \sum_{k=0}^{\infty} A_k \sin(kx) \tag{8.11}$$

式中，不同的 k 代表不同的频率，对应各周期不同的正弦波，即各频率分量。假如把一系列频率分量的幅度 A_k 按顺序组合起来，就能得到信号的频谱。不同信号的频谱不同，根据频谱的形状，我们也能像音乐家一样从更深层次的角度理解时间域信号。一个浅显的例子是，成年后男声和女声的声音不同，男声听起来更"低沉"，女声听起来更"高昂"。实际上，从频谱上解释也是如此，男声频率为 73～440Hz，而女声频率则为 164～987Hz，这种差异也是判断我们所听到的人声究竟是男声还是女声的重要依据。

值得注意的是，DAS 采集的信号是一种离散信号，这种信号在空间、时间及值上都是离散的。通过设置空间采样间隔 x_s，以及时间采样间隔 T_s，DAS 将现实中机械振动的模拟信号采样为数字信号。$F_s = 1/T_s$ 为振动信号的时间采样频率，类似地，$K_s = 1/x_s$ 为信号的空间采样频率。DAS 最终得到的振动数据是对 $d(x,t)$ 的离散化，满足

$$d(m,n) = d(mx_s, nT_s) \tag{8.12}$$

根据香农采样定理，为了能不失真地恢复原先的模拟信号，数字信号的时间采样频率应该高于模拟信号频谱最高频率的 2 倍。换言之，当原始信号 $d(x,t)$ 的最高频率为 $f_{\max}$ 时，数字信号的时间采样频率应该满足 $F_s > 2f_{\max}$。举一个浅显的例子，时钟时针的顺时针旋转是一种模拟信号，其周期是 12h，假设一位记录员每隔一段时间 T_s 就记录一次时针的位置，这就相当于数字采样过程。如果记录员每 3h 记录一次时针的位置，则其记录的数字结果能很好地反映模拟过程，使得我们能够推测时针为顺时针转动且周期为 12h，因为此时 $F_s = 4f_{\max}$ 满足香农采样定理。如果记录员每 6h 记录一次时针的位置，则其记录的数字结果可能为 12,6,12,6,12,…。在这种情况下，能确定周期为 12h，但不能确定时针究竟是顺时针转动还是逆时针转动。此时，$F_s = 2f_{\max}$，时间采样频率已经不满足香农采样定理了。如果记录员每 9h 记录一次时针的位置，则数字结果可能为 12,9,6,3,12,…。在这种情况下，甚至无法得出周期为 12h，看似是 36h，且其旋转方向为逆时针。此时，$F_s = 4/3 f_{\max}$，时间采样频率也不满足香农采样定理。如果记录员每 12h 记录一次时针的位置，那么我们甚至会认为这个时钟是静止不动的，因为每次记录的结果都是相同的。在观看一些直升机或其他使用螺旋桨发动机的飞行器录像时，我们可能会发现，其旋转速度很低甚至完全不旋转，这也是因为设备录像的时间采样频率是旋翼转动周期的整数倍，使人产生飞机在飞但是螺旋桨不旋转的错觉。

通常，在测量设置中，DAS 信号的时间采样频率为 1～50kHz，使得其能测得的振动频率的上限为几百赫兹到 25kHz，这个范围的振动通常被认为是普通声波。另外，DAS 的空间采样频率通常为 1/m，这意味着它能测得的振动波的最大波数上限为 0.5/m。DAS 能采集的信号频率域范围能很好地覆盖井下各种活动产生的声音信号，但在此之前，要先在时间维度上进行一维离散傅里叶变换（DFT），将信号转换成频率域信号，以得到其频率域特征。对于一个

离散时间域信号 $x(n)$，其离散傅里叶变换为

$$X(k) = \frac{1}{N} \sum_{n=0}^{N-1} x(n) e^{-\frac{j2\pi k}{N} n} \quad (8.13)$$

式中，$X(k)$ 为信号的频谱；N 为离散傅里叶变换的点数；j 为虚数单位；$2\pi k/N$ 为数字频率，对应模拟频率 kF_s/N。换言之，$D(m,k)$ 表示的是在点 m 处，模拟频率 kF_s/N 对应的幅值。如果在 DAS 信号于每个空间采样点上做离散傅里叶变换，就能得到每个位置振动的频谱信息。

井下的各类事件产生的振动波具有不同的频谱特征，通过研究 DAS 测量结果的频谱特征，测井工程师能很好地理解井下正在发生的事件。这些事件有的是由流体流动直接引发的噪声（流致噪声），也有的是由管柱结构受迫振动产生的噪声。流致噪声产生的主要原因是流体中各种物理量的波动，这种波动的产生有很多种原因，包括流体局部应力的波动、接触面传导的压力波动、质量和热量产生的波动。流体的密度、黏度、压缩性对这种噪声的频率及模式都有一定的影响。不过，无论管道内流动的是天然气还是水、油，流致振动的频率通常为几百赫兹。这些振动包括了涡流诱发的振动、共振、流体的弹性振动、喘振、压力脉动等。

井下事件的声功率-频谱示意图如图 8.7 所示，井下事件的频率域范围如表 8.2 所示。

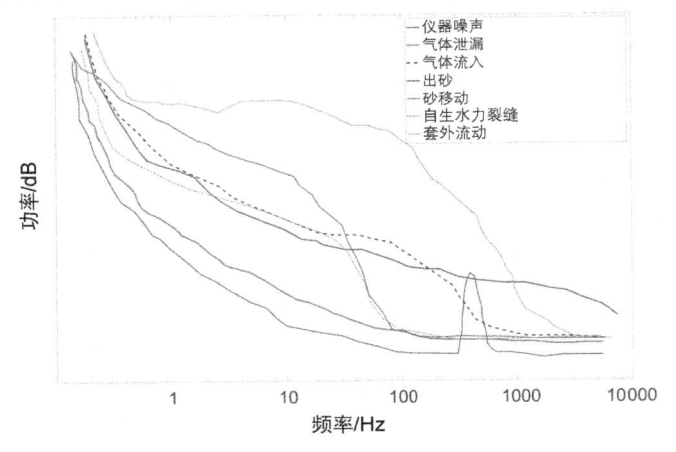

图 8.7 井下事件的声音信号的功率-频谱示意图

表 8.2 井下事件的频率域范围

频率范围	噪声类型
0~200Hz	环境相关噪声，如采油设备的噪声、地面振动等，也包括 DAS 自身的系统噪声
200~600Hz	与两相流动的流动机构相关的噪声。泡状流动的主峰频率为 300~600Hz，段塞状流动的主峰频率更低，在 200Hz 左右
约 1000Hz	单相流动的噪声，气相噪声和液相噪声的主峰频率都在 1000Hz 左右；通道型的泄漏噪声的主峰频率在 1000Hz 附近，在一定的压力梯度和流量下能达到 2000Hz
约 2000Hz	一些特殊的现象，如沙子撞击管壁产生的信号

流体在管中泄漏时，流体从一个压力较高的环境通过一个微小通道进入一个压力相对较低的环境，前后具有一定的压差。这个过程会产生被称为"呼哨"的声学现象，产生类似汽笛的声音。一些研究人员解释称该现象与剪切流的不稳定性有关。例如，流体在泄漏过程中或经过射孔时，涡流在具有较大速度梯度的位置，下游的剪切层流体会突然膨胀并产生不稳定性，将能量从流体转移到能产生声音的涡流（见图 8.8）中，发出呼哨的声音。

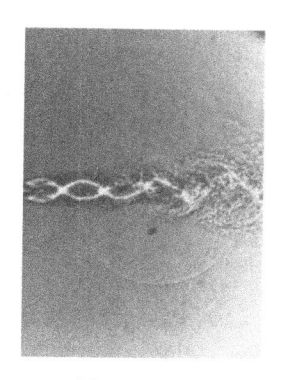

图 8.8　涡流

除了管道内的流致振动，另一种振动为声致振动，其频率比流致振动的频率高（一般高于 500Hz）。这种声致振动指的是管柱结构的振动，泄漏中的流致振动主要发生在泄漏通道的上下游，而泄漏的声致振动则发生在泄漏通道处。另外，声致振动还可能激励管道的周向振动，使结构疲劳，进而引发安全事故。

通常，要使用 DAS 对井下事件进行分析，会先把数据转换成频率域数据，再做相关调查。DAS 直接采集的应变率信号通常有着非常大的数据量，每分钟达吉字节级别，每天采集的数据能达数太字节，这给数据的传输和存储带来很大的挑战。通过合理地选择离散傅里叶变换的点数，可以将一段时间内的 DAS 应变率数据转换成频率域数据，在缩小数据量的同时保留充足的频率域信号特征以供分析。

在最近几年的实践中，油气田服务行业逐渐形成了一整套 DAS 测井策略，这种策略有针对性地考虑了其采集数据量大的问题。在采集 DAS 数据后通常会先进行快速傅里叶变换，将其转换成频率域信息。这个过程发生在测井站点内，可以由 DAS 设备直接处理，也可以交由与之配套的计算工作站进行计算，转换后的数据量大小能较好地适应本地存储的限制，但大多时候转换后的数据不存储到本地，而是通过网络连接上传到云。油气田服务公司的技术人员通过在云上部署相应的计算设施及处理脚本，使用多种传统数据解释工具和机器学习对上传的数据进行处理，得到实时的解释结果。这些结果可以被可视化，供其他工程师通过浏览器在网页上远程访问。这种基于云的服务方式已经实现商业化，能为全球各地的油气井提供响应快速的服务。分布式光纤感测及云服务如图 8.9 所示。

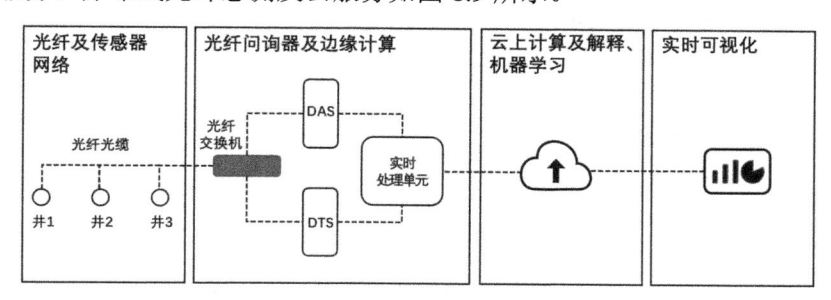

图 8.9　分布式光纤感测及云服务

2. DAS 信号的频率-波数域信息

如果计算每个深度处的频率域数据，就能得到某点的频率域信息。这种信息是局部的，无法很好地体现振动波沿井的传播特征。如果对 DAS 数据同时沿深度和时间进行离散傅里叶变换，则可以比单从频率域角度进行研究得到更多的信息。这种两个维度的变换被称为二维

离散傅里叶变换，对于一个离散的二维信号 $x(m,n)$，其二维离散傅里叶变换为

$$X(u,v) \equiv \frac{1}{M}\frac{1}{N}\sum_{m=0}^{M-1}\sum_{n=0}^{N-1}x(m,n)\mathrm{e}^{-\frac{\mathrm{j}2\pi u}{N}n}\mathrm{e}^{-\frac{\mathrm{j}2\pi v}{M}m} \tag{8.14}$$

式中，$X(u,v)$ 为原始信号的二维离散傅里叶变换；u、v 分别代表第一维和第二维的频率。

时间域信号与频率域信息是对应的，相应的空间信号也与波数域信息相对应。波数 v 是 1m 内包含的全波数量，为波长的倒数，即

$$v = 1/\lambda \tag{8.15}$$

如果对一个二维的时间-空间信号沿时间轴 t 和空间轴 x 进行离散傅里叶变换，即进行二维离散傅里叶变换，则能将数据映射到频率-波数域，这种分析方式常被称为 f-k 域分析。流动信号的 f-k 域信息如图 8.10 所示。

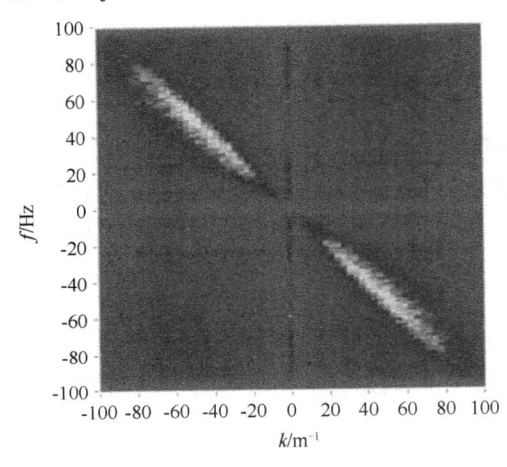

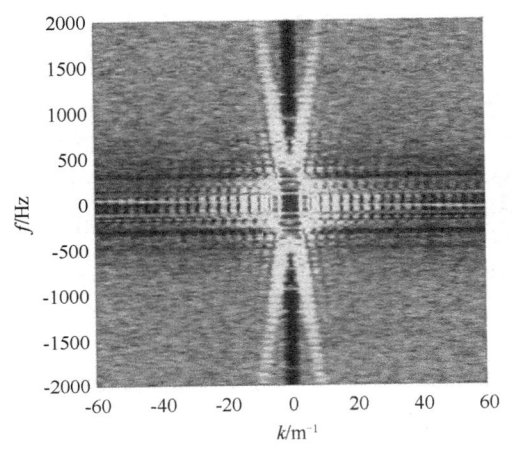

图 8.10 流动信号的 f-k 域信息

从 f-k 域上看，沿井传播的振动信号在图像上呈一条直线。根据 f-k 域两个维度的量纲，不难发现 Hz/m^{-1} 与速度的量纲 m/s 一致，直线斜率就是该信号沿管线的移动速度。如果以 $f=0$，$k=0$ 为原点划分 4 个象限，则根据线落在哪两个象限可以判断该信号的方向是沿 x 轴正向还是逆向。而线在频率域的宽度则与传播噪声的频谱有关。通过分析 f-k 域信息，可以确定上行和下行方向的声速，将两种流体传播的声速相互比较，并根据多普勒效应原理，可以计算出流体流速。

8.4.3 垂直地震剖面分析

作为一种能提供优秀的空间分辨力及高采样率的振动测量设备，DAS 也能被应用在地震探测中。其中，其最广泛的勘探领域的用途是布设于井中，实现井下的地震波信号采集，这种地震观测方式称为垂直地震剖面（Vertical Seismic Profile，VSP）分析。区别于直接在地表布设检波器阵列的常规地面地震探测，VSP 分析通常将传感器阵列布设于观测井中，从而获得地震波在深度方向上的传播特征记录。VSP 分析数据常被用于估算速度剖面，包括横波速度和纵波速度，这些速度剖面能用于表征储集层的特征。相对于地面地震观测系统，VSP 分析能更好地分析垂直方向上的波场变化，因此测量结果也更加直接、灵敏；VSP 分析还能同时观测地层中的透射波场和反射波场，而且能较好地排除地面噪声的干扰。然而，VSP 分析也对测量仪器提出了很多新的要求。首先是阵列的观测点间距应更小，这意味着如果在同一

段长度上进行测量，VSP 分析需要更多的观测单元。另外，由于 VSP 分析需要测量一定观测时长内的完整波场信息，而不仅仅是波的到时信息，因此对数据时间域采样能力也提出了一定的要求。由于 DAS 具有空间分辨率优秀、采样率高、部署容易且成本低的特点，因此非常适合进行 VSP 分析。

下面简要概括 DAS-VSP 的观测系统类型、数据信号特征及常见应用。

1. VSP 观测系统类型

VSP 观测系统的分类方案较多，根据激发点和接收点的相对位置可分为正 VSP 和逆 VSP；根据井源距差异可分为零偏移距 VSP、固定非零偏移距 VSP、Walkaway VSP、三维 VSP 等（见图 8.11）。

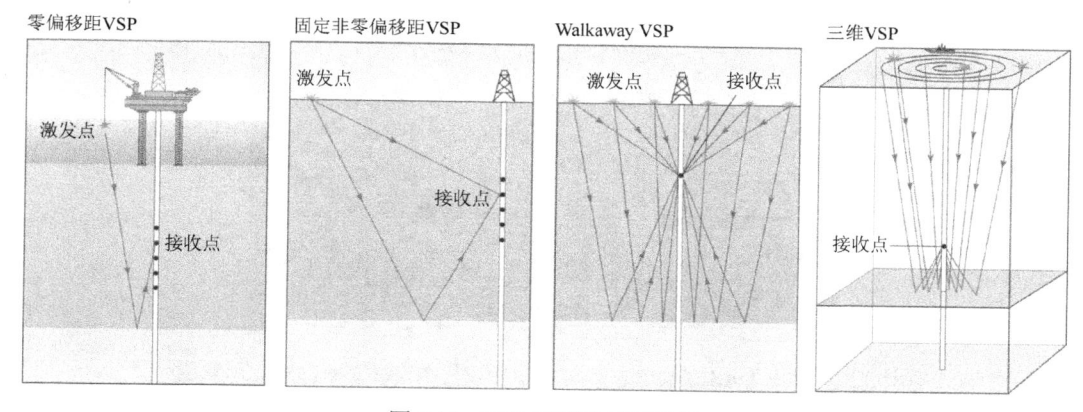

图 8.11 VSP 观测系统示意图

零偏移距 VSP（Zero-offset VSP，ZVSP）：震源位于井口上方（实际部署中的井源距一般在 150m 以内）。在平缓地层条件下，可以将其近似为一维的地震波传播观测，进而获得井位处地震的传播速度、子波衰减、反射系数等关键的地震波传播的地球物理参数。

固定非零偏移距 VSP（Offset VSP，OVSP）：区别于 ZVSP，其震源偏移距通常较大，一般可根据目的层埋深确定震源位置和偏移距的大小。OVSP 可以针对性地提供有关地下结构倾斜和侧向变化的信息。由于地面激发点的布置情况不同，它又分为非零偏移距 VSP 和常数偏移距 VSP，前者是在地面布置一个距离井口一定偏移距的激发点；而后者则是激发点在不同的方位逐次围绕井移动，每次保持激发点到井口的偏移距固定不变，这种观测系统的目的一般是对三维倾角和走向做特殊分析。总体来说，OVSP 偏移距的加大使其勘探范围增大，其记录波场信号的复杂程度和处理难度也更大。

Walkaway VSP：也称变偏移距 VSP，是一种二维 VSP 观测形式，沿过井的测线布置一系列的激发点，逐点激发，在井中连续观测。Walkaway VSP 能够获得关于地下结构侧向连续性的高分辨率地震剖面。此外，Walkaway VSP 数据提供了不同入射角的波场信息，还可以进行 VSP AVO 分析，反演得到地下岩石的物理性质参数。

三维 VSP（3D VSP）：在二维 VSP 平面观测的基础上发展的立体观测，通常有两种观测形式，一种是将一条测线布置扩展为一个平面内的多条测线布置，可理解为若干 Walkaway VSP 组合成的三维观测系统；另一种是 Walkaround VSP。三维 VSP 观测的范围更广，更利于获得全面、丰富的地震成像。基于三维 VSP 的三维成像可构建地下结构的三维图像，为地质模型提供更丰富的信息。在此基础上，结合测井资料进行井旁岩性分析是一种十分有效的定量勘探技术。

2. DAS-VSP 数据信号特征

随着 DAS 技术的发展，DAS-VSP 技术得到越来越广泛的应用。DAS-VSP 是一种将 DAS 铺设于井中，以替代传统地震检波器的观测方案。图 8.12 展示了井下 DAS 采集与井中检波器布设的对比。表 8.3 列举了目前主流 DAS 设备与地震检波器的主要参数对比。相较于传统井中检波器布设，DAS 采集具有全井段、高密度、低成本、高效率、耐高温高压、可大规模长期布设、布设后可不占井、适合不同井况、井下安全系数高等优点，在井中地震探测领域已广泛使用。它的缺点是，目前工业应用的 DAS 光纤均为单分量，相较于三分量检波器，前者对于空间波场传播的观测并不全面。

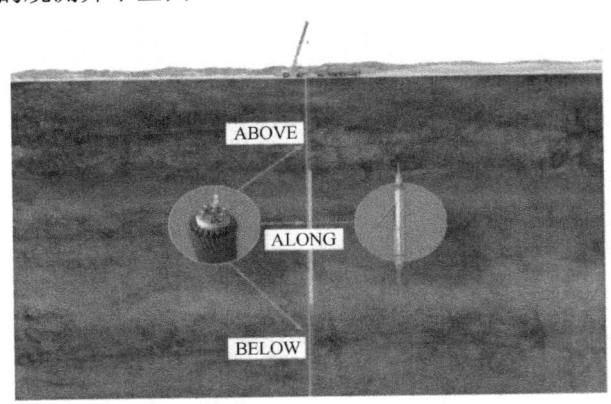

图 8.12　井下 DAS 采集（左）与井中检波器布设（右）的对比示意图

表 8.3　目前主流 DAS 设备与地震检波器的主要参数对比

传感器装置	DAS	地震检波器
传感量	应变率或应变	质点运动
最低灵敏度	10^{-10}m/m	10^{-8}m/s
动态范围	~60dB	~80dB
最高温度	>500℃	150℃
阵列传感	>20km	点式
传感方向	沿光纤方向的伸长率	$X/Y/Z$
正交于光纤或传感器轴向的灵敏度	低灵敏度	振动越小，灵敏度越高
数据遥测	相同光纤 20km 的距离	需要接线
数据获取	激光光纤末端采集单元	数字化仪和数据记录器

为了获得多方向的观测，大量研究机构致力于从光纤几何铺设结构的角度设计获取更全面入射角的波场信号。由于 DAS 技术测量的是沿光纤方向的动态应变，因此 DAS 对沿光纤方向的应变灵敏，而在垂直电缆方向的应变不灵敏。在地表地震中采用水平电缆时无法采集地震反射，该固有的不灵敏性可以通过改变光纤的结构，增加其复杂性以在更多方向上进行采样。为此，壳牌发展了螺旋缠绕电缆设计技术，提高了光纤电缆的宽幅灵敏度，并进行了实验。美国科罗拉多矿业大学提出了多分量分布式声波传感概念，采用多分量光纤几何结构进行采集，重构沿光纤任意位置三维应变张量的所有分量，进行多分量成像。加拿大卡尔加里大学设计了双螺旋电缆，即沿着一条螺旋缠绕光缆再次螺旋缠绕，在地质模型上进行了实验，用以感知微地震震源特征及震源机制。

图 8.13 展示了一组传统检波器、螺旋缠绕 DAS 和常规单分量 DAS 的实际记录对比。可

以看出，相较于常规单分量直光纤，螺旋缠绕电缆对反射能量灵敏，这也证实了其对于宽幅信息的灵敏度较高。另外，由于螺旋缠绕电缆的宽幅灵敏性，螺旋缠绕电缆对于环境噪声产生的地滚波也更敏感，引入了较高程度的噪声。此外，相较于常规地震检波器，目前工业应用中陆上数据的 DAS 的信噪比普遍相对较低。

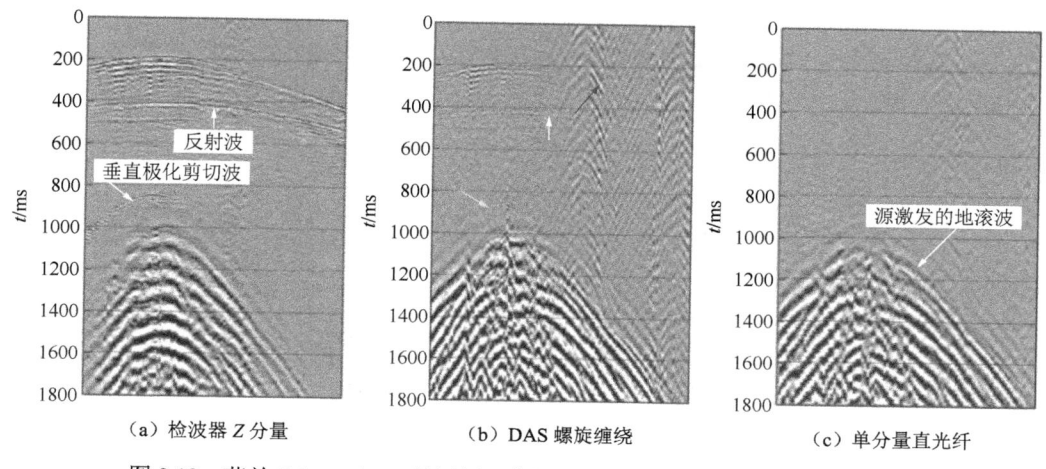

（a）检波器 Z 分量　　　　　（b）DAS 螺旋缠绕　　　　　（c）单分量直光纤

图 8.13　荷兰 Schoonebeek 地区同一位置 3 种不同的检波器采集的单炮记录

3. DAS-VSP 在油气地球物理中的应用

1）井周成像

DAS-VSP 具有全井段覆盖、可高密度采样等优点，可提供井周高精度成像，支撑油气井周围油气藏的精细描述。目前陆上数据仍存在 DAS-VSP 信号信噪比较三分量低的问题，海上数据质量普遍较高。图 8.14 展示了一组墨西哥湾的 3D（三维）DAS-VSP 成像效果对比，数据采集分别采用了海底节点地震仪（OBN）、三分量检波器和单分量 DAS。对比发现，DAS-VSP 相较于 OBN 的成像分辨率更高，而常规检波器采集则受限于有限的井中观测点位，成像范围较小。对比之下，可全井段、高密度铺设的 DAS 观测具有更大的成像范围，能够带来更经济的采集成本，将显著地推动井中地震在复杂构造精细刻画方向的发展。

（a）3D OBN 成像　　　　　　　　　（b）三分量检波器 VSP 成像

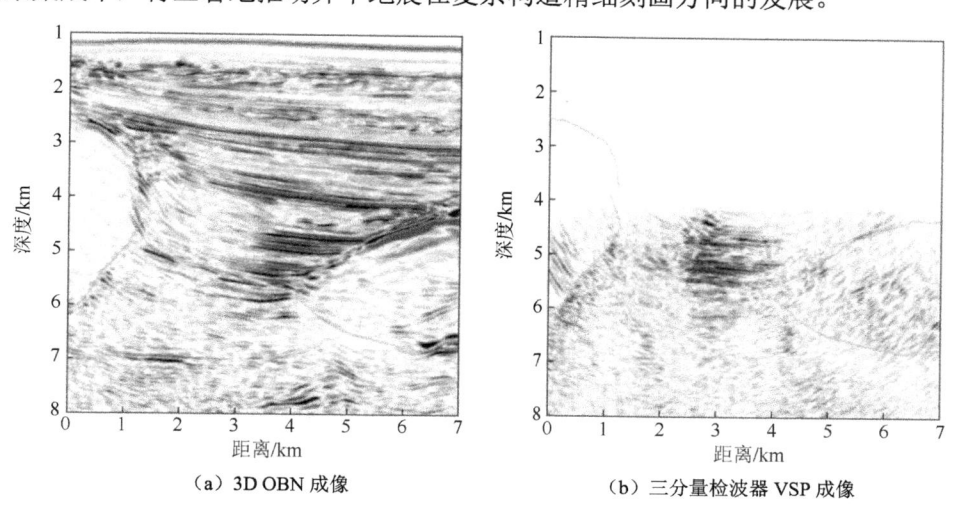

图 8.14　墨西哥湾的 3D DAS-VSP 成像效果对比

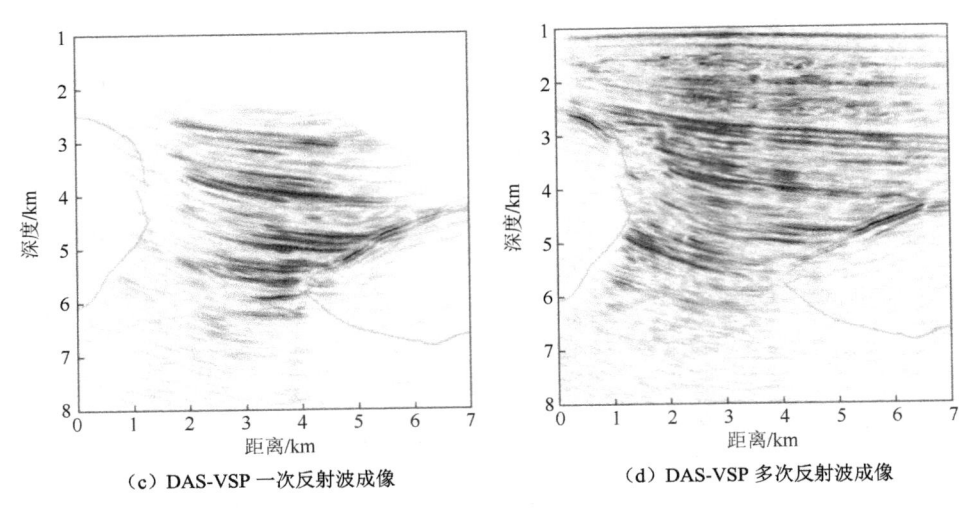

（c）DAS-VSP 一次反射波成像　　　　　　（d）DAS-VSP 多次反射波成像

图 8.14　墨西哥湾的 3D DAS-VSP 成像效果对比（续）

2）时延地震和永久监测

DAS 可采取套管内或外铺设的方式，可大规模长期铺设，且布设不占井，因此可用于长期监测。随着越来越多的油田提高采收率，频繁油气藏监测的需求增加。复杂地区油气藏生产需要积极主动的油井和油气藏管理，从而降低风险。DAS 作为永久油气藏监测和时延成像工具，在地震检波应用中越来越受欢迎。考虑到 DAS 具有重复性高、成本低的特点，可以为油气藏监测和时延成像提供满意的结果。对于永久监测，DAS 是最有前景的地震检波器类型之一。

4D DAS-VSP 主要应用于频繁油气藏监测、CO_2 捕获和存储监测等。DAS-VSP 在频繁地震监测中的应用具有以下优点：①永久布设在套管外，位置固定，耦合良好，可重复性强；②降低了布设检波器的成本。

8.5　分布式光纤感测技术在其他领域的应用

8.5.1　分布式光纤温度感测在其他领域的应用

DTS 提供了对某些大型结构的温度感测能力。当一些突发事件产生热效应时，就能利用 DTS 对其进行监测，并根据所测量的温度剖面基线进行分析。由于热量可以在介质中传导，因此 DTS 的光纤不一定直接贴合被测结构，而是可以保持一定间距以提高系统的安全性并延长其使用寿命。

下面简要概括 DTS 及其他分布式光纤温度感测设备在其他领域的应用。

1. 高压电缆监测

常用的高压电缆由中心导体（通常是铜芯）、绝缘层、内护层、填充料、外绝缘层构成。由于中心导体电阻的存在，电缆在传输电能的过程中会因损耗而发热。虽然高压电缆的设计允许其在较高温度下使用，但是一旦温度超过其安全温度，绝缘层会加速老化、开裂，甚至脱落，严重时会引起电缆起火。另外，电缆的载流能力与温度密切相关。传统的分析电缆的载流能力的方法是建立基于电缆设计、季节性温度变化和假设环境条件的热模型，并以此估算电缆温度。通过在电缆上安装光纤，就可以利用 DTS 技术实现对高压电缆温度分布的实时监测，从而更精确地评估电缆的载流能力，并识别过热风险。

2. 消防预警及监测

当今，各类基础设施在为人们带来便利的同时，也带来了不少的安全隐患，特别是消防事故，往往严重威胁人们的生命财产安全。为此，基于 DTS 的火灾监测系统应运而生。此监测系统依靠光纤对温度的高灵敏度和精度，实时监测火灾发生初期微小的温度变化，能够及时预警，争取火灾救援时间。而且，光纤的抗电磁干扰和抗腐蚀能力使其能够很好地完成复杂电磁环境与恶劣条件下的火灾监测任务。目前，基于分布式光纤温度感测的火灾监测系统已经在公路隧道、地铁等设施中得到应用。

DTS 在矿业中也有广泛的预警应用：使用分布式光纤传感器可以避免电子器件的使用限制，监测可能处于易燃易爆气体中设备的温度，预警可能发生的火灾，并在事故发生前提醒工程师进行预防性维护。目前，DTS 系统已在一些矿场投入使用，英国煤炭公司在 Ashfordby 煤矿进行了 DTS 实验，并成功运行了几年。

DTS 技术还可应用于传送带的温度监测。某些传送带的输送距离有时可达数千米，其中包含大量滚筒，每个滚筒的轴承在工作过程中都可能因为摩擦而过热，在输送煤矿、面粉等易燃物的情况下，有可能引发火灾甚至爆炸。一些工厂已经安装了 DTS 系统，通过在每个轴承上部署光纤来监测各个轴承是否过热。

3. 管道监测

管道是兼具经济效益和安全性的物质运输方式，在运输液体、气体等方面具有独特的优势，因此管道运输也得到了广泛使用。但是当管道运输的流体发生泄漏时，会对环境造成较大的破坏，并导致较大的经济损失。如何有效监测管道泄漏引发了大量关注和研究。探测管道泄漏的主要方法之一是借助安装了先进传感器设备的机器或训练有素的动物，按预定时间沿管道进行日常巡护。这种非连续检查方法一方面不能及时发现泄漏问题，另一方面难以监测埋地管道的泄漏情况。由于管道在泄漏过程中会将井内流体带到管外，因此当管内流体温度与周围不一致时便会导致温度异常。如果将 DTS 部署在管道沿线上，并监测管道表面的温度剖面与基线的相对变化，就可能识别泄漏位置。

4. 水泥固化监测

水泥固化是一个放热过程，同时热量又会加速水泥的固化过程，使得水泥温度升高，促进水分的蒸发。然而，水泥固化过程需要水的参与，水分过多蒸发会造成水泥"早期速凝"，导致水泥固化不均，引发结构变形、开裂等一系列问题。四川省某市 XX 大桥就因为巨大裂缝并没被及时发现而发生垮塌，造成了巨大的经济损失。因此，在水泥浇筑和固化过程中，需要监测和控制温度的变化。埋入水泥的光纤可以提供水泥结构的分布式温度测量，实现对温度的实时监测，以评估水泥的固化程度，避免局部过热，从而优化施工过程，提高工作效率。

5. 能源设施监测

核能作为一种清洁、高效的能源形式，因为其较低的发电成本和环境友好的特点而得到大力推广使用。核电站作为一个规模庞大且复杂的系统，需要关注的参数众多，如温度、压力、振动等，光纤因其优良的性能而在核电站过程参数的测量上具有明显优势，常见的应用如下：利用 DTS 实时监测核电站关键设备的温度变化，如反应堆冷却系统、蒸汽发生器等，以确保其正常运行，并及时发现过热隐患；DTS 可用于监测热交换器、冷却水系统等设备的温度分布，以确保热交换效率和设备安全；在核事故发生或应急情况下，DTS 也可以帮助监测温度变化，以便快速定位事故点并采取相应措施。总之，DTS 在核能领域具有很大的应用潜力，可以提高核电站的安全性、可靠性和效率。

6. 建筑节能

在我国，建筑节能是实现能源消耗强度降低的重要内容。据统计，一个时期内，我国建筑能源消耗占全社会能源消耗的近 40%，因此，加强建筑节能工作对于推进我国能源节约型、环境友好型社会建设具有重要意义。DTS 可以用于监测建筑内外墙的热量损失情况，为建筑保温隔热性能优化提供数据支持。

8.5.2 分布式光纤应变感测在其他领域的应用

监测大型结构的振动要求传感器与被测结构较好地紧密贴合到一起，使结构振动能够以较小的失真传递到传感器。监测行业有数种方式实现这种机械耦合（Mechanical Coupling），如使用黏合剂将仪表贴合到被测结构上。当使用 DAS 或其他分布式光纤应变感测设备（如 BOTDR、BOTDA 等）监测大型结构时，也可以使用业界常用的方式实现机械耦合。理论上，为了保证监测效果，需要令整根光纤都与被测结构贴合。然而，很多贴合技术或手段可能难以保证光纤上处处机械耦合，但只要贴合点的间距小于监测的目标空间分辨率就是可以接受的。有一些大型结构支持光纤的预埋，在这种情况下，光纤被埋入或嵌入结构本身，使得光纤沿线都能实现较好的机械耦合效果，而监测结构本身也对光纤起到了保护作用。

本节简要概括 DAS 及其他分布式光纤应变感测设备在其他领域的应用。鉴于其能进行长距离、高精度振动测量的特点，其应用也集中在大型民用结构监测、管道监测、安全围栏等方面。

1. 电缆监测

分布式光纤应变感测可以用于地表电缆监测，其监测事件包括雷击引发的热效应及冰雪挤压引发的应变。如果使用 BOTDR 技术的分布式光纤温度-应变感测，就能较好地同时监测这两个目标。在高压输电线路中，相导线上的地线常常包括通信光纤，这种包含通信光纤的地线通常被称为光学地线（Optical Ground Wire，OPGW）。当雷击引发热效应或冰雪挤压引发应变时，这些物理变化能被 OPGW 中的通信光纤感测到。

分布式光纤应变感测还可以用于海底电缆监测。各洲或大陆与岛屿之间通常有数条能源或通信线缆，以实现能源供给和数据交换，这些链路同时配备了单模光纤。在浅海区域，海底电缆容易被拖网渔船或船锚破坏。使用分布式光纤应变感测技术有助于准确定位电缆的受损时间和位置，便于确定事故责任并加快链路恢复。

2. 土木设施监测

在土木工程中，早期的故障预警可以通过监测结构的尺寸变化来实现。这种监测通常是由应变仪表和脆性验证板来实现的，但在大型结构中布设如此多的点传感器成本高昂，且不便于维护和快速定位。而分布式光纤应变感测则能以较低的成本完成监测。

为了监测桥梁状况，目前较普遍的方式是采用人工巡检和部署专用仪表的方式。前者是劳动密集、耗时且具有一定风险的作业，而后者则是部署成本较高且不利于维护的。幸运的是，主要桥梁通常在建设时就安装了通信光缆，而桥梁在各交通状况下的应变及振动能在一定程度上反映其"健康"状况。当交通工具经过桥面时，会使得桥梁发生微小的应变和位移。一些研究人员已经成功利用桥梁处的通信光缆进行 DAS 测量来捕捉这种大型结构的动态应变响应。通过多次短时间测量，能够根据监测结果估计桥梁振动的固有频率、应变和位移模式。通过研究应变和位移模式，能对桥梁结构的"健康"状况进行进一步的分析。使用 DAS 监测桥梁结构的"健康"状况如图 8.15 所示。

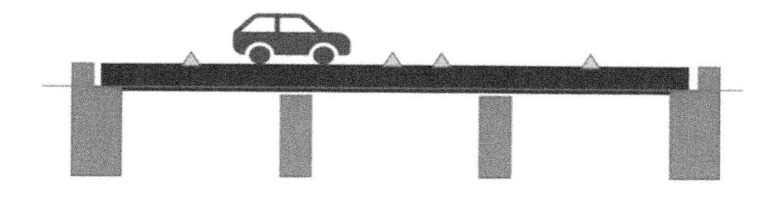

图 8.15　使用 DAS 监测桥梁结构的"健康"状况

使用分布式光纤应变感测还能监测隧道的变形。隧道通常是无人值守的，因此也不适合进行长时间人力巡检或仪表监测。与桥梁结构相似，隧道内通常也会布设电缆及通信光缆，利用分布式光纤应变感测能较好地实现对隧道结构的评价，以尽早监测隧道顶部的变形。当电缆和通信光缆被部署在隧道顶部的螺栓或其他关键结构中时，光纤的应变变化可以被解释为锚点的相对位置变化，进而可以推测隧道顶部的变形程度。一项由法国国家放射性废物管理机构进行的核废物储藏设施隧道的长期监测表明，分布式光纤应变感测技术可以用于混凝土隧道的长期监测，在运行 3 年后，其有效率仍有 95%。

3．管道监测

对于运输流体的管道，特别是运输包含有害流体的管道，必须保证其完整性，避免泄漏。然而，运输管道的持续监测一直是一个较为困难的问题：许多输液、输气管道具有较大的长度，其故障裂缝可能非常细微，肉眼可能无法发现，因此人工巡检的方式不太可行；管道的泄漏可能发生在任何地方，因此很难确定故障发生的关键点位，并安装点测量仪表；很多管网系统错综复杂，这给探测故障带来了更多不便。

已经有实验表明，当将光纤安装在具有泄漏风险的管道上时，能使用分布式光纤应变感测系统监测到一些局部的应变变化。当管道具有泄漏风险时，其管道壁更薄，当流体流过管道内部时，内部压力会在这些更为脆弱的位置引发更大的应变。在一些对管道"健康"进行监测的实验中，工程师将光纤包裹在管道周围，通过应变的减小来识别管道的下垂或弯曲，通过应变的增大来识别可能的变形和裂缝。

一些管道"健康"监测相关的研究表明，探测管道损伤可能要以厘米级的空间分辨率进行，这对分布式光纤应变感测系统提出了很高的要求。幸运的是，在管道损伤探测中，信号的时间变化可能是微乎其微的，也不是关键的，因此可以通过进行长时间测量来平滑噪声并逐点测量以提高信噪比和空间分辨率。

4．安全围栏

在一些特殊的保密区域，常常需要安装一些安全围栏予以保护。常见的监测方式包括人工监测，如设置安保人员巡检，或者使用闭路电视等手段进行监控。使用分布式光纤应变感测可以根据声学或振动信号等进行监测。DAS 的首个商用专利便是关于分布式入侵预警系统的。

为了实现预警系统的低误报率和高检测率，通常会用两根并行的光纤进行监测，这样可以对入侵信号进行交叉验证。当使用 DAS 进行监测时，系统可能会因为一些偶发事件而发出警报，如风引起的振动。监测系统有时也会使用基于布里渊波段的分布式光纤应变感测系统 BOTDA 进行应变测量以进行安全监控，与利用瑞利波段的 OTDR-DAS 相比，BOTDA 的测量是准静态的，能较好地减少偶发非人为因素引发的警报，但其应变报警阈值也更高。不过，光纤可以直接被埋入地下，通过监测地面变形来推测人员走动或设施的移动，更好地规避其他干扰。

第 9 章 大数据与人工智能在地学信息感知中的应用

9.1 大数据的定义

大数据是指无法在一定的时间范围内用软件工具进行捕捉、管理和处理的数据集合，是需要新处理模式才能具有更强的决策力、洞察发现力和流程优化能力的海量、高增长率、多样化的信息资产。大数据通常具有以下 7 个特征。

- 容量（Volume）：数据量的大小决定所考虑的数据的价值和潜在的信息。
- 种类（Variety）：数据类型的多样性。
- 速度（Velocity）：获得数据的速度。
- 可变性（Variability）：妨碍了处理和有效地管理数据的过程。
- 真实性（Veracity）：数据的质量。
- 可视化（Visualization）：数据需要很强的展示。
- 价值（Value）：合理运用大数据，以低成本创造高价值。

地球科学，特别是地球物理获取的数据属于大数据的范畴，具有大数据的特征：所获取的**数据量较大**（Volume），地球科学目前拥有的数据将近 100PB（1PB=1024TB），且数据量呈指数级规律增加；**数据类型多样**（Variety），如数值曲线（Numeric Curves）、阵列（Arrays）、波形（Wave Forms）、图像（Images）、地图（Maps）（如井位、测量点等）、三维体（3D Volumes）、文本（Texts）等数据，数据来源广，所涵盖的范围广，且通常是跨学科综合的；数据质量较高，具有一定的**真实性**（Veracity），是地球科学/工程中最定量、最可靠的数据来源；数据采集**速度快**（Velocity），传感器数量的大幅度增加保证了更快的数据采集速度，许多地质数据是实时获取的，如随钻测井在钻进的同时将测量的井下信息实时传输到地面；受地质因素、工程因素、不同供应商的物理传感器因素等的影响，岩石物理数据具有**可变性**（Variability），岩石物理数据具有丰富的价值，常用于现代储集层建模或表征，直接或间接地影响商业决策；数据重建、处理、**可视化**（Visualization）也是地球物理领域的热点，常见的可视化方法有直方图、交会图、测井轨迹显示、井间对比图等。

目前存在的问题是，收集和创建数据的能力远远超过了理解数据，并将数据转换为知识的能力，且预测数据的能力并没有随着数据可用性的增加而迅速提高。随着计算能力的提升，统计、建模、机器学习领域也获得了新的进展，这些进展也使得勘探领域数据背后的知识被更多地发掘出来。具体体现在利用新方法从海量数据中提取知识，推导远优于传统方式的新的数据同化方法或模型，结合云计算等技术为行业带来新的发展。

9.2 机器学习与地球科学的融合现状

如今，大数据、机器学习、人工智能已成为石油行业的热门词汇，自 2016 年起，几乎所有与石油行业相关的会议都会专门设立有关机器学习和人工智能应用的技术研讨环节，很多学术期刊甚至专门为应用地球科学或石油工程的机器学习/大数据专题提供了专刊或版本。电子科技大学王华教授与美国路易斯安那州立大学 Gabriele Morra 教授作为主编，联合国内外著名学者一起，与 KeAi 集团合作开创了第一本人工智能在地球科学中的期刊 *Artificial Intelligence in Geoscience*。表 9.1 所示为机器学习与数据分析在地球科学和石油工程中的应用专题列表。图 9.1 展示了 SPE OnePetro 数字图书馆关于机器学习和人工智能出版物数量的变化趋势。

表 9.1 机器学习与数据分析在地球科学和石油工程中的应用专题列表

发表时间	刊物	特刊主题	编者	卷号或期号
2019 年夏	*Mathematical Geosciences*	Data Science in Geosciences	Vasily Demianov, Erwan Gloaguen, Mikhail Kanevski	—
2019 年 8 月	*Interpretation*	Insights into digital oil field data using artificial intelligence and big data analytics	Vikram Jayaram, Andrea Cortis, Bill Barna, et al.	—
2019 年 8 月	*Interpretation*	Machine Learning in Seismic Data Analysis	Haibin Di, Lei Huang, Mauricio ArayaPolo, et al.	—
2018 年 12 月	*Petrophysics*	Data-Driven Analytics in Logging and Petrophysics	Chicheng Xu, Jeffry Hamman, Jesús M. Salazar, et al.	59(6)
2018 年 5 月	*Computers & Geosciences*	Big Data and Natural Disasters: New Approaches for Spatial and Temporal Massive Data Analysis	Francisco Martínez-Álvarez, Antonio Morales-Esteban	129
2017 年 8 月	*Interpretation*	Computer-Assisted Seismic Interpretation Methods	David H. Johnston, Geoffrey Dorn, Sergey Fomel, et al.	5(3)
2016 年 1 月	*Geoscience Frontiers*	Progress of Machine Learning in Geosciences	Amir H. Alavi, Amir H. Gandomi, David J. Lary	7(1)
2015 年 12 月	*Computers & Geoscience*	Statistical Learning in Geoscience Modelling: Novel	Vasily Demyanov, Mikhail Kanevski	85(B)

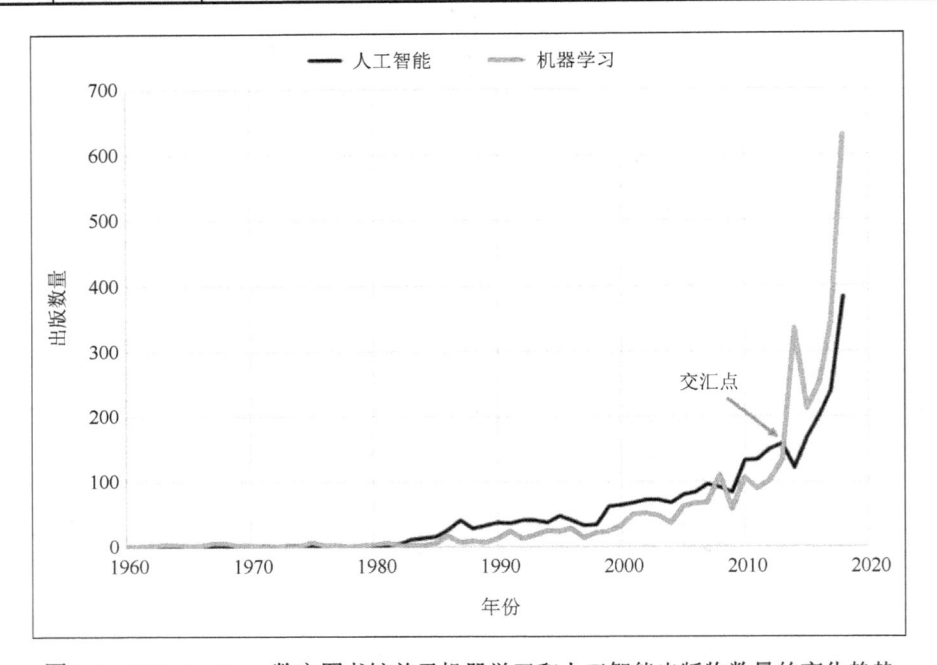

图 9.1 SPE OnePetro 数字图书馆关于机器学习和人工智能出版物数量的变化趋势

9.3 机器学习

图灵在 1950 年提出了人工智能的概念——算法在获取信息后,执行具有人类特征的任务的能力,如识别物体、声音,从环境中学习以解决其他问题等。机器学习是人工智能的一个子领域,也是人工智能的核心,是使计算机具有智能的重要途径。机器学习是统计学研究领域之一,旨在训练出具有拆分、排序、转换给定数据的能力的计算算法,以最大限度地提高分类、预测、聚类或发现目标数据集的模式的能力。简单来说,就是通过在训练数据集上调节算法模型来改进其在特定任务上的表现。模型的性能是根据损失来衡量的,也称为度量,它量化了机器学习模型在所提供数据集上的性能。最终,一个好的模型可以推广到训练数据集之外的其他数据,以高效地解决相同或相似的任务。深度学习是层次结构更为复杂的机器学习算法,如深度神经网络系列、基于多层神经元的自编码神经网络等。人工智能、机器学习、深度学习的关系如图 9.2 所示。

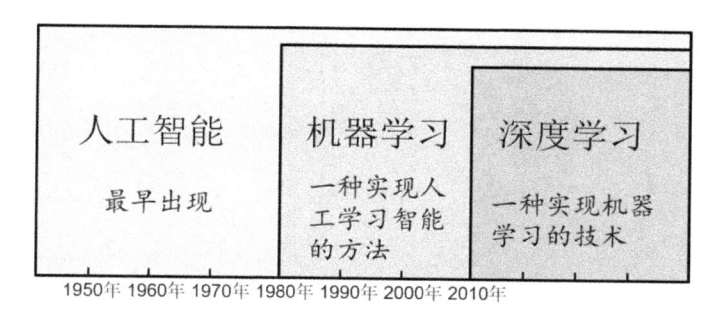

图 9.2 人工智能、机器学习、深度学习的关系

机器学习是多学科、多领域的共同研究热点,其理论和方法已被广泛应用于解决工程应用和科学领域的复杂问题。机器学习的部分发展时间线如图 9.3 所示。传统机器学习的研究方向主要包括决策树、随机森林、人工神经网络、贝叶斯学习等。随着电子信息技术的不断发展、计算资源的不断扩展、云计算服务的兴起,更多研究人员和团队得以实现高性能计算。开源软件运动使更多高质量的机器学习框架或软件应运而生,如著名的机器学习框架 TensorFlow(Google)、PyTorch(Facebook)、CNTK[2](Microsoft)等,以及机器学习库 Scikit-Learn 等,促使更多研究者参与到机器学习研究的热潮中。随着大数据时代各行业对数据分析需求的持续增加,通过机器学习高效地获取知识已逐渐成为当今机器学习技术发展的主要推动力。如何基于机器学习对复杂多样的数据进行深层次的分析,以更高效地利用信息成为当前大数据环境下机器学习研究的主要方向。因此,机器学习越来越朝着智能数据分析的方向发展,并已成为智能数据分析技术的重要源泉。另外,在大数据时代,随着数据产生速度的持续加快,数据的体量有了前所未有的增长,而需要分析的新的数据种类也在不断涌现,如文本的理解、文本情感的分析、图像的检索和理解、图形和网络数据的分析等,使得大数据机器学习和数据挖掘等智能计算技术在大数据智能化分析处理应用中具有极其重要的作用。

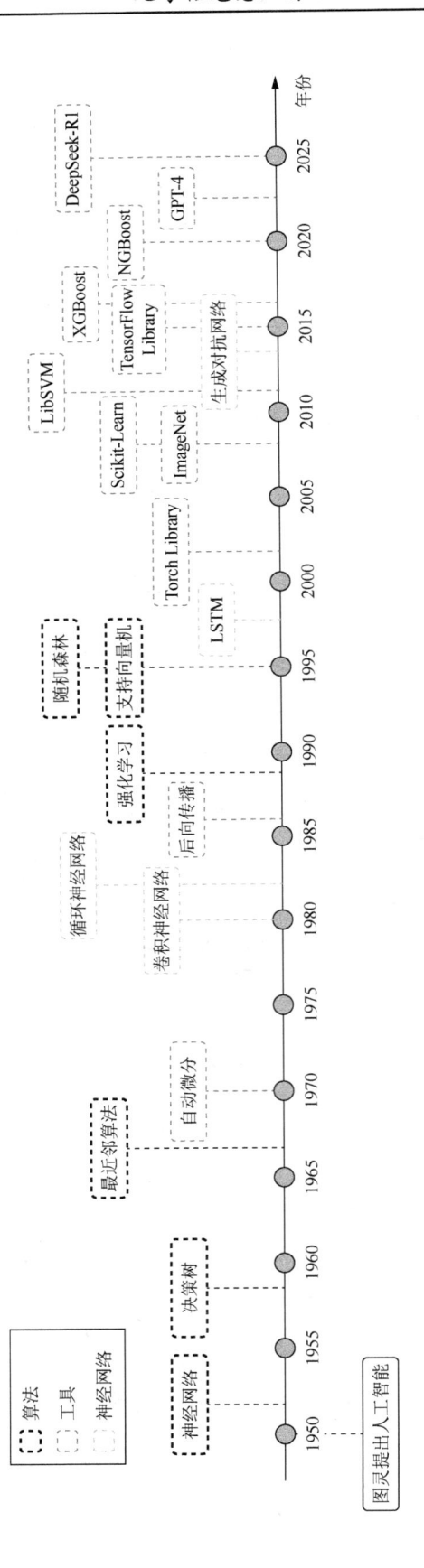

图 9.3 机器学习的部分发展时间线

几十年来，研究发表的机器学习的方法种类很多，根据强调侧面的不同可以有多种分类方法，基于学习方式可以分为监督学习、无监督学习、强化学习。

（1）监督学习（有导师学习）：输入数据中有导师信号（标签），以概率函数、代数函数或人工神经网络为基函数模型，采用迭代计算方法，学习结果为函数；数据通常是有标签的，一般为回归或分类等任务。

（2）无监督学习（无导师学习）：输入数据中无导师信号，采用聚类方法，学习结果为类别。典型的无导师学习有发现学习、聚类、竞争学习等。

（3）强化学习（增强学习）：以环境反馈（奖/惩信号）作为输入，以统计和动态规划技术为指导。

9.3.1 传统机器学习

传统机器学习是使用经典的统计学、概率论、优化算法等数学方法，根据期望解决的问题的性质来构建模型，从数据中学习模式和规律的方法。在传统机器学习中，数据需求量相对较小，模型结构也相对简单，可解释性较好，计算复杂度通常不高，对计算资源的要求一般较低；而模型的训练通常依赖人工设计的特征，这些特征是从原始数据中提取出来的，用于代表数据的重要属性，其选择和构造对模型的性能有很大的影响，因此通常需要领域专家的知识和经验作为辅助。常见的传统机器学习有支持向量机、决策树等监督学习方法和主成分分析、K均值聚类、高斯混合模型等无监督学习方法，在金融、医疗、零售、工业等很多领域都有应用，帮助企业和组织从数据中提取信息，支持决策制定过程。尽管深度学习等更先进的技术在某些领域取得了显著进展，但传统机器学习依然在很多实际问题中发挥着重要作用。

支持向量机（Support Vector Machine，SVM）是一种强大的监督学习算法，广泛应用于分类和回归任务。它的基本思想是，从一个高维空间找到一个最优的超平面，用以分离两个类别的数据点，同时最大化两个类别之间的间隔。这个最优的超平面被称为决策边界，而位于决策边界附近的数据点被称为支持向量（见图 9.4）。在实际应用中，支持向量机对于噪声和异常值具有较强的鲁棒性，在处理高维数据时也表现出较好的性能。

决策树（Decision Tree，DT）也是一种常见的监督学习算法，它通过模仿人类的决策过程来预测数据。决策树通过一系列的问题对数据进行分割，每个问题都对应数据的一个特征，并且在每个分割点上给出一个判断，从而将数据集划分成不同的子集。这个过程一直持续到满足某个终止条件，如所有数据都属于同一类别，或者达到了预设的树深度限制。如图 9.5 所示，决策树的基本组成包括根节点、内部节点、叶节点、边和决策路径。根节点作为决策树的起始点，通常包含整个数据集。每个内部节点是树的分支点，包含一个判断条件。叶节点是树的末端节点，通常不包含进一步的条件判断，而是给出一个预测结果。边可以连接节点，代表从一个节点到另一个节点的流向。决策路径是指从根节点到叶节点的路径，每个节点都基于某个特征的值进行判断。决策树的结构直观，易于解释和理解，对特征尺度不敏感，因此无须进行特征缩放处理，适用于数据量不大、特征关系较为简单的场景。

主成分分析（Principal Component Analysis，PCA）是机器学习中常用的一种统计方法，用于在保留数据集主要特征的前提下降低数据的维度，如图 9.6 所示。它将原始数据转换到新的坐标系中，使得数据在该坐标系下的方差最大化，从而实现数据的简化。主成分分析能够从高维数据中提取出最重要的特征，以较少的变量近似地描述数据，简化模型和分析过程。另外，它还能够去除数据中的噪声，提高模型的准确性，便于数据的可视化和解释。

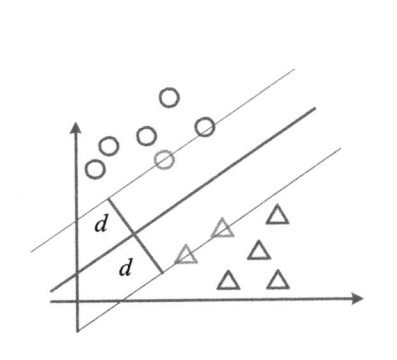

图 9.4　支持向量机的基本思想

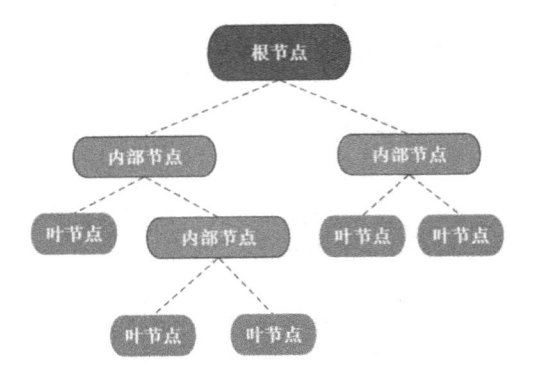

图 9.5　决策树

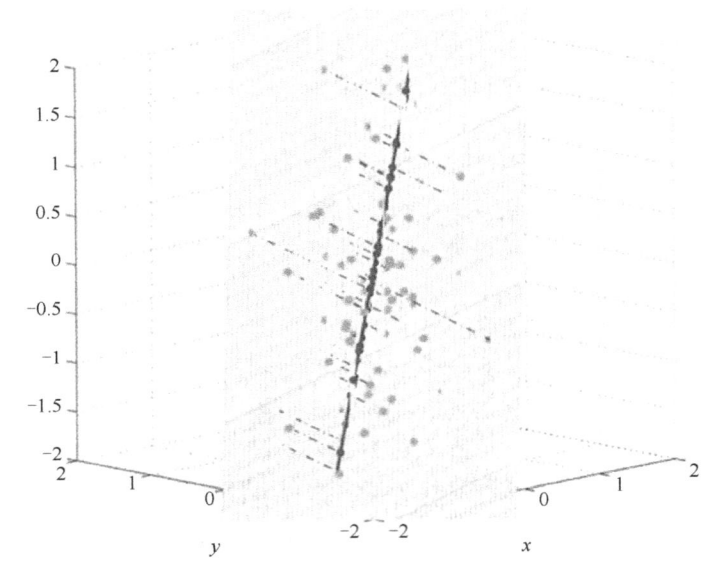

图 9.6　主成分分析

K 均值聚类（K-Means Clustering）是一种常见的无监督学习算法，用于将一组数据点分为 K 个不同的簇，如图 9.7 所示。每个簇由彼此之间相似的数据点组成，而与其他簇的数据点不相似。K 均值聚类算法的目标是最小化每个簇内部的平方误差，即最小化每个数据点到其簇中心的距离的平方和。该算法简单易实现，适用于大型数据集，且可以处理高维数据，具有较好的可解释性，可以根据簇中心的特征来解释簇的含义。该算法对初始质心的选择非常敏感，不同的初始质心可能导致不同的聚类结果，因此实际应用中通常会采用多次随机选择初始质心并运行算法的方式来选择最优的聚类结果。

高斯混合模型（Gaussian Mixture Model，GMM）是一种概率模型，它假设所有数据点都是由有限个高斯分布（正态分布）混合生成的，如图 9.8 所示。在该状态下，每个高斯分布对应一个簇，并且具有自己的参数，包括均值、协方差矩阵和混合系数（权重）。高斯混合模型的目标是找到这些参数的最佳估计，使得数据点属于每个簇的概率最大化。在机器学习中，高斯混合模型常用于聚类分析，因为它能够捕捉数据的多模态分布，即将数据点分为由不同高斯分布组成的多个簇。

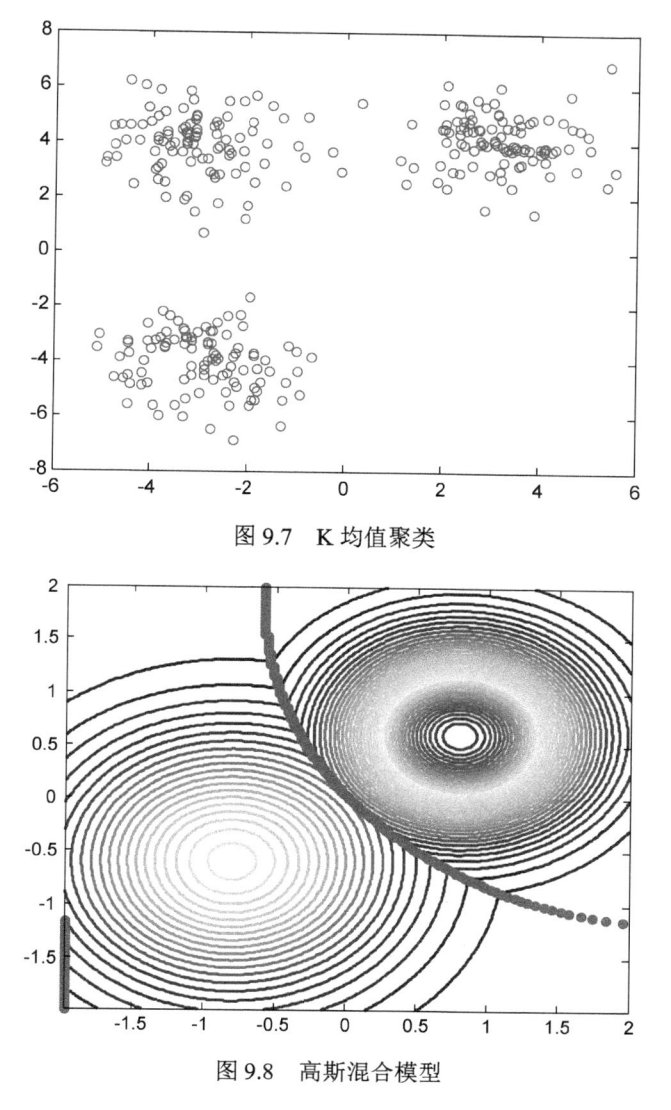

图 9.7　K 均值聚类

图 9.8　高斯混合模型

9.3.2　集成学习

集成学习（Ensemble Learning）是一种在机器学习中提高模型性能的方法，其核心思想是，不是只使用一个模型来进行预测，而是通过组合多个不同的模型来进行预测，这些模型被称为弱学习器，以形成一个强学习器，以期获得比单个模型更好的预测效果。集成学习的关键在于，多个弱学习器之间应当存在某种差异，这样，每个弱学习器可以从不同角度理解数据，捕捉数据的不同特征，从而提高模型整体的泛化能力。每个弱学习器独立地从数据中学习，形成的模型可以是有差异的，通过特定的策略将它们集成在一起，共同做出最终的预测。

集成学习的策略主要有：平均法，即简单地对多个弱学习器的预测结果进行平均；投票法，在每个弱学习器独立做出预测的基础上选择多数弱学习器的预测结果作为最终的预测结果；学习法，对弱学习器的预测结果进行学习和调整；堆叠法，先使用多个不同的学习算法生成多个弱学习器，再使用一个新的学习算法集成这些弱学习器，形成最终的预测模型。

根据集成策略的不同，集成学习可大致分为 Bagging、Boosting 和 Stacking 三类，如图 9.9 所示。Bagging（Bootstrap Aggregating）方法通过对原始数据集进行有放回的抽样来生成多个不同的训练数据集，分别训练多个弱学习器，每个弱学习器独立地做出预测，最终的预测结果是这些弱学习器的平均值或多数投票，代表算法是随机森林（Random Forest，RF）。Boosting 的代表算法有 AdaBoost、梯度提升决策树（Gradient Boosting Decision Tree，GBDT）、XGBoost、NGBoost 等，它们通过关注难以预测的样本来减小模型的偏差，并尝试构建一个更加准确的学习器。Stacking 通过结合不同模型的优点来提高预测的准确性，第二阶段的元学习器能够学习到每个弱学习器的特性，并为其分配不同的权重。

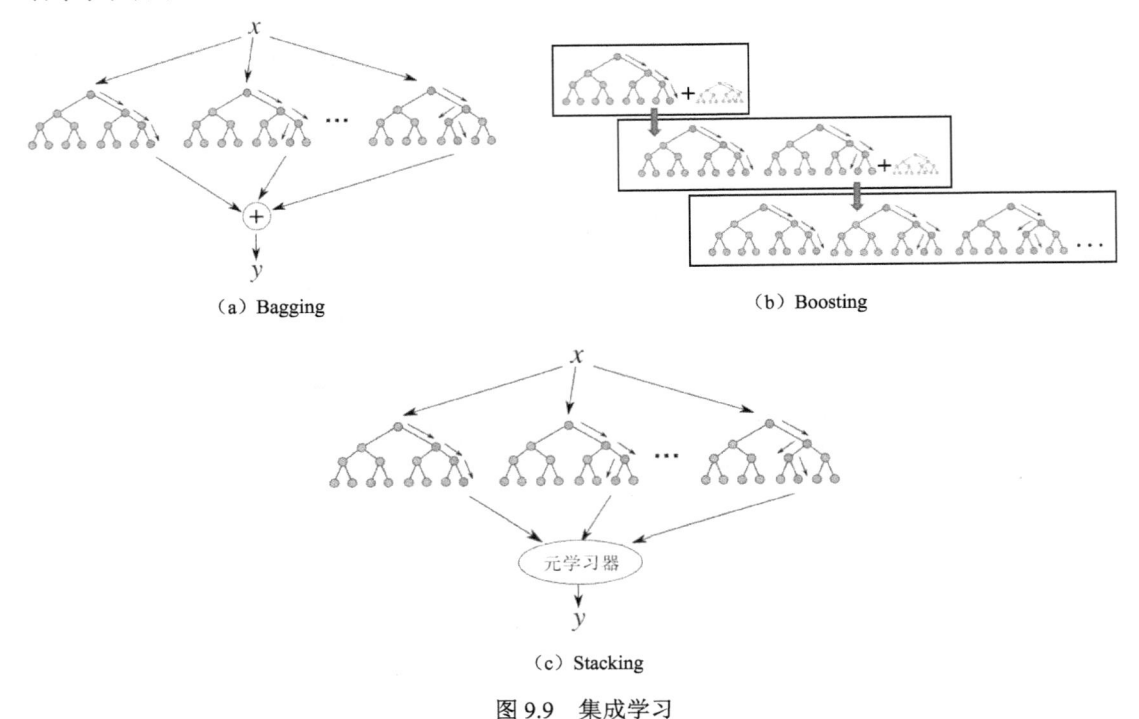

（a）Bagging

（b）Boosting

（c）Stacking

图 9.9　集成学习

集成学习的应用非常广泛，它能够帮助我们在面对复杂问题时，通过组合多个较为简单的模型，获得比单个复杂模型更好的效果，在数据挖掘、模式识别等领域都有着广泛的应用。

9.3.3　深度学习

深度学习（Deep Learning）是机器学习领域的一个新的研究方向，它被引入机器学习，使其更接近最初的目标——人工智能。深度学习学习样本数据的内在规律和表示层次，学习过程中获得的信息对诸如文字、图像和声音等数据的解释有很大的帮助。它的最终目标是让机器能够像人一样具有分析学习的能力，能够识别文字、图像和声音等数据。

从理论上，参数越多的模型的复杂度越高、"容量"越大，这意味着它能完成更复杂的学习任务。但是复杂模型的训练效率通常较低，易陷入过拟合，因此难以受到人们的青睐。而随着云计算、大数据时代的到来，计算能力的大幅提高可缓解低效性，训练数据的大幅增加可降低过拟合风险，因此，以深度学习为代表的复杂模型开始受到人们的关注。

典型的深度学习模型就是很深层的神经网络。显然，对于神经网络模型，增大其容量的一种简单方法是增加隐层的数目，隐层多了，相应的神经元连接权、阈值等参数就会更多，模型复杂度也可通过单纯增加隐层神经元的数目来实现；从增加模型复杂度的角度来看，增加隐层的数目显然比增加隐层神经元的数目更有效，因为增加隐层的数目不仅增加了拥有激活函数的神经元的数目，还增加了激活函数嵌套的层数。深度学习是一类模式分析方法的统称，就具体研究内容而言，它主要涉及以下3类方法。

（1）基于卷积运算的神经网络系统，即卷积神经网络（CNN）。

（2）基于多层神经元的自编码神经网络，包括自编码，以及近年来受到广泛关注的稀疏编码（Sparse Coding）两类。

（3）以多层自编码神经网络的方式进行预训练，进而结合鉴别信息进一步优化神经网络权重的深度置信网络（DBN）。

深度学习已在许多领域得到了广泛应用，但在地学中的应用还处于初级阶段。深度学习方法通常被划分为空间学习（用于对象分类的卷积神经网络）和序列学习（如语音识别），但两者逐渐融合，可应用于视频与动作识别问题。如图9.10所示，机器学习相当于从一个新的视角看数据。（特定）领域专家使用的传统方法（如傅里叶分析）预先选定并测试一个假设，或者简单地显示不同数据。机器学习探索一个更大的函数空间，它可以将数据和某个目标或标签相连接。这样，它提供了在高维空间发现变量之间的定量关系的方法。虽然一些机器学习方法在查找函数和映射时是透明的，但是其他方法是不透明的。对于不同的问题选择合适的方法是非常重要的。

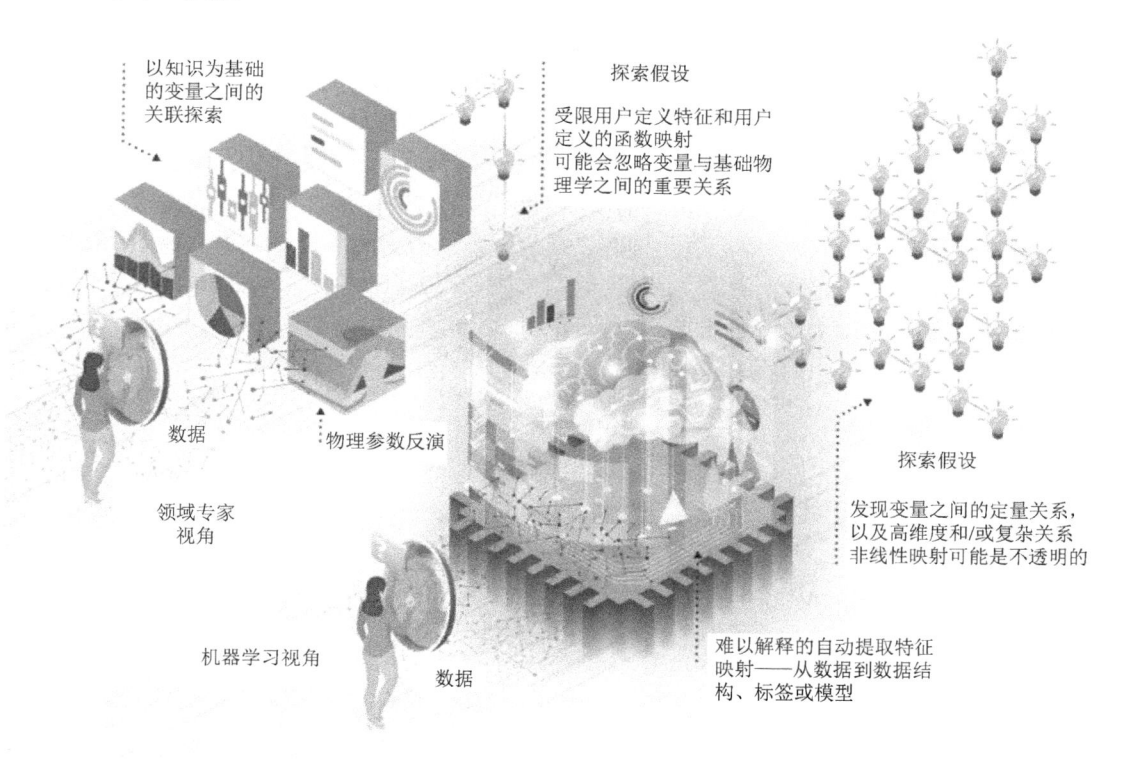

图 9.10 科学家分析数据：传统方法和机器学习方法

9.3.4 神经网络

神经网络是指模拟人脑的神经网络以期实现类人工智能的机器学习技术。神经网络中最基本的成分是神经元模型，如图9.11所示。在生物神经网络中，每个神经元都与其他神经元相连，当它"兴奋"时，它就会向与其相连的神经元发送化学物质，从而改变这些神经元内的电位；如果某神经元的电位超过了一个阈值，那么它就会被激活，即"兴奋"起来，进而向其他神经元发送信号。在图9.11中，神经元收到来自 d 个其他神经元传递的输入信号，这些输入信号通过带权重的连接进行传递，对神经元收到的总输入信号与神经元的阈值进行比较，通过激活函数（Activation Function）进行处理以产生神经元的输出，表达式为 $y = f\left(\boldsymbol{w}^\mathrm{T}\boldsymbol{x} + b_0\right)$，$\boldsymbol{x} \in \{0,1\}^K$，$\boldsymbol{w} \in \mathbf{Z}^K$，$y \in \{0,1\}$。其中，$\boldsymbol{x}$ 表示模拟前一个神经元的输入，相当于树突；$\boldsymbol{w}$ 模拟输入、记忆能力，相当于突触；b_0 表示偏置量；f 表示激活函数，模拟神经元的兴奋和抑制。

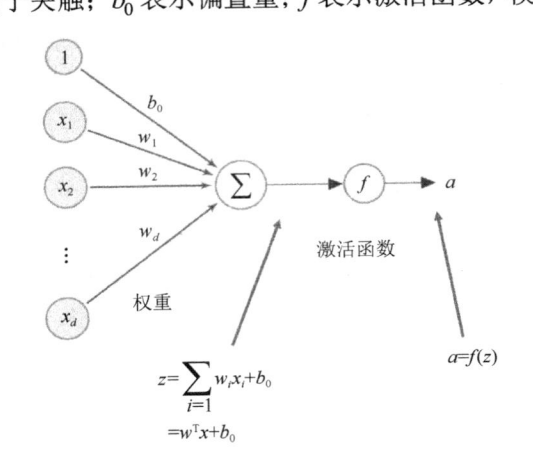

图9.11 神经元模型

理想的激活函数是如图9.12（a）所示的阶跃函数，它将输入值映射为输出值0或1，其中，1对应神经元兴奋，0对应神经元抑制。但是阶跃函数具有不连续、不光滑等不太好的性质，因此实际常用Sigmoid函数作为激活函数，如图9.12（b）所示，它把可能在较大范围内变化的输入值挤压到(0,1)输出值范围内，因此有时也被称为挤压函数（Squashing Function）。

（a）阶跃函数　　　　　（b）Sigmoid函数

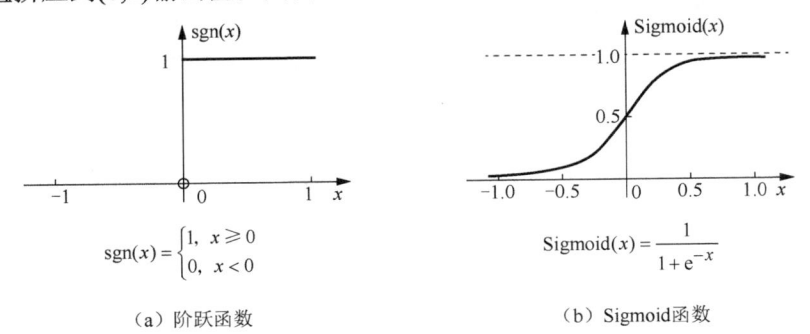

图9.12 典型的神经元激活函数

把多个这样的神经元按一定的层次结构连接起来，就得到了神经网络。事实上，从计算机科学的角度来看，我们可以先不考虑神经网络是否真的模拟了生物神经网络，而只需将一个神经网络视为包含了很多参数的数学模型，这个模型是若干函数相互（嵌套）代入而得的。

感知机（Perceptron）由两层神经元组成，输入层接收外界输入信号后传递给输出层，输出层是阈值逻辑单元（Threshold Logic Unit）。感知机能容易地实现与、或、非运算。然而，感知机只有输出层神经元进行激活函数处理，即只拥有一层功能神经元（Functional Neuron），其学习能力非常有限。事实上，上述与、或、非问题都是线性可分（Linearly Separable）问题。当两类模式线性可分时，存在一个线性超平面将它们分开，但是感知机不能解决非线性可分问题，如异或等。

要解决非线性可分问题，需要考虑使用多层功能神经元。每层神经元与下一层神经元全互连，神经元之间不存在同层连接，也不存在跨层连接，这样的结构称为多层前馈神经网络（Multi-Layer Feedforward Neural Network），如图9.13所示。其中，输入层神经元接收外界输入信号，隐层与输出层神经元对信号进行加工，最终结果由输出层神经元输出。换言之，输入层神经元仅接收输入信号，不进行函数处理，隐层与输出层包含功能神经元。神经网络的学习过程就是根据训练数据调整神经元之间的连接权重（Connection Weight），以及每个功能神经元的阈值。换言之，神经网络"学"到的东西蕴含在连接权重与阈值中。

（a）单隐层前馈神经网络　　　　　　（b）双隐层前馈神经网络

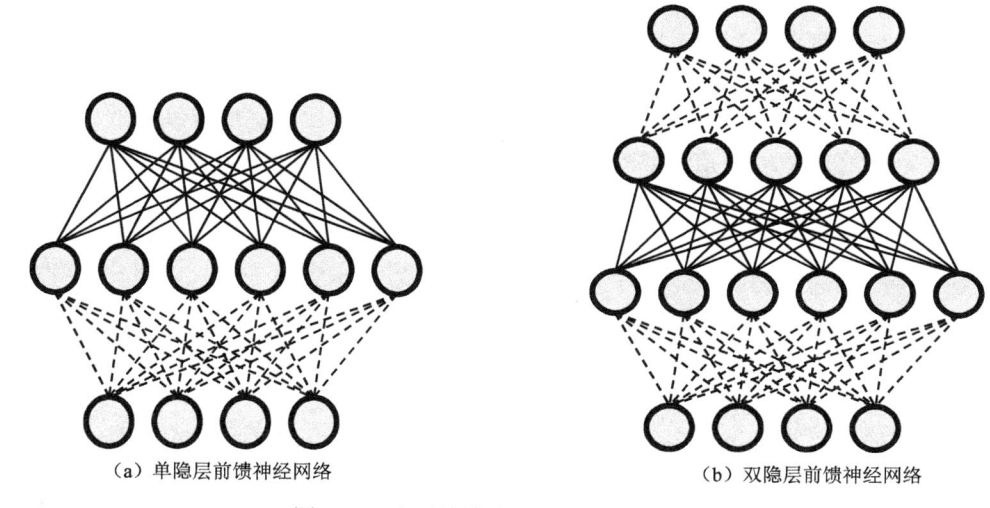

图9.13　多层前馈神经网络结构示意图

随着技术的发展和研究的深入，多层前馈神经网络不断加宽和加深，随后也衍生出了针对各种不同问题表现优越的网络，如用于处理时间序列或文本的循环神经网络（Recurrent Neural Network，RNN）、长短期记忆（Long Short Term Memory，LSTM）网络、用于无监督学习和特征提取的自编码器、用于处理具有空间层次结构数据（如图像和视频数据）的卷积神经网络（Convolutional Neural Network，CNN）及其改进网络——残差网络（ResNet）等，以及用于学习产生新的数据样本的生成对抗网络（Generative Adversarial Network，GAN）、变分自编码器（Variational Auto-Encoders，VAE）等。

9.3.5　卷积神经网络

卷积神经网络是一类包含卷积计算且具有深度结构的前馈神经网络，是深度学习的代表算法之一。卷积神经网络仿造生物的视/知觉机制构建，可以进行监督学习和无监督学习，由卷积层、池化层和全连接层交叉堆叠而成，如图9.14所示。

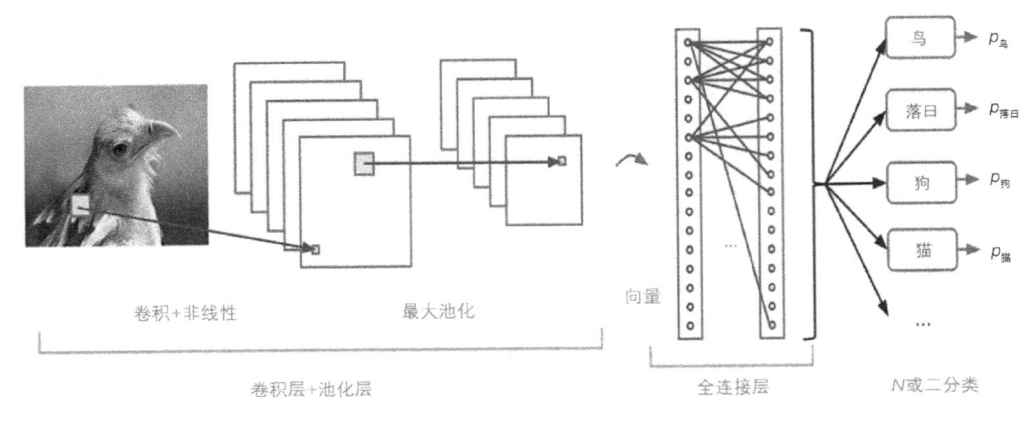

图 9.14 卷积神经网络

1. 卷积层

卷积层（Convolutional Layer）的功能是对输入数据进行特征提取，其内部包含多个卷积核，组成卷积核的每个元素都对应一个权重系数和一个偏差量，类似于一个前馈神经网络的神经元。卷积层内的每个神经元都与前一层中位置接近区域的多个神经元相连，区域的大小取决于卷积核的大小，在文献中被称为感受野，其含义可类比视觉皮层细胞的感受野。卷积核在工作时，会有规律地扫描输入特征，在感受野内对输入特征做矩阵元素乘法求和运算并叠加偏差量。

卷积层参数包括卷积核大小、卷积步长和填充，三者共同决定了卷积层输出特征图的尺寸，是卷积神经网络的超参数。其中，卷积核大小可以指定为小于输入图像尺寸的任意值，卷积核越大，可提取的输入特征越复杂。卷积步长定义了卷积核相邻两次扫描特征图时位置的距离，卷积步长为 1 时，卷积核会逐个扫描特征图的元素；卷积步长为 n 时，卷积核会在下一次扫描时跳过 $n-1$ 个像素。

由卷积核的交叉相关计算可知，随着卷积层的堆叠，特征图的尺寸会逐步减小。例如，16×16（单位为像素）的输入图像在经过单位步长、无填充的 5×5（单位为像素）的卷积核后，会输出 12×12（单位为像素）的特征图。为此，填充是在特征图通过卷积核之前，人为增大其尺寸以抵消计算中尺寸收缩影响的方法。常见的填充方法为按 0 填充和重复边界值填充。填充依据其层数和目的可分为以下 4 类。

- 有效填充（Valid Padding）：完全不使用填充，卷积核只允许访问特征图中包含完整感受野的位置。输出的所有像素都是输入中相同数量像素的函数。使用有效填充的卷积被称为窄卷积（Narrow Convolution）。窄卷积输出的特征图尺寸为 $(L-f)/s+1$。
- 相同填充/半填充（Same/Half Padding）：只进行足够的填充来保持输出和输入的特征图尺寸相同。在相同填充下，特征图的尺寸不会缩减，但输入像素中靠近边界的部分相比于中间部分对于特征图的影响更小，即存在边界像素的欠表达。使用相同填充的卷积被称为等长卷积（Equal-Width Convolution）。
- 全填充（Full Padding）：进行足够的填充，使得每个像素在每个方向上被访问的次数相同。当卷积步长为 1 时，全填充输出的特征图尺寸为 $L+f-1$，大于输入值。使用全填充的卷积被称为宽卷积（Wide Convolution）。
- 任意填充（Arbitrary Padding）：介于有效填充和全填充之间，是人为设定的填充，较少使用。

2. 池化层

在卷积层进行特征提取后，输出的特征图会被传递至池化层（Pooling Layer）进行特征选择和信息过滤。池化层包含预设定的池化函数，其功能是，将特征图中单个点的结果替换为其相邻区域的特征图统计量。池化层选取池化区域的步骤与卷积核扫描特征图的步骤相同，由池化大小、池化步长和填充控制。

3. 全连接层

卷积神经网络中的全连接层（Fully-Connected Layer）等价于传统前馈神经网络中的隐层。全连接层位于卷积神经网络隐层的最后部分，并只向其他全连接层传递信号。特征图在全连接层中会失去空间拓扑结构，被展开为向量。卷积神经网络中的卷积层和池化层能够对输入数据进行特征提取，全连接层的作用是，对提取的特征进行非线性组合以得到输出，即全连接层本身不被期望具有特征提取能力，而是试图利用现有的高阶特征完成学习目标。

近年来，卷积神经网络在图像和视频等领域取得了显著的进展。然而，随着大模型时代的到来和深度学习技术的不断发展，卷积神经网络也面临着一些挑战，如计算效率问题。尽管如此，它仍然在计算机视觉领域占据重要的地位，在图像识别、物体检测、语义分割等任务中被广泛应用。

9.3.6 大型预训练模型

大型预训练模型（Large-scale Pre-trained Models，LPM）是指使用大规模数据集进行预训练的深度学习模型，通常具有数十亿甚至千亿级别的参数。这些模型一般基于 Transformer 架构，如图 9.15 所示，该架构特别适合处理序列数据。

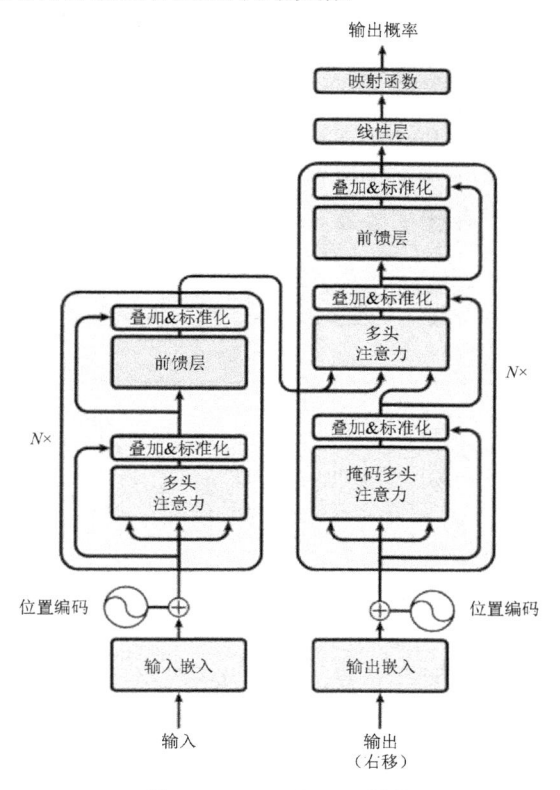

图 9.15 Transformer 架构

预训练的目的是，让模型在大量未标记的数据中学习到一般性特征，如语法、语义和上下文信息。这些特征随后可以被迁移到各种下游任务中，如自然语言处理任务中的文本分类、机器翻译、问答系统等，视觉任务中的图像识别、检测与分割等，甚至多模态任务中的图文生成等。大型预训练模型能够捕获数据中的复杂关系，并具有很好的泛化能力，它们首先在很多自然语言处理任务中取得了突破性的成果，如 GPT、BERT 等；随后在视觉领域终结了卷积神经网络的垄断地位，代表性的模型有 ViT、MAE 等。

这些模型通常是在大规模的计算资源上进行训练的，如使用多个 GPU 或 TPU 集群。由于模型的巨大规模，训练这样的模型需要非常多的计算资源和时间，而且需要大量的数据来支持。在预训练完成后，这些模型可以通过微调（Fine-Tuning）来适应特定的下游任务。微调是指使用少量标记数据调整模型参数，使其更适合特定任务。

大型预训练模型具有强大的理解和生成能力，以及对大数据的深度挖掘和分析能力，标志着人工智能的全新发展阶段。

本书只针对部分机器学习方法做简要介绍，有兴趣的读者可以进一步参考学习《机器学习》（周志华）、《深度学习》（Goodfellow, Bengio, Courville）、《机器学习实战》（Aurélien Géron）等相关图书。

9.4 应用

如图 9.16 所示，早期的地学信息感知技术多为定性测量，且只能单项目操作，效率较低。随着技术的演进，高精度、高分辨率的仪器相继出现，增加了可靠性，也便于计算机处理。但在 21 世纪之前，对这些地学信息感知技术所得的数据和资料解释仍然多依赖人工。近年来，随着电子信息技术和人工智能的高速发展，机器学习相关算法已经在数据挖掘领域广泛应用，新一代的地学信息感知技术和各种数据的解释向智能化与自动化方向发展，海量领域知识和数据可以整合成机器学习模型，自动实现数据挖掘、模式识别等，极大地节省了计算资源和人力资源。目前，各大国际石油公司和服务公司，以及领域内的专家学者都在积极研究机器学习在行业内的应用并取得了不错的成效。

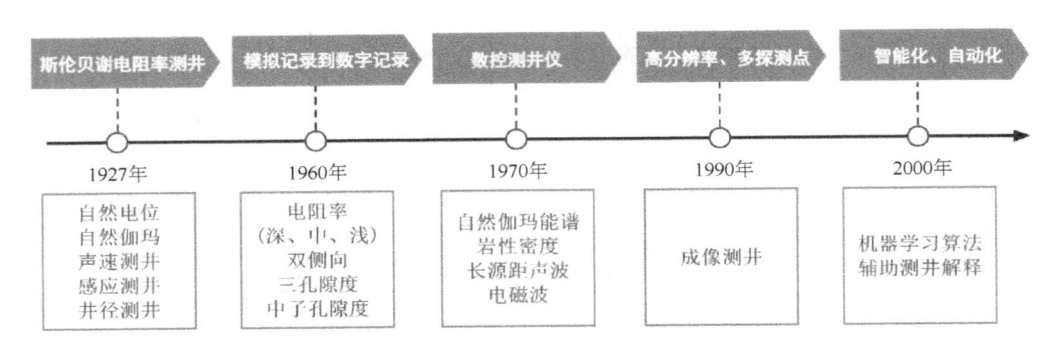

图 9.16 地球物理测井技术发展时间轴

机器学习相关的智能算法在地学信息感知领域的应用按照处理的资料模态可以大致分为常规资料处理和成像资料处理两大类，按照处理的任务类型可划分为地层岩性识别与岩相分类、裂缝与孔洞识别、参数反演与资料重建等。这些智能算法能够高效地进行地质评价，有效解决资料缺失和相关地层参数信息需要问题，辅助进行固井质量评价和测井资料解释等。

9.4.1 岩性识别/岩相分类

岩相分类是地球物理探测需要解决的基本问题之一，人工智能进行岩相分类具有很好的先进性和极强的实用性。由专家精确解释岩相分类和储集层表征十分耗时，而且人工解释本身具有很强的主观性，因此解释结果不可避免地存在多解性，常与真实情况存在差异。利用地学信息感知资料集和专家经验等构建机器学习模型以识别与分类多种地层岩相可以有效帮助实现测井资料智能解释，大大缩短了专家解释时间。

通常来说，机器学习相关的智能算法以不同地学信息感知技术在研究区域获得的资料集经过清洗和预处理后的数据作为输入特征，训练算法模型以适应特定任务，必要时结合专家经验进行特征筛选或调整模型。例如，有学者利用传统的基于线性判别分析（Linear Discriminant Analysis，LDA）的降维方法，结合纹理特征用于自动岩性识别，同时结合多个二分类器来提高整体分类的准确率。实验证明，组合二分类器对于特定岩组具有更好的分类效果，且在较大的相同岩类区间的分类效果更稳定。也有学者以电法测井作为输入，基于集成学习方法中的梯度提升决策树进行岩相分类，该算法通过构建多棵决策树来逐步提升模型的性能。该研究中的另一个关键是特征增强，能够提高模型的准确性，即使在训练集和特征量相对较少的情况下也能工作。有研究基于均值漂移算法和随机森林相结合的混合算法，以常规地学信息感知资料为模型输入，在原型相似空间进行岩性识别，该算法在精度上具有显著优势，为进一步的机器学习辅助岩性解释提供了一种可供选择的方法，如图 9.17 所示。

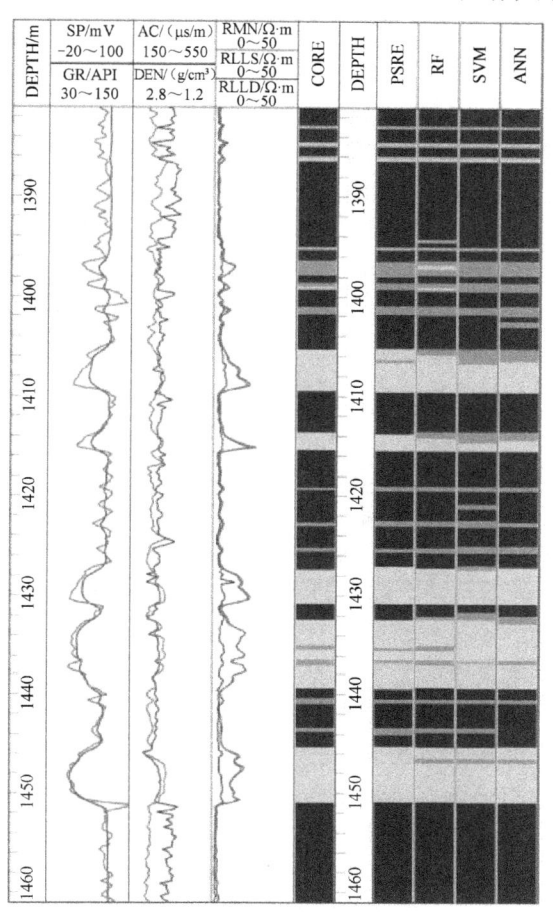

图 9.17 基于常规地学信息感知资料的岩性识别

在进行地球物理数据分析时，可供选择的指标变量往往多达十几种甚至 20 多种，它们之间的关系错综复杂，很难事先确定。在用神经网络解决问题时，不需要考虑数学模型，用隐式的表达方法表示各变量之间的关系，可以对不确定的或非结构化数据进行有效表述与预测。神经网络解决了常规方法无法得到满意答案的难题，其应用范围也越来越广。目前用于岩相分类的算法有 BP 神经网络和基于图论的多分辨率聚类（Multi-Resolution Graph-based Clustering，MRGC）算法，以及改进的 MRGC 算法等深度学习算法。

BP 神经网络可以对岩相资料与测井数据的隐藏关系进行学习，找出其中隐含的对应规律。由于预测时往往以学习、训练为基础，因此当学习样本选择合理时，在一定程度上能够涵盖研究区的实际情况，当神经网络模型训练完成后，可以根据测井资料预测未知地层的岩性。由于神经网络本身并不对常规与非常规储集层做区分，只根据学习样本的情况寻找内在的对应规律，因此对于非常规储集层，神经网络方法往往更能突出其优势。有研究就基于 BP 神经网络，以传统地学信息感知方法获得的井下数据为输入训练分类器，用来对未取心井眼部分进行全局岩相分类，从而大大改善了部分取心井的岩石学解释效果；并与多种判别分析方法进行了直接比较，证明了 BP 神经网络在测试数据集上的性能和与非深度匹配核心的定性相关性方面都优于传统判别分析方法。但 BP 神经网络的收敛速度比较慢且容易陷入局部极小值，特别是陷入局部极小值的可能性会随着网络结构层数的增加而增加，限制了 BP 神经网络的结构层数。

深度学习具有更强大的对数据结构进行自动挖掘的能力，可以自发地寻找最适合对数据集进行描述的特征，非常适合解决复杂的非线性问题。在实际进行含油气性评价时，如果仅划分砂、泥岩和碳酸盐岩等泛化程度较高的大类，则只需对深度神经网络模型的一些参数进行修改即可，网络的基本结构并不需要改变，并且因为结果的泛化程度更高，所以预测的准确率也将大幅提高。利用深度神经网络预测岩性还具有实时性，一旦神经网络模型训练完毕，利用地球物理数据预测岩性的工作几乎是瞬时完成的。如果将其应用在随钻测井中，那么实时进行岩性判断对于钻井工程师指导钻井工作、及时决策具有十分重要的意义。有学者就将自组织映射（Self-Organizing Map，SOM）神经网络模型和多层感知机（Multi-Layer Perceptron，MLP）神经网络模型相结合，以伽马射线、体积密度、中子孔隙度、声波速度等资料作为输入用于岩相分类，证明耦合神经网络模型比单独的 SOM 神经网络模型和 MLP 神经网络模型具有更高的分类精度。

随着高分辨率井下成像技术的成熟，基于数据驱动的成像测井资料信息挖掘的相关研究也在逐步开展。鉴于卷积神经网络在视觉领域任务中的优越性，相关方法在地球物理领域的成像资料解释及模式识别任务中也具有很强的适用性。传统的图像处理方法通常需要人工设计特征提取器，而卷积神经网络则能够自动从数据中学习到有效的特征表示，无须人工干预。在地学信息感知方法得到的图像资料中，可能包括岩石的纹理、形状、颜色等特征，这些特征对于后续的图像分类和解释至关重要。而且卷积神经网络的多层结构能够学习到不同层次的特征表示，从低级的边缘和纹理到高级的物体部分或整体，有助于识别和区分不同的岩性、沉积物等复杂地质特征。参数共享和局部连接能够大幅减少参数量，降低计算复杂度。因此卷积神经网络在辅助沉积相分析、决策支持、提高资料解释的准确性和效率方面都具有重要意义。有研究基于卷积神经网络自动从电成像资料中区分溶洞层段，或者基于卷积神经网络的改进网络 ResNet 提出了 ResNetRocks，实现了碳酸盐油气藏井眼成像资料的岩性分类。

9.4.2 裂缝和孔洞识别

油气资源一直以来都是关乎世界格局的战略资源，世界经济的发展离不开能源，在未来很长一段时间内，能源的主力仍将为油气资源。裂缝是油气的储集空间和流通通道，与油气的产能密切相关，裂缝识别是油气储量评价和产能预测的关键。目前，成像测井资料是最直接有效的裂缝识别资料。基于成像测井资料，用户可直观地观察到井壁上的裂缝和孔洞，极大地改善裂缝和孔洞的识别效果。传统的裂缝识别一般采用人工拾取的方法，工作量大且存在主观上的人为误差。近年来，大数据和人工智能的发展为裂缝识别提供了很多新的方法，关于裂缝自动识别方面的研究也越来越多，在实时性和自动处理方面取得了极大进步，节省了大量的人力、物力。

卷积神经网络及其改进的一些变体网络在裂缝与断层识别中很有成效。例如，有研究者先通过霍夫变换发现待确定的断层与裂缝，再构建深度学习模型进行断层与裂缝的识别，如图 9.18 所示。也有研究结合医学影像分割领域中应用广泛的 U-Net，提出了 FaultSeg3D 网络，利用大量可靠的合成数据实现了对三维工区的断层检测，引领了一波基于深度学习的地震数据断层检测浪潮。其他成功用于裂缝和孔洞识别的深度学习算法还有快速区域卷积神经网络（Fast Region Convolution Neural Network，Fast RCNN）、条件生成对抗网络（Conditional Generation Adversarial Network，CGAN）等。

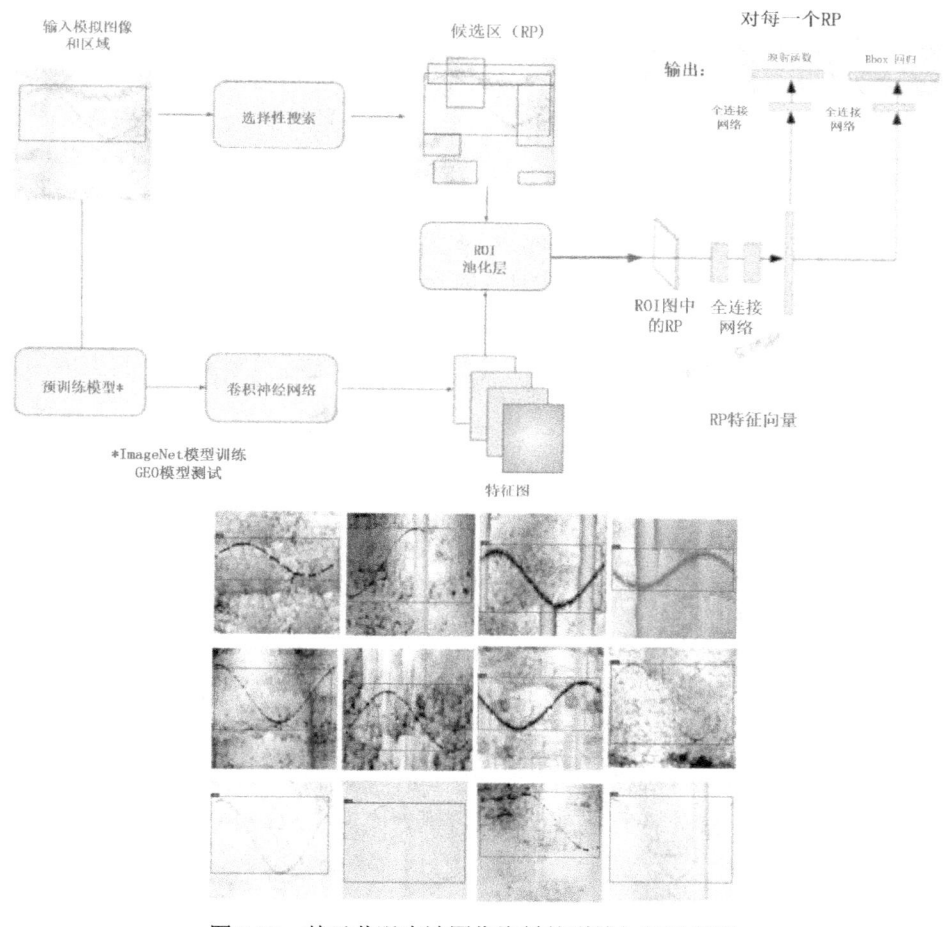

图 9.18 基于井眼声波图像资料的裂缝与断层识别

9.4.3 参数反演与资料重建

一些地层参数在资源开发中对推断地层内部特性、预测资源量及提高采收率有重要作用，参数反演对勘探开发工程具有重要意义。另外，在各种地学信息感知技术中，某些地学信息感知技术成本昂贵，且在实际地学信息感知过程中也不可避免地存在误差，因此收集的资料存在一定的缺失和不完整性，资料缺失对智能解释方法有较大影响。例如，为了使用监督学习进行岩相预测，需要保证训练集和测试集中的勘查资料类型尽可能多且相同，当测试集缺少训练集中的某些勘察资料时，就需要对缺失资料进行重建。

利用机器学习算法辅助进行常规地学信息感知资料的参数反演或资料重建是一种准确且可靠的解决方法，即利用常规"容易获取"的资料，如井径、中子孔隙度、伽马射线、介质电阻率等与目标参数或资料建立内部联系，预测参数或生成人工勘查资料，能够帮助完善地学信息感知资料，辅助进行高效、准确的资料解释，以缓解人工解释的压力。具体的，有研究基于多元回归和神经网络方法对连续热导率值进行了预测，结果表明，预测结果与实验室岩相分析结果具有良好的一致性。也有研究基于线性随机森林算法对孔隙度、渗透率、含水饱和度及含油饱和度等参数进行了预测，通过与最小二乘线性回归、神经网络、ε 支持向量回归、k 最近邻回归、决策树、随机森林、梯度提升决策树、线性决策树 8 种算法的系统进行比较，证实了线性随机森林具有学习能力强、鲁棒性好、假设空间可行等优点，在地学信息感知资料参数预测中具有优越性。

长短期记忆网络作为一种特殊的递归神经网络结构，能够解决处理序列数据时遇到的长期依赖问题。通常地学信息感知技术所得到的曲线数据具有时间序列的特性，其中某一点的数据可能依赖之前多个时间点的数据。长短期记忆网络能够通过其内部结构捕捉并保持这种长期依赖关系，更好地学习测井曲线中的复杂模式和特征。鉴于这些优势，有研究者将标准长短期记忆网络与串级系统相结合，用于补全缺失的曲线，并进行了实验验证和应用效果分析。该方法不仅考虑了不同测井曲线的内在联系，还兼顾了测井信息随深度的变化趋势和前后关联。实验证明，串级长短期记忆网络明显优于传统全连接神经网络，其生成的数据精度更高，更适用于缺失曲线补全。

基于成像资料较高的深度分辨率和空间分辨率，结合深度学习模型具有的层次化结构和非线性映射能力，能够捕捉更为丰富的表征信息或更真实的特征分布空间。得益于模型强大的表征能力，一方面，可通过构建成像资料、常规资料和预测参数之间的复杂映射关系估计井下地层的孔隙度、渗透率，实现地层解释；另一方面，有望跳出监督学习"端到端"的思维模式，在缺失资料重建和扩展任务中获得更好的效果。有研究将不同测深处的成像资料所反映的地质构造信息转换为纹理信息，并基于堆栈自编码器构建深度编码解码模型，将成像资料中的特征编码为向量，对地层渗透率和孔隙度进行了有效估计。也有研究设计卷积自编码器，在得到较好的成像资料重建效果的基础上，将学习到的嵌入式特征用于聚类分析，实现了对无标签数据的分类。还有研究训练生成对抗网络学习训练样本的特征分布空间，进一步用于生成地震图。基于成像资料重建的嵌入式特征聚类如图 9.19 所示。

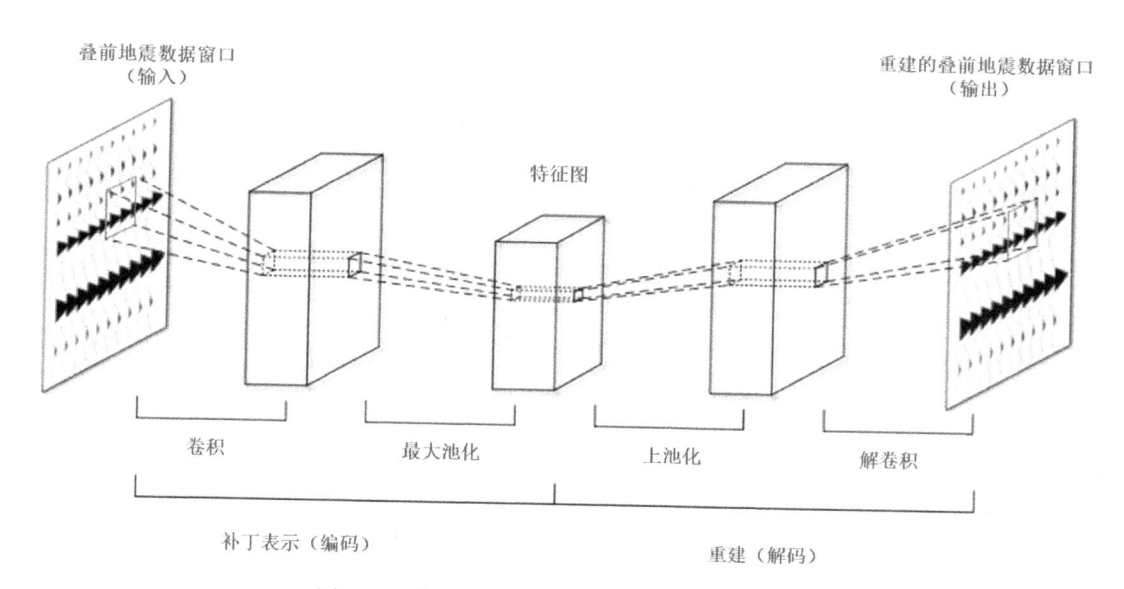

图 9.19 基于成像资料重建的嵌入式特征聚类

随着越来越多的人工智能算法在行业内的探索和应用，大数据驱动的地学信息感知自动智能分析和解释将进一步蓬勃发展，不断注入这个领域的"新鲜血液"将使其焕发新的光彩。

下面列出几篇人工智能在地学信息感知领域应用的相关文献供有兴趣的读者学习，读者可扫描下方二维码参阅。

参考文献

[1] 李正文,贺振华. 勘查技术工程学[M]. 北京:地质出版社,2003.
[2] 雷宛,肖宏跃,邓一谦. 工程与环境物探教程[M]. 北京:地质出版社,2006.
[3] 宋维琪. 工程地球物理[M]. 东营:中国石油大学出版社,2008.
[4] 楚泽涵,高杰,黄隆基,等. 地球物理测井方法与原理[M]. 北京:石油工业出版社,2007.
[5] WANG H, TOKSOZ M N, FEHLER M. Borehole Acoustic Logging-Theory and Methods[M]. Switzerland: Springer Nature Publisher, 2020.
[6] 陆基孟,王永刚. 地震探测原理[M]. 3版. 东营:中国石油大学出版社,2011.
[7] 牟永光,陈小宏,李国发,等. 地震数据处理方法[M]. 北京:石油工业出版社,2007.
[8] 周志华. 机器学习[M]. 北京:清华大学出版社,2016.
[9] SMOLEN J J, ALEX V D S .Distributed Temperature Sensing: A DTS Primer for Oil & Gas Production[J]. 2003.